디지털 시대, 건강한 습관 만들기

내 아이에게 언제 스마트폰을
사줘야 하나?

THE TECH SOLUTION by Dr. Shimi Kang

THE TECH SOLUTION

디지털 시대, 건강한 습관 만들기

내 아이에게 언제 스마트폰을 사줘야 하나?

쉬미 강(Shimi Kang) 지음 | 이현정 옮김

나를 일체, 헌신, '차르 디 칼라(영원한 기쁨)'의
가치로 인도해주신 사랑하는 부모님께 바친다.
부디 이 세상 모든 부모들이 자녀들에게
이 가치들을 가르치게 되길 소망한다.

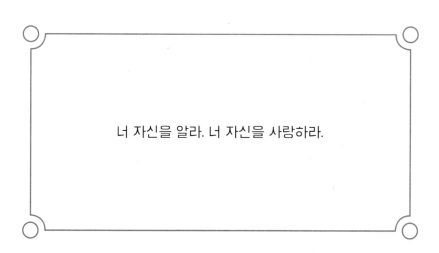

너 자신을 알라. 너 자신을 사랑하라.

들어가는 말

밴쿠버에서 상하이, 오클랜드나 뉴욕까지 세계 어디를 가든지 늘 내 머릿속에는 이런 질문이 맴돌았다. 스크린 타임(스마트폰·PC·게임기 등 기기 이용시간)의 적정시간은 얼마일까? 아들의 스크린 타임은 어떻게 제한할까? 게임은 아이들한테 좋을까? 나쁠까? 이제 9살인데 스마트폰을 사줘야 하나?

솔직히 여러분도 나와 같은 고민으로 이 책을 선택한 게 아닐까 싶다. 디지털 기기가 분명히 아이한테 영향을 미친다는 느낌이 들 것이다. 콕 집어 말할 수는 없어도 뭔가가 잘못되었다고 여겨질 것이다. 우리에게 보내는 이런 경고 신호는 사실 매우 확실하고 분명하다. 게임을 많이 하면 할수록 어린 아들은 집중력과 사회성, 참을성도 떨어질 것이며, SNS에 노출되고 끊임없이 확인할수록 십 대인 딸아이는 우울해질 것이다. 15살짜리 아들은 스마트폰으로 끊임없이 알림과 메시지를 받지만, 집 밖에서 만날 친구는 한 명도 없다.

이런 신호가 있는데도 디지털 기기 사용에는 아무 문제가 없다는 헤드라인이 온갖 신문을 장식한다. '아이들에 미치는 전자기기의 영향, 감자 섭취 정도뿐 〈포브스〉', '부모가 스크린 타임을 제한한 청소년, 대학 성적 저조 〈Inc.〉', '소셜 미디어, 아이들의 행복에 미세한 영향 〈가디언〉' 등이 대표적이다.

디지털 기기에 대한 긍정론은 이외에도 수없이 많이 등장했다. 그런데 아이들에게 디지털 기기를 판매하고, 어떻게든 자사의 플랫폼과 앱을 이용하게 만들려던 IT 기업 관계자에게서 회의론이 하나둘 흘러나오기 시작했다. 최근 한 대학교의 콘퍼런스에 나와 함께 공동 출연한 교수는 IT 기술이 아이들에게 부정적인 영향을 미칠 것이라는 부정론은 심하게 과장되었다고 시종일관 주장했다. 그런데 나중에 보니 글로벌 IT 기업에서 일부 지원을 받아 연구를 했던 것으로 드러났다. 몇 년 전 페이스북이 13세 미만 아동의 회원 가입을 허용하려는 움직임이 있다는 소문이 돌았다. 그러자 미국의 온라인 교육 비영리단체인 '커넥트세이플리(ConnectSafely)'에서 환영 의사를 밝혔는데, 이후 이 단체가 페이스북의 후원금을 받은 사실이 밝혀졌다.

한편, 이와 정반대의 메시지로 공포감을 조성하는 헤드라인도 있다. '전자기기, 정서불안하고 게으른 아이 만들어 〈사이콜로지 투데이〉', '실리콘밸리, 아이들의 전자기기 사용에 대한 부정론 확산 〈뉴욕 타임스〉', '아이폰을 1년간 사용한 아이 시력 약화 〈뉴욕 포스트〉' 등이 바로 그것이다. 종종 매우 극단적으로 다른 이러한 메시지 때문에 사람들은 무엇을 믿어야 할지 모르게 되고, 부모 역시 우왕좌왕하며 헤매는 것이 당연하다.

하지만 아동 및 청소년 발달에 미치는 기술의 영향을 단순히 '좋다' 또는 '나쁘다'로만 판단할 수는 없다. 실제로는 그보다 훨씬 복잡하고 미묘하기 때문이다. 한마디로 기술을 어떻게 쓰느냐에 따라 아주 긍정적일 수도, 아주 부정적일 수도 있다.

소아·청소년들의 인터넷 중독으로 하버드 의대 정신과 펠로우십을 수료한 나는 지난 20년간 아이들의 건강, 행복, 동기부여에 관한 연구에 매진했다. 특히 최근 10년 동안은 인터넷이 아이들의 발달에 미치는 영향을 집중적으로 연구했는데, 과학이 말해주는 결과는 사실 분명했다. 1995년대 중반에서 2010년대 초반까지 디지털 환경에서 태어난 'Z세대'에 대한 데이터를 보면 놀랄 정도로 부정적이다.[1] 자신감도, 도전 정신도 부족해 심지어 운전도 안 배우려고 한다. 자신을 괴롭히는 상대와 맞서 싸울 용기 역시 부족하다. 이들 중 우울증을 앓고 자살하는 비율이 지난 10년간 급격히 증가했는데, 놀랍게도 이 그래프는 스마트폰의 증가 그래프와 거의 완벽히 일치한다. 불안과 외로움이 위기 수준에 달한 상태이며, 세계보건기구(World Health Organization, WHO)에서도 이들 세대에서 최악의 전염병은 '외로움'이 될 것이라는 예측까지 내놓았으니 정말 이게 무슨 일인가 싶다. 게다가 소아·청소년들의 정신건강이 급격히 나빠지면서 미국 소아과학회(American Academy of Pediatrics, AAP)에서는 12세에 정신건강 체크를 권장하고 있다. 한마디로, 우리는 지금 최악의 정신건강 위기에 직면한 미래 세대를 기르고 있는 셈이다.

하지만 기술이 마냥 부정적인 것만은 아니다. 기술 덕분에 2019년 9월, 청소년들은 기후 위기 긴급 조치를 요구하며, 역사상 최대 규모의 환경 보호 운동을 펼쳤다. 또 2018년 플로리다 주 스톤먼 더글러스 고등학교에서 일어난 총기 난사 사건 생존 학생들이 총기 규제 법안 마련을 촉구하며, 전국 스쿨 워크아웃 행사를 열 수 있었던 것도 기술의 힘이었다. 소셜 미디어가 없었다면 팟캐스터 제이 쉐티(Jay Shetty), 코미디언 릴리 싱(Lilly Singh), 작가이자 일러스트레이터인 루피 키우르(Rupi Kaur)도 세상에 등장하지 않았을 것이다. 자라나는 세대들은 팟캐스트, 브이로그, SNS를 통해서 세상에 목소리를 내는 이유와 방법을 배우고 있으며, 그렇게 해서 세상을 변화시키고 있다.

단, 문제는 기술의 발전이 빨라도 너무 빠르다는 데 있다. 그래서 아이들에게 미치는 영향을 제대로 파악할 시간조차 없다. 두뇌는 청소년기에 급격히 발달하는데, 아이들은 스마트폰과 같은 디지털 기기에 빠져 산다. 이때는 일명 '두뇌의 사령관'으로 불리는 전두엽이 완전히 발달하기 전이기 때문에 이해와 판단력을 담당하는 두뇌 영역이 미성숙 상태다. 또한, 아동기에서 성인기로 가는 과도기인 청소년기는 무모한 도전을 즐기고 또래 문화를 중시하는 데다 친구들로부터 주목받고 싶어 하는 질풍노도의 시기다. 그 과정에서 아이들은 혼란스러워하며 심리적 어려움을 느끼고, 심지어 파괴적인 행동까지 할 수 있다. 게다가 새로운 기기, 플랫폼, 앱이 계속 정신없이 출시되고 있어서 연구도 어렵고, 적절한 조언을 해주기도 매우 어렵다.

부모와 교사는 아이들이 세상에 나갈 수 있도록 준비시키는 사람들이다. 아이들에게 몸에 좋은 음식과 나쁜 음식을 구분하도록 하고, 올바른 식습관을 평생 유지하게 가르쳐야 하는 것처럼 기술도 마찬가지다. 디지털 기술을 사용한다는 것이 자신의 생각, 감정, 행동에 어떤 영향을 미치는지에 대해 어릴 때부터 제대로 알려줘야 한다. 뇌 발달에 좋은 음식을 먹으라고 가르치듯, 기술도 선별해서 사용하도록 교육해야 한다. 아이의 건강과 행복을 증진할 수 있는 좋은 기술을 선택하도록 해야 한다. 게임이나 소셜 미디어 플랫폼 중에는 해로운 것들이 분명 있다. 이런 기술은 아이가 슬픔과 불안을 포함한 부정적인 감정을 느끼도록 만들며, 결국 부정적인 결과로 이어진다. 사실 해로운 기술이라도 아주 잠깐 접하는 정도면 별문제는 아니다. 정크 푸드를 가끔 먹는 정도로는 건강에 큰 지장이 없는 것과 같다.

아이들에게 건강하고 균형 잡힌 기술 습관을 만들어주려면, 아이들이 기술을 어떻게 배우고 활용하는지, 또 미디어와 앱이 어떻게 아이들의 관심을 집중시키는지, 그 결과 아이들은 어떤 감정이 일어나며, 뇌와 행동에는 어떤 변화가 일어나는지를 알아야 한다. 바로 이것이 거창하게 들릴지도 모를 이 책의 주제다. 어렵다고 느껴질 수도 있지만, 읽다 보면 생각보다 쉽게 이해되니 걱정은 내려놓고 천천히 읽어보자.

이 책의 활용법

이 책은 아이의 부모, 양부모, 조부모, 교사, 상담사, 코치 등 아이를 돌보는 사람 모두를 위한 책이다. 책 전반을 거쳐 '부모'라는 단어가 등장하지만, 이는 돌봄과 양육이라는 고되고 힘든 일을 하는 모든 이들을 지칭한다. 책에 등장하는 최상의 뇌를 위한 과학적·임상적 데이터는 모든 연령에 적용할 수 있는데, 특히 0세에서 25세까지의 연령을 대상으로 했다. 두뇌가 가장 크게 발달하는 시기인 동시에, 사춘기라는 일생일대의 변화를 겪는 중요한 시기이기 때문이다. 앞으로 내가 제시할 해결책의 대상이 십 대 청소년일 경우도 있고 그보다 어린 아동일 경우도 있는데, 해결책이 아이의 연령에 맞지 않는다면 적절히 바꿔서 응용하면 된다. 이 세상에서 아이를 가장 잘 아는 사람은 당신이다. 그러니 아이에게 그 해결책을 전달할 사람도, 성장하면서 그것에 맞게 바꿔서 전달할 사람도 결국 당신밖에 없다. 책에서 제시되는 해결책은 큰 기본 틀이므로, 세부 사항은 개개인에게 맞게 바꿔야 최상의 결과를 얻을 수 있다.

뒤에서는 이 책에 대한 뇌과학적 근거를 간략히 설명하고, 아이를 위한 다양한 해결책을 제시할 것이다. 이를 통해 당신이 아이를 스트레스, 짜증, 중독, 불안, 우울을 유발하는 디지털 기술에서 멀어지게 하고, 창의력, 건강, 행복, 유대감을 향상시키는 더 건강한 디지털 기술 다이어트를 할 수 있게끔 지도할 수 있도록 하는 게 이 책의 목표다.

다시 한번 강조하지만, 기술*이 아이에게 악영향을 미칠까 봐 두려워할 필요는 전혀 없다. 내가 제시한 해결책을 따르면 아이들은 기술을 더 긍정적이고 바람직한 방향으로 활용하게 될 것이다. 코로나19 사태로 몸소 체험했듯이 '바람직한 기술 사용'은 그야말로 현대사회의 핵심이다.

1장에서는 디지털 기술이 아이들의 건강과 행동 및 성격에 미치는 영향과 두뇌 발달에 미치는 영향에 대한 과학적 배경을 소개한다. 2장에서는 어릴 때 형성된 습관의 힘을 살펴보고 그 중요성을 역설한다.

3장에서는 디지털 기술이 두뇌 발달에 구체적으로 어떤 영향을 미치는지와 더불어 그 영향력을 조절하는 방법을 살펴본다. 아이들을 화면에서 눈을 못 떼게 만드는 스마트폰, 게임, 소셜 미디어, 앱 등이 일으키는 두뇌 변화를 도파민 보상을 통해 알아본다. 나아가, 중독-보상 사이클을

---

* 이 책에서 사용되는 '기술'은 디지털 기술 또는 IT 기술을 의미한다. - 역자 주.

설명하고, 아이들을 중독적인 기술로부터 보호하는 법도 알려준다. 4장에서는 성장기 두뇌에 미치는 디지털 기술의 악영향을 더욱 깊이 있게 들여다본다. 디지털 기기로 인해 코르티솔이라는 호르몬이 분비되고, 스트레스와 불안감이 심각한 수준에 이르게 되는 다양한 경로를 살펴본다. 또한 스트레스 반응에 관해 설명하고, 아이들에게서 그런 반응이 나타날 때 알아차리고 긍정적으로 대처하는 법도 알려준다.

하지만 디지털 기술에는 이런 단점만 있는 게 아니다. 오히려 제대로 사용하면 무궁무진한 혜택을 누릴 수 있다. 5장에서는 운동량 기록 앱, 감사 일기 앱, 음악 플레이리스트 등 디지털 기술을 통해 아이들이 정신적, 육체적, 영적으로 더 건강해지는 법을 소개한다. 동시에 이를 통해 오프라인 세계, 즉 일상생활에서의 변화도 강조한다. 6장에서는 인간의 기본 욕구인 대인관계 욕구를 살펴보고, 기술을 통한 아이들의 유대관계 향상법과 요새 급증하고 있는 십 대들의 외로움과 우울증을 위한 대책도 탐색한다. 7장에서는 기술을 통해 아이들이 자신의 재능을 발견하고 창의력을 향상하도록 하는 법 및 정체성과 개개인의 재능을 발달시켜 삶의 목적을 찾는 법까지 제시한다.

이렇게 기술이 아이들의 감정과 행동에 미치는 영향을 전반적으로 알아본 후, 8장에서 이를 통합해서 디지털 시대의 아이 양육을 위한 실용적인 6단계 해결책을 제시한다. 그런 다음 마지막 9장에서는 어떻게 해야 디지털 혁신 시대를 살아남을 수 있는지에 대해 고찰하며, 그 해답을 창의적 사고, 의식, 적응력에서 찾는다.

책의 이런 흐름을 통해 아이들이 사용하는 기술이 그들에게 미치는 영향, 또 가족을 위한 '디지털 기술 다이어트'에 대한 기본지식을 넓혀간다.

디지털 세계에서는 '너 자신을 알라'가 생존의 핵심이다. 이 말인즉슨 인간의 신체와 마음이 작동하는 원리를 이해라는 의미다. 우리가 언제 행복감이나 고양감을 느끼는지, 또 언제 스트레스를 받거나 절망감을 느끼는지를 알아야 한다. 이를 분명히 알아야만 우리 자신을 새롭고 강력한 방법으로 돌볼 수 있고, 아이들에게도 그렇게 가르칠 수 있다. 이처럼 머리에 지식, 가슴에는 사랑이 가득 채워져야 창의력, 기쁨 및 충만감이라는 새로운 에너지를 방출할 수 있게 된다. 이 책은 이 과정을 위한 큰 틀과 뇌과학적인 근거 및 가이드라인을 제시할 것이다. 작디작은 씨앗 하나가 커다란 떡갈나무로 자라듯, 우리 모두의 내면에는 성장과 번영을 위한 잠재력이 숨겨져 있다. 시시각각 변화하는 현대 세계에서는 기술과 우리가 어떤 관계를 맺느냐가 그 잠재력을 얼마나 펼칠지를 결정하는 핵심 요소가 될 것이다.

쉬미 강(Shimi Kang)

CONTENTS

1장

디지털 기술이 내 아이의 뇌와 행동에 어떤 영향을 미칠까?

THE TECH SOLUTION

CREATING HEALTHY HABITS
FOR KIDS GROWING UP
IN A DIGITAL WORLD

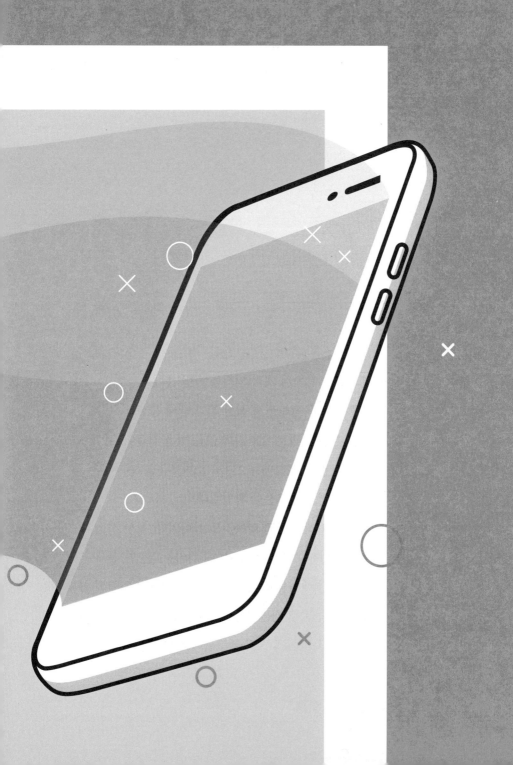

1

가족들과 함께한 레스토랑에서 저녁 외식을 하던 중에 있었던 일이다. 너무도 익숙한 광경을 계속 목격하면서 식사 시간 내내 불편해졌다. 일단 가장 먼저 눈에 띄었던 사람은 바로 옆자리에 앉은 젊은 커플이었다. 직원에게서 자리를 안내받고 앉자마자 메뉴보다도 스마트폰을 먼저 보던 이 커플은 식사 도중 틈만 나면 스마트폰을 확인했다.

그래도 그 옆의 3인 가족에 비하면 아무것도 아니었다. 식사 시간 내내 손에서 스마트폰을 놓지 않는 아빠와 아들 덕에 엄마는 '혼밥' 신세나 마찬가지였다. 조금 더 떨어진 테이블은 더욱 심했다. 멜빵바지 차림의 곱슬머리 아이가 시종 고개를 숙인 채 태블릿을 보고 있었으니까. 부모의 것이라고 짐작했지만, 어쩌면 그 나이에 벌써 부모한테서 받은 선물일지도 몰랐다. 그러다 우리가 식사를 마치고 일어서려는데, 한 십 대 소년이 이날의 하이라이트를 장식했다. 걸으면서도 계속 스마트폰을 보다가 결국 직원과 부딪혀 넘어지고 만 것이다.

이쯤에서 혹시 내가 현대 문명을 반대하는 구석기인인지 의문이 든다면 오해는 마시라. 난 스마트폰 없이는 아무 일도 못 할 정도로 의지하며 사는 기술예찬론자다. 자료 조사, 사진 찍기, 명상 훈련은 물론, 회의나 치과 예약 등 스케줄 관리까지 전부 스마트폰으로 관리한다. 게다가 내가 한동안 꼼짝하지 않고 앉아 있으면 자리에서 일어나라고 알람까지 울리는 똑똑한 기기 아닌가. 하지만 동시에 나는 스마트폰 전원을 끄고 혼자 독서를 하거나 남편과 산책을 하는 등 가족과의 시간도 중요시하는 사람이기도 하다.

오늘날 디지털 기기가 필수품을 넘어서 그야말로 신체의 일부라도 된 것처럼 손에서 놓지 않는 사람들이 너무 많다. 그간 우리는 이 신기한 기술에 홀려 게임 앱, 데이트 앱, 인스타그램 등 새로운 앱 소식만 들리면 흥분해서는 출시되기가 무섭게 스마트폰에 설치했다. 그러나 이 눈부신 현대 문명의 무서운 이면을 알게 되면서 우리의 눈은 떠지기 시작했다. 앱을 설치할 때 등장하는 깨알 같은 글씨는 읽지도 않고 부랴부랴 동의부터 하며 사용한 덕에 우리의 데이터, 검색 기록 등의 정보는 앱을 만든 회사로 모조리 넘어갔다. 다행히도 이제는 이런 디지털 기술이 우리를 조종하고 행동과 감정까지 좌지우지할 수 있다는 점을 잘 알고 있다. 또한 화면에 지나치게 노출된 영유아들에게 나타나는 두뇌 변화도 과학적으로 연구 중이다.

미국심리학회에서 2017년에 실시한 '미국의 스트레스'라는 설문 조사에 따르면 부모 중 48%가 '스크린 타임(스마트폰·PC·게임기 등 디지털 기기 이용시간)' 제한을 놓고 자녀와 끊임없이 마찰을 일으킨다고 대답했다.[3] 또 소셜 미디어가 자녀들의 신체적·정신적 건강에 미치는 영향이 우려된다는 의견도 58%에 달했다. 부모들은 자신의 디지털 기기 사용 습관에 큰 문제가 있음을 드디어 깨닫게 되었다. 우리가 스마트폰의 노예가 되어 감정과 행동을 지배당하는 만큼 아이들도 우리처럼 되리란 것은 불 보듯 뻔한 상황이다.

스마트폰 중독 증세가 증가하면서 많은 신조어가 속속들이 등장했다. 우리 가족이 외식하던 날에 내가 목격한 상대방을 앞에 두고도 스마트폰에 정신이 팔리는 현상을 가리켜 '퍼빙(phubbing)'이라고 한다. '전화(phone)'와 무시하다는 뜻의 '스너빙(snubbing)'을 합쳐서 만들어진 단어다. 또 태블릿에 집중하느라 엄마 말을 못 듣는 아이처럼 상대방과 함께 있는 자리에서 전자기기로 인해 간섭을 받는 것을 '테크노퍼런스(technoference)'라고 말한다. 마지막에 종업원과 부딪힌 남학생은 흔히 말하는 '스몸비(smombie)'족인데, 이는 스마트폰(smartphone)만 보면서 느리게 걷는 사람들이 마치 좀비(zombie) 같다고 해서 생겨난 말이다. 이들 때문에 일명 '고개 숙인 종족'이라는 이름까지 붙이며 고민하던 중국에서는 시안시와 충칭시에 스마트폰 사용자 전용 보행 도로까지 만든 바 있다.

그날 우리 테이블 담당 직원은 우리 가족 다섯이 식사 내내 대화를 주고받는 모습이 그렇게 보기 좋았다며 칭찬했다. 마지막으로 그런 모습을 본 게 언제인지 기억도 안 난다며, 부모나 아이 모두 각자 자기 스마트폰이나 디지털 기기를 보기 바쁘기 때문이라고 덧붙였다. 그 말을 듣는 순간 깊은 한숨이 절로 나왔지만 놀랍지는 않았다. 이 문제야말로 내 전문 분야니까.

디지털 기술이 아이들에게 미치는 영향

스몹비 전용 보행 도로에 대해 과잉대응이라는 반응이 있을 수도 있다. 하지만 통계를 보면 요새 십 대들은 하루에 스마트폰을 150번, 즉 6분마다 한 번꼴로 확인한다.[4] 다시 말해 학교 수업이나 과제가 아닌 다른 용도로 하루에 스마트폰을 보는 시간이 7시간 이상이라는 계산이 나온다.[5] 뉴욕주립대학교 마케팅학과의 아담 알터(Adam Alter) 교수에 따르면, 이를 평생 지속한다면 최소 7년 이상이 된다고 지적했다. 그러나 솔직히 현재 추세로 볼 때 실제로는 7년보다 훨씬 더 길어지리라는 것을 충분히 예측할 수 있다.

요새 아이들은 스마트폰으로 스포츠 경기 영상을 트는 동시에 다른 앱 네다섯 개를 연다. 그러고는 끝도 없는 댓글을 아무 생각도 없이 보며 스크롤을 내린다. 이러한 스마트폰 사용 습관과 이를 조성하는 사회적 분위기가 아이들의 발달에 긍정적으로 작용할 리 만무하다. 두뇌가 쉬지 못하고 계속 작동하니 당연히 예민해지고, 이는 곧 불안감으로 이어지기 때문이다. 손가락 끝으로 작동하는 스마트폰이 있으니 굳이 애써 기억하거나 생각할 필요도 없고, 지루함을 견딜 이유도 없다. 그래서 그냥 가만히 앉아서 쉴 줄도 모르고, 그럴 필요성도 못 느끼는 아이들이 무수히 많다.

스마트폰 등 디지털 기기의 화면이 아이들의 뇌 구조와 기능까지 변화시킨다는 연구도 나오고 있는데, 그중 미국의사협회에서 출간하는 〈소아과학〉의 2019년에 실린 논문을 특히 주목할 만하다. 이 논문에서는 전자

기기 화면을 많이 보고 자란 영유아는 두뇌의 수초화(수초가 신경세포를 감싸는 현상)가 적게 진행된다고 보고했다.[6] 즉 뇌에서 백질이 적게 연결된다는 말이다. 또한 연구진들이 읽기와 언어 능력 테스트를 시행한 결과, 이런 아이들이 점수가 낮았다고 보고했다.

백색을 띠어서 종종 백질이라고 불리는 수초는 신경세포 주변에 형성되는 지방층으로 절연체다. 절연물로 전선 바깥을 싸서 보호하듯 수초도 신경세포를 감싸 보호하고, 신호(전기 자극)가 다른 신경세포로 더 빠르고 정확하게 전달되도록 한다. 인간 두뇌에는 언어 발화를 담당하는 브로카 영역과 언어 이해를 담당하는 베르니케 영역이라는 두 개의 언어 영역이 존재한다. 생후 18개월이 되면, 이 둘을 연결하는 신경회로가 완전히 수초화되기 때문에 영유아가 단어를 알아듣고 결국 말을 하게 된다. 앞서 2019년 논문의 결과도 이를 통해 설명할 수 있다.

여기까지만 보면 언어발달에서의 수초의 중요성을 역설하는 것 같지만, 사실 이는 한 예에 불과하다. 아동의 인지기능은 수초 구조가 어떻게 통합되는가에 달려 있기 때문이다. 정보를 저장하고 인출하고 처리해서 사고, 감정, 행동으로 전환하는 능력은 신경세포의 형성과 신경세포를 둘러싼 미엘린 수초의 두께에 의해 결정된다. 미엘린 수초가 너무 얇거나 손상되면 신경세포는 정상적으로 발화(전기신호를 발생시키는 것)하지 못한다. 그래서 자극의 속도가 느려지거나 아예 정지되어 정신이나 행동 또는 신경학적으로 문제가 생길 수 있다.

이처럼 기술의 사용 이면에는 수없이 많은 문제점이 도사리고 있다. 특히 사이버 폭력, 불면, 나쁜 자세, 요통과 목 통증, 활동량 부족, 비만, 외로움, 시력 약화, 불안, 우울, 신체상 혼란, 중독 등이 대표적이다. 이런 모든 문제점 때문에 사람이 대인관계를 맺고 독립적인 개체로 성장하려는 욕구 및 심지어 자손 번식의 욕구까지 저해 받고 있다.

일반인은 모르는 IT 업계의 진실

IT 회사는 훨씬 전에 이미 이 문제점을 알고 있었다. 2010년 아이패드가 최초로 출시된 직후 애플의 스티브 잡스(Steve Jobs)는 〈뉴욕 타임스〉와 인터뷰를 했다. 칼럼니스트이자 인터뷰어인 닉 빌튼(Nick Bilton)이 아이패드에 대한 그의 자녀들의 반응에 관해 물었다. 잡스는 "집에서는 디지털 기기 사용 시간을 제한"하므로 아이들이 아직 한 번도 써보지 못했다고 답했다. 예상 밖의 대답에 매우 놀란 빌튼은 그 이후 실리콘밸리의 기업가들과 연이은 인터뷰를 진행했다. 그 결과 그들 대부분이 자녀의 기기 사용을 아예 금지하거나 제한하고 있다는 사실을 알게 되었다. 인터뷰 끝에 그는 "IT 회사 CEO들은 일반인들이 모르는 무언가를 아는 것 같다"는 결론을 내렸다. 애플의 CEO인 팀 쿡(Tim Cook)은 최근 자신이 조카의 SNS 사용을 금지하고 있다고 밝혔고, MS 창립자인 빌 게이츠(Bill Gates)는 자녀에게 14세 전까지 스마트폰 금지령을 내렸는데 그의 아내는 그 시기를 더 연장하기를 바란다고 전한 바 있다.

왜 아이들은 사람을 자유롭게 하고 서로를 연결해주며 삶을 더 풍부하게 경험하고 사랑하는 이들과 보내는 시간을 늘려줄 것 같았던 이런 기기의 노예가 되었을까? 놀랍게도 사실은 그 목적으로 설계되었기 때문이다. 어느 순간부터 IT 기업의 목표는 사람들을 연결하는 것에서 멀어지기 시작했다. 그리고 날이 갈수록 누가 가장 눈에 띄는 알림 전송법을 만드는

지, 또 누가 사용자들을 더 오래 자신의 사이트나 앱에 묶어두는지 내기하는 각축의 장이 되어버렸다.

'주목 경제'*의 측면에서 볼 때, 기술이 가진 원동력은 바로 여기에 있다. 즉 사용자들을 도울 목적으로 만들어진 것처럼 보이는 무료 앱, 소셜 미디어, 검색 엔진이 사실은 사용자 정보를 수집하도록 만들어졌다는 말이다. 이렇게 모은 정보는 누구에게든 팔릴 수 있도록 패키지화되는데, 이런 데이터 산업은 현재 연간 1조 달러 규모로 성장해 석유를 제치고 가장 가치 있는 분야로 평가받는다.

이에 뒤따르는 대가는 실로 어마어마하다. 아이들은 이런 기기에 시간을 빼앗기다 못해 삶도 송두리째 갖다 바치고 있다. 실제로 밖에서 뛰어다니며 또래 친구들과 교감을 나누고, 주변을 관찰하고 학습할 수도 있는 시간을 조그만 화면 안에서만 보낸다. 현실에서 타인과 진짜 교류를 하지 않는데 어떻게 신체적·정신적으로 건강하게 성장한단 말인가.

이보다 더 큰 문제는 본인의 삶을 자신이 원하는 대로 살지 못한다는 데 있다. 숨겨진 이면의 힘을 모른 채 기술을 사용하다 보면 결국 그 기술에 휘둘리게 된다. 결국 사람과 기술, 사용 주체와 대상이 뒤바뀌는 주객전도 현상이 일어난다.

소아·청소년 정신과 의사로서 나 또한 IT 기술의 어두운 이면을 일찌감치 목격했다. 자녀를 데리고 와서는 게임 때문에 공부며 운동은 물론, 가족까지 내팽개쳤다며 하소연하는 부모들이 늘어났기 때문이다. 부모가 SNS 이용시간을 제한하자 폭력적으로 변하거나 가출, 자해, 심지어 자살

---

* 상품 정보에 대한 소비자들의 주의력을 집중시키는 정보화 시대의 새로운 경제 형태를 일컫는 말이다. – 역자 주.

시도로 대응한 십 대 여학생들을 많이 만났다. 새로 나온 게임을 계속하려고 엄마를 지하실에 사흘간 가둔 소년을 경찰이 데려온 적도 있었다.

이런 자녀를 둔 부모들은 부끄러워했고, 감당하기 힘들어했다. 불행히도 이런 문제는 더욱 빈번해져 전 세계의 가정을 위협하고 있다.

아이가 느끼는 감정

우리 뇌는 스냅챗(Snapchat)에 악플이 달리는 것과 실제로 깡패의 위협을 받는 것에 똑같은 반응을 보인다. 위협이 실제이든, 아니든 같은 반응이 반사적으로 나온다는 말이다. 그 결과, 신체가 공격에 대비할 수 있도록 '투쟁, 도피 또는 경직 반응'이 일어나면서 혈관이 확장되고 심박수가 증가하며 집중력도 높아진다.

다시 말해, 아이들이 순간에 느끼는 감정은 현실과 가상의 구별 없이 나타난다. 인체의 신경전달물질은 흔히 우리 몸의 화학 메신저라고 불리는데, 이 중에서 아이들의 감정과 관련된 중요한 5대 물질이 있다. 바로 도파민, 코르티솔, 엔도르핀, 옥시토신, 세로토닌이다. 이 다섯 가지 신경전달물질이 특히 아이들의 의욕, 유대감, 행복, 대인관계 등을 좌우한다. 따라서 현실이든, 가상이든 관건은 아이의 행동으로 이 중 어떤 물질이 자극을 받느냐다. 이 신경전달물질은 누구에게나 있고, 어떤 결과를 일으킬지도 정해져 있다. 따라서 이 물질에 대해 잘 알면 올바른 기술 사용 습관을 만드는 데 도움이 된다.

이 다섯 가지 신경전달물질에 대해 더 자세히 살펴보자. 다음의 설명을 보면서 각 물질의 균형이 무너지면 어떻게 될지 생각해보자. 건강한 삶에 필수인 이런 물질이 분비되도록 자극되거나 조작된다면, 또는 조절에 문제가 생기면 신체적·정신적 건강에 어떤 영향을 미칠까? 나아가 우리 사회는 어떻게 될까?

1. 도파민은 순간적인 쾌락을 주기 때문에 동기를 부여하는 역할을 한다. 수렵, 채집, 대인관계 등 종의 생존을 위한 활동을 할 때 주로 분비된다. 우리 몸은 여전히 선사시대에 생겨난 그대로 움직인다. 가령 게임에서의 레벨업은 선사시대의 수렵 활동, SNS에서의 '좋아요'는 채집활동 및 대인관계에 해당한다.

2. 코르티솔과 스트레스 반응은 우리가 공격을 받고 있다고 느끼게 한다. 위험이 발생하면 인체는 생존을 위해 어떤 조치(투쟁, 도피 또는 경직 반응)를 취한다. 그 결과 심박수와 혈압이 상승하는데, 시간이 지나면 수면 장애, 체중 증가, 소화 불량, 면역체계 억제, 골형성 이상 등이 나타날 수 있다.

3. 엔도르핀은 행복감과 기쁨, 평화와 평온감을 준다. 심혈관 운동이나 웃음, 성관계처럼 불안과 스트레스 및 고통을 감소시키는 활동을 할 때 주로 분비된다. 엔도르핀은 삶의 역경을 극복하는 에너지가 되며 도전 정신과 창의력을 발휘하도록 한다.

4. 옥시토신은 정서적 안정감과 친밀감을 준다. 누군가와 함께 같은 경험을 하거나 타인의 인정을 받을 때 또는 유대감을 맺고 성관계를 할 때

분비된다. 우리가 신뢰감을 쌓고 이타적인 행동을 하고 우정과 사랑을 추구하게 만드는 역할을 한다.

5. 세로토닌은 만족감, 행복감, 자긍심을 느끼게 한다. 우리가 몸을 움직이거나 타인과 긍정적인 관계를 맺을 때 또는 햇볕을 쬐거나 좋아하는 활동을 할 때 분비된다. 도전 정신과 창의력을 발휘하고, 다른 사람의 인정을 받는 행동을 하도록 자극한다.

매일 목격해서 잘 알겠지만 스마트폰, 온라인 게임, 소셜 미디어는 아이들의 정신건강에도 분명한 영향을 미친다. 특정한 신경전달물질의 분비를 촉진하기 때문이다. 물론 스카이프로 할머니와 영상통화를 하면 자연스럽게 가족애가 강화되는 긍정적인 효과를 낳기도 한다. 하지만 몸에 해로운 다량의 신경전달물질이 보상 사이클을 만들어서 뇌의 변화를 일으켜 실제 세상이 아닌 기기 속 온라인 세상에만 살고 싶게 만든다.

디지털 기기의 지나친 사용으로 다음과 같은 결과가 나타날 수 있다.

- 코르티솔 과다 분비로 스트레스 반응이 일어난다.
- 도파민 과다 분비로 도파민 중독 현상이 일어날 수 있다.
- 장기적 건강, 행복, 성공의 핵심 요소인 옥시토신, 세로토닌, 엔도르핀 분비가 감소한다.

이러한 신경전달물질은 해마, 편도체, 뇌하수체, 시상하부라는 크게 네 군데의 두뇌 부위에서 분비되는데, 이를 통칭해서 '변연계'로 부른다. 우리의 감정반응을 일으키고 조절하는 것도 바로 이 변연계의 작용이다.

예를 들어, 어떤 기술은 우리에게 즉각적인 쾌락을 주는데, 이 쾌락이 항상 행복감으로 이어지지는 않는다. 아이가 간단한 게임만 해도 도파민은 분비되지만, 옥시토신(유대감)을 억제하며 생성된 지나친 도파민(쾌락)은 외로움과 불안 및 우울을 유발한다. 그러면 인체는 이런 감정을 없애기 위해 다시 도파민을 찾게 되는데, 바로 이 원리 때문에 도파민은 사람을 중독으로 빠지게 만든다. 우리의 SNS에 '좋아요'가 늘어난 것을 보면 도파민이 분비되지만, 자신을 타인과 계속 비교하게 되어 스트레스 호르몬도 같이 나온다.

2장부터는 신경전달물질과 아이들의 동기, 행동, 활력, 창의력, 행복 사이에 어떤 관계가 있는지 살펴볼 것이다. 또 어떤 기술이 행복감, 스트레스, 창의력, 영감을 주는 신경전달물질을 자극하는지도 알아본다.

나는 디지털 기술이 아이들의 삶에 바람직한 요소로 자리 잡을 수 있다고 확고하게 믿는다. 힘들었던 날 부모님이 보낸 문자에 갑자기 힘이 솟고, 다른 나라의 산불 소식을 전해주는 SNS는 더 넓은 세상을 보여주는 창이 된다. 따라서 디지털 세계를 완전히 좋다 또는 나쁘다는 이분법으로 보는 것은 어불성설이다.

그런데 만일 현실 세계와 가상 세계에서 모두 좋은 신경전달물질을 활성화하는 법을 아이에게 가르쳐 줄 수 있다면 어떨까? 그야말로 자라나는 미래 세대에 이상적인 교육이 아닐까? 그리고 바로 이것이 이 책을 통한 나의 궁극적인 목표다.

우리의 역사를 한번 되짚어보자. 놀라운 신기술이 나왔으니 아이들 교육을 잘해야 한다는 말, 혁신으로 우리 삶이 완전히 바뀌었단 말은 사실 예전부터 늘 나온 말이다.

불, 인류 진화의 혁명

디지털 혁신의 시대에 아이들을 키우기가 여간 어렵지 않다고 생각하겠지만, 사실 역사 속에서 큰 변화가 나타났던 때와 비교해보면 새삼 다르지도 않다. 인류의 진화에서 가장 중대한 사건인 '불의 발견'을 떠올려보자. 불은 인류에게 빛을 선사하고 추위를 물리치게 해주었다. 현생 인류의 직계 조상이자 불을 사용한 최초의 사람 종인 호모 에렉투스는 불 덕분에 짐승의 공격을 막으며, 나무에서 내려와 땅에서 안전하게 잠을 잘 수 있게 되었다. 또 한곳에 모여 같이 밥을 먹고 몸을 녹이면서 공동체가 형성되었고, 입으로 전해지는 구전 문화가 발생했으며, 인류 역사의 토대도 마련되었다.

무엇보다 가장 큰 혁명은 음식이었다. 음식을 불에 익히면서 날것에 있는 기생충과 박테리아가 급격히 감소했고, 그 결과 인류의 수명은 드라마틱하게 증가했다. 인류의 영장류 조상이 식물의 뿌리, 잎, 열매, 나무껍질을 통해 생존에 필요한 열량을 얻는 데 하루의 대부분을 소비한 것을 고려하면, 불에 익힌 음식은 그야말로 혁명이었다. 그 덕분에 음식을 섭취하고 소화하는 데 필요한 시간과 에너지가 줄어들면서 여분의 인체 에너지가 생겼다. 즉 이제야 비로소 소화기관이 아닌, 두뇌에 에너지를 공급할 수 있게 된 것이다(쉬는 동안에도 두뇌는 인체 에너지의 25%를 사용한다). 그 결과 뇌가 크게 발달했고, 나아가 지구상에서 가장 정교한 신경계가 등장했다. 천억

개 이상의 신경세포가 존재하는 인간의 뇌 신경계는 사고, 행동, 반응 모두를 관장한다. 한마디로 불은 인류 진화의 대혁명이었으며, 이 덕분에 지적 능력과 공감 능력 및 창의력을 갖춘 지금의 존재로 발전할 수 있었다.

디지털 기술, 21세기의 불

실리콘밸리 일대에서 발달한 기술 혁신이 인류에게 불과 같은 혁명이라는 평가는 결코 과장이 아니다. 기술 덕분에 인간 게놈의 서열이 파악되었고, 화석 연료를 대체할 새로운 연료가 발견되었으며, 머지않아 화성에도 도달할 수 있을지도 모른다. 인류의 또 다른 진화론적 도약이 기술의 미래에 달려 있다.

그러나 그 과정은 너무도 험난하다. 기술 역시 불과 마찬가지로 엄청난 파괴력을 지녔다. 예상컨대 아마도 그 옛날 인류의 조상도 불에 관한 자녀교육 때문에 엄청난 고민을 하지 않았을까 싶다. 위험하긴 하지만 자녀의 생존과 성공도 불을 다루는 능력과 직결된다는 점을 분명히 깨달았을 것이기 때문이다. 그래서 불의 파괴력을 보여주기 위해 불에 다 타버린 벌판에 데리고 가지 않았을까? 조심히 다루지 않으면 불이 어떻게 건조한 사바나 지역의 사람과 동물을 집어삼키고 지역을 잿더미로 변하게 할 수 있는지 두 눈으로 직접 보게 했을 것이다. 불을 피우는 법은 당연히 교육했을 것이며, 어쩌면 불에 너무 가까이 가면 폐에 안 좋다는 설명까지 했을지도 모른다.

오늘날 부모도 완전히 같은 상황에 부닥쳤다. 기술을 다루는 능력이 아이들의 성공에 필수인 것을 알지만, 동시에 기술의 위험성도 알기에 두려움을 느낀다. 하지만 그렇다고 현실을 외면한 채 아이들이 하고 싶은 대로 내버려 둘 수도 없고, 어떻게든 폭력물이나 음란물 등에 노출되지 않기만을 그저 바라고 있을 수만도 없다. 또 단순히 소셜 미디어를 금지하거나 GTA(Grand Theft Auto : 자동차 절도 범죄) 같이 대도시의 범죄자가 되어 각종 미션을 수행하는 잔인한 게임을 못하도록 무작정 막을 수만도 없다. 아이들에게는 우리가 필요하다. 스트레스를 일으키는 기술, 가상 세계로 도피하게 만드는 기술이 아니라 건강하게 디지털 기술을 사용하도록 우리가 직접 아이들을 안내하고 이끌어줘야 한다. 우리 조상이 잿더미로 변한 사바나로 아이들을 데려갔듯, 우리도 기술의 실상을 똑똑히 알려줘야 한다.

타인의 삶에 끊임없이 노출되면 자신이 보잘것없어 보일 수 있다. 특히 기분이 안 좋을 때는 이러한 경향이 더 심해진다. 이로 말미암아 학업이나 교우관계에도 부정적인 영향을 미칠 수 있다. '좋아요'나 리트윗 또는 게시물 공유횟수에 의존할수록 아이들은 심란해지고 불안해하며 우울해진다. 따라서 우리 아이들은 이러한 기술을 사용할 때 온라인 폭력에 노출되거나 스마트폰과 게임에 중독되기가 얼마나 쉬운지 정확히 알아야 한다.

침착, 또 침착!

그렇다고 너무 과민반응을 일으킬 필요까지는 없다. 〈뉴욕 타임스〉의 최근 보도에 따르면 부모들이 '스마트폰 컨설턴트'를 고용하기 시작했다고 한다.[7] 스마트폰이 출시되기 전에는 아이들을 어떻게 교육했는지를 부모들에게 알려주면서 스마트폰 없이 아이 키우는 법을 가르친다는 것이다. 획기적인 반응을 일으켰던 기사였지만, 이 책을 읽고 있는 당신은 그런 사람을 고용할 필요가 없다.

나는 이 책에서 믿을 만한 최신 뇌과학 이론을 제시하고, 아이들의 뇌와 신경계의 작동원리 및 성공적인 해결책을 쉬운 용어로 설명할 것이다. 일단 기술이 아이의 감정에 미치는 영향을 잘 이해하고 나면 '스크린 타임'을 건강한 식단에 비유해 이 시대의 자녀교육에서 가장 중요한 이 문제를 해결할 수 있는 익숙하고도 쉬운 해결책을 제시할 것이다.

스마트폰이 세상에 등장한 지는 고작 15년밖에 되지 않았다. 우리가 이렇게 혼란스러워하는 것도 바로 이 짧은 역사 때문이다. 우리는 혁신의 시대에 살고 있다. 사람이 혼자서 구부정한 자세로 온종일 화면만 들여다보고 있는 것은 우리 본연의 모습이 아니다. 인류는 만 년 전부터 농사를 지으며, 논밭에 나가 동료와 함께 일을 하며 생활했다. 그전에 약 7만 년 동안은 수렵 채집 생활을 하는 부족민 생활을 했다. 해가 뜨면 눈을 떴고, 해가 지면 잠자리에 들었고, 온종일 몸을 움직이며 자연과 다른 사람과 깊은 관계를 맺으며 살았다.

하지만 본연의 모습으로 되돌아갈 수 있으니 지나친 걱정은 말자. 새로운 기술이 나날이 쏟아지겠지만, 기술의 종류가 중요한 게 아니다. 인간의 근본적인 모습은 변하지 않기 때문이다.

나는 과학을 믿고 연구를 중시한다. 또 아이들은 똑똑하고 행복하며 강하고, 이들의 잠재력을 최대한 발휘하게끔 아이들을 키울 수 있다는 것도 믿는다. 또한 이 세상에 존재하는 대부분의 것에는 나름의 균형이 있다. 기술에 대한 나의 가장 기본적인 믿음은 '걱정을 내려놓고 직관을 따르자'는 것이다. 숨을 크게 쉬고 함께 머리를 맞대어 이 난관을 극복해 나가자.

꼭 기억해요!

1. 대부분의 십 대들은 하루에 150번 스마트폰을 확인한다. 스마트폰에 계속 신경 쓰며 반응하기 때문에 긴장감과 불안감이 지속된다.
2. 스마트폰 등 디지털 기기의 화면은 아이들의 뇌 구조와 기능을 변화시킬 수 있다.
3. 이런 모든 문제점 때문에 사람이 대인관계를 맺고 독립적인 개체로 성장하려는 욕구 및 심지어 자손 번식의 욕구까지 저해 받고 있다.
4. 아이들의 순간적인 느낌은 경험이 어떤 신경전달물질을 자극하는가에 달려 있다.
5. 도파민은 순간적인 쾌락을 주기 때문에 동기를 부여하는 역할을 한다.
6. 코르티솔과 스트레스 반응은 우리가 공격을 받고 있다고 느끼게 한다.
7. 엔도르핀은 행복감과 기쁨, 평화와 평온감을 준다.
8. 옥시토신은 정서적 안정감과 친밀감을 준다.
9. 세로토닌은 만족감, 행복감, 자긍심을 느끼게 한다.

2장

신경회로 : 내 아이의 잠재력을 키우기 위해서는 습관이 중요하다!

THE TECH SOLUTION

CREATING HEALTHY HABITS
FOR KIDS GROWING UP
IN A DIGITAL WORLD

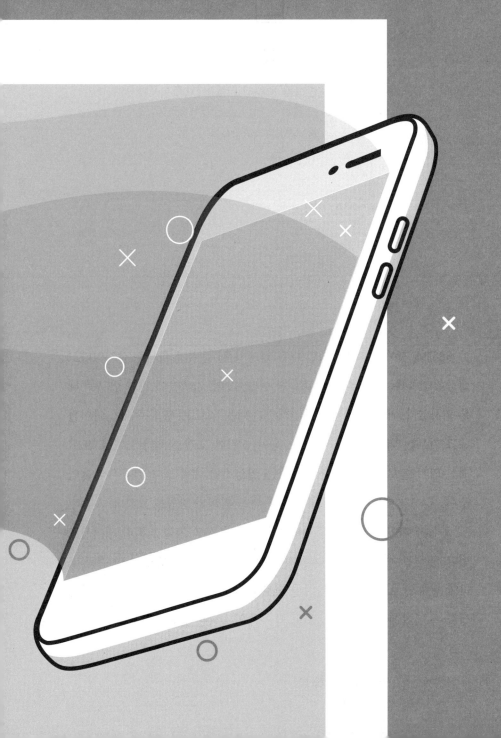

2

"우리는 반복을 통해서 만들어진다.
그래서 탁월함은 행동이 아닌 습관에서 나온다."

- 아리스토텔레스(Aristotle)

33세에 첫아이를 임신했던 나는 엄마가 될 준비가 대체로 잘되었다고 생각했다. 나는 이미 다년간 출산한 여성, 자녀, 가족들에 관한 연구를 해 온 의사였다. 게다가 집에서 다섯째였던 나는 위로 네 명의 형제가 아이를 낳고 키우는 내내 도움을 주었고, 육아에 관한 고전은 죄다 읽었다. 또한 최신 인기 블로그까지 찾아 구독하는 열성적인 예비 엄마였다. 첫아들인 조쉬(Joesh)가 태어난 순간, 난 잊을 수 없는 환희와 감동을 느꼈다.

조쉬가 태어난 2005년은 인터넷 사용자가 10억 명을 기록한 해이기도 했다. 검색만 하면 다 나오니 솔직히 인터넷에는 없는 게 없는 것 같았다. 다만 진짜 정보도 많았지만, 가짜 정보도 넘쳐난다는 우려가 생겼다. 일상 생활 속 어디에나 기술이 있었고, 기술이 약속하는 인류의 미래는 내 상상을 넘어선 듯 느껴졌다. 하루는 베이비아인슈타인 DVD 시리즈가 선물로 들어왔는데, 이것을 보면 혹시라도 조쉬가 천재 근처에라도 가려나 하면서 틀어줬다.

그런데 12개월쯤 될 무렵 조쉬의 몸무게가 심하게 줄어들기 시작했다. 매주 더 줄어들더니 또래 몸무게의 80분위에서 50분위 아래로 떨어졌다. 포동포동 잘 먹던 첫아이가 이유식 자체를 거부하니 큰일이었다. 먹이려고 하면 입술을 꼭 닫고서는 고개를 젖혀 얼굴을 최대한 돌렸다. 의사도 찾아갔고, 지역의 어린이 병원에서 하는 유아 영양 프로그램에도 데려갔다. 하지만 다들 "아이가 굶고 싶을 리는 없을 테니 틈나는 대로 무조건 먹여보세요"라는 말뿐이었다. 그래서 할 수 있는 것은 다 했다. 노래도 불러주고, 인형극도 펼치고, 이유식은 종류별로 다 만들어 한 술이라도 먹이려 애썼다. 주방은 마치 애한테 이유식 몇 숟가락 떠먹이려고 고군분투하는 인형 극장 같았다. 스트레스도 심하고, 진이 빠지는 일이었다.

그러던 어느 날, 조카들이 조쉬를 보려고 놀러 와서 디즈니 애니메이션 〈니모를 찾아서〉를 틀어줬다. 그런데 옆에 있던 조쉬가 완전히 넋이 나가 보기 시작했다. 상어가 말하는 장면에서는 놀라서 입을 벌리기에 난 이때다 싶어 고구마 이유식을 입에 넣었다. 만화에 정신없이 빠져 있던 조쉬가 놀랍게도 그대로 삼켰다! 그리고 두세 숟가락을 더 떠먹였는데, 정말 기적처럼 삼켰다. 즉흥 연극을 보여주며 으깬 바나나 반 숟가락도 겨우 먹였는데, 디즈니 만화 몇 분 덕에 처음으로 엄마, 아빠의 인형극 없이 먹었다.

당시에는 미처 몰랐는데, 이제는 왜 그랬는지 이해할 수 있다. 조쉬가 원래 부드럽거나 걸쭉한 음식을 싫어한 거였다. 십 대인 지금도 소스와 수

프를 안 먹는다. 그때는 말도 못 할 아기 때니 표현할 방법이 없는 데다 이가 나기도 전이라 먹을 만한 게 거의 없었기 때문에 그랬던 것이다. 아무튼 그때는 디즈니 만화 덕을 톡톡히 보았다. 몸무게를 늘릴 목적으로 몇개월간 만화를 보여주면서 이유식을 먹였다. 부엌에 있던 유아 의자는 거실 TV 앞으로 아예 옮겼다. 거기가 자기 자리 같았다. 나는 조쉬에게 음식을 먹이는 게 절실했고, 늘 피곤한 데다 배 속에 둘째까지 있었기에 달리 방법이 없었다. 아니, 어쩌면 사실 있기는 했는데 무의식적으로 생각을 안했을지도 모른다.

스크린이 아이들에게 미치는 영향을 부모가 모를 수도 있다. 이런 이유로 더더욱 과학적인 연구가 필요하다. 우리의 편의를 위해 만든 기술이지만, 거꾸로 기술이 우리를 살릴 때도 있으니, 아이들에게 가끔 아이패드를 건넨다고 무조건 비난하지는 말자. 중요한 점은 잠깐의 편리함을 위한 물건이 나중에는 큰 골칫덩이가 될 수도 있다는 사실이다. TV가 그 순간에는 조쉬에게 밥 먹이는 데 도움이 되었지만, 장기적으로 보면 딴짓하면서 멍하니 밥 먹는 게 습관이 될 수도 있었다. 그리고 일단 그런 산만한 태도가 습관이 되면, 숙제할 때나 상대와 대화를 할 때 등 다른 일을 할 때도 그런 태도를 보일 위험이 늘 도사리게 된다.

물론 후회한다고 시간을 되돌릴 수는 없지만, 과거의 행동을 반성하고 교훈을 얻을 수 있으니 다행이다. 부모든, 교사든 아이들과 상호작용하는 우리가 할 수 있는 것은 아이디어와 전략을 짜고 도움의 손길을 내밀어 서로를 응원하는 것이 전부다. 우리는 아이들 하나하나가 자기만의 개성과 잠재력을 펼치기를 한마음으로 바란다. 그래서 이를 위한 지원 커뮤니티를 만들 필요가 있는 것이다.

우리 삶은 습관의 총체일 뿐이다

아이들은 하루에 150번씩 스마트폰 잠금을 푼다. 하지만 매번 필요해서 푸는 게 아니라 아무 생각 없이 하는 몸에 밴 습관일 뿐이다.

습관은 우리가 무의식적으로 하는 행위다. 우리의 모든 경험과 생각 및 감정이 수천 개의 신경세포를 활성화해 두뇌에 발자취를 만든다. 신경세포의 숲에서 반복해서 걸어 만들어진 길이 바로 습관인 셈이다. 반복된 행동으로 두뇌에는 신경 발자취가 생기고 길이 만들어진다. 일단 길이 나면 더 쉽고 더 빠르게 그 길을 찾기 때문에 결국에는 자동적으로 하게 된다.

새로운 습관은 신경세포의 숲에서 아직 길을 만들지 못했으므로 쉽게 활성화되지 않는다. 낯선 길을 가기 시작하다가도 왠지 위험하거나 힘든 길일 것 같은 걱정에 다시 익숙한 길을 찾는 것도 이런 이유에서다.

신발 끈 매는 법을 배웠던 어린 시절을 떠올려보자. 처음에는 신경 쓰고 집중해서 묶어야 했지만, 여러 번 하다 보면 두뇌에서는 신발 끈 자동 조종장치를 내보낸다. 심지어 너무 어려워 보여서 불가능한 게 아닐까 싶은 것도 수없이 반복하다 보면 습관이 된다. 피아노도, 붓도 그렇게 해서 늘고, 복잡하기 짝이 없는 TV 리모컨도 자연스럽게 다루게 된다(그런데 솔직히 말하면 리모컨은 아니다. 난 리모컨만큼은 영영 아이들한테 맡겨야 할 듯 보이니까).

여기에는 이유가 있다. 우리의 두뇌가 끊임없이 지름길을 찾기 때문이다. 그래야 어떤 일을 간단히 하면서 진짜 중요한 다른 문제를 신경 쓸 수 있다. 양치나 커피 내리기 등 간단한 일도 매번 집중해야 한다면, 다른 일을 할 틈이 언제 생기겠는가?

눈을 떠서 잠자리에 들 때까지 우리의 뇌는 자동조종장치에 크게 의지한다. 2006년 듀크 대학교 연구팀에 따르면, 일상 속 행동의 40% 이상이 습관이라고 한다.[8] 1892년, 미국 심리학의 아버지인 윌리엄 제임스(William James)는 "우리 삶이 일정한 형태를 띠는 한 우리 삶은 습관의 총체일 뿐이다"라는 자명한 말을 남긴 바 있다.

변화는 가능하다

수년간 다져지면 길이 뚜렷하게 생기게 되면서 관련 행동은 거의 자동이 된다. 이것이 '함께 활성화된 신경세포는 서로 연합된다'로 설명되는 '헵의 법칙'이다. 뒤집어 말하면, 나이를 먹을수록 습관은 바꾸기 힘들다는 의미다. 60세에 새 습관 만들기란 울창한 밀림을 탈출하기만큼이나 어렵다. 하지만 다행스럽게도 아이들은 뇌가소성이 뛰어나기 때문에 변화하기 쉽고 잠재력도 무궁무진하다. 이처럼 뇌신경세포 연결 회로는 새로 만들어질 수 있다. 습관은 바뀔 수도, 무시될 수도, 또 대체될 수도 있다. 어린아이들의 피질은 새 회로를 만들 공간이 더 많으므로 신경가소성도 높다.

하지만 그렇다고 좋은 습관을 그냥 주입할 수는 없다. 억지로 시켜서 하면 그 습관에 대한 부정적인 연합이 형성되기 때문이다. 아이오와 주립 대학교의 2018년 연구에 따르면, 어릴 때 받은 체육 수업이 성인이 되어 운동을 좋아하거나 싫어하는 태도에도 영향을 미친다고 한다. 체육 시간의 안 좋은 기억은 운동에 대한 거부감과 상관관계가 있는데, 이는 심지어 수십 년 후에도 나타날 수 있다.[9] 반면 체육 수업을 좋아해서 즐거운 기억을 간직한 참가자들은 운동이 재미있으며 계속하고 싶다고 이야기했다.

음악도 마찬가지다. 만일 아이에게 매일 학교에서 돌아오자마자 첼로 연습을 시킨다고 해보자. 지치고 허기진 상태로 돌아온 아이에게 억지로 시킨다고 과연 첼로를 좋아하게 될까? 난 어린이 스포츠팀에서 이런 일을 숱하게 목격했다. 아이가 축구를 좋아하고 잘하는 모습을 본 부모가 축구 캠프를 보내고 연습과 선발전 참가를 강요하면서 요란을 떨면 어떻게 될까? 아이의 열정과 재능은 오히려 꺼지고 만다. 스스로가 원해야만 오래 가는 좋은 습관이 형성된다. 부정적인 연합이 형성되면 자연스러운 열정 과 재능 및 좋은 습관까지도 모두 사라질 수 있다.

이와 반대의 경우 역시 성립한다. 싫어했던 과목이었는데 좋은 선생님 을 만나니 과목까지 좋아진 적 없는가? 이처럼 새로운 습관을 재미있고 긍정적으로 받아들이면 그 습관이 좋아질 확률도 높아진다.

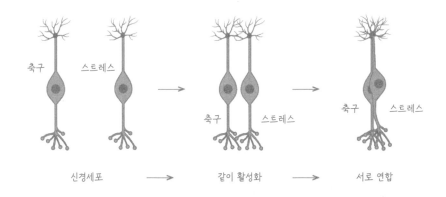

나쁜 습관

물론 나쁜 습관도 있을 수 있다. 완벽주의, 조급함, 과식, 멀티태스킹, 미루기 등 안 좋은 습관이 몸에 익은 사람도 있다. 일단 습관으로 굳어지면 관련된 신경세포의 패턴이 두뇌의 해마라는 부위에 기억되어 저장된다. 이 기억은 어쩌면 안 없어질지도 모른다. 요즈음에도 난 조쉬가 TV 앞에서 멍하니 밥을 먹는 모습을 볼 때마다 어릴 때 〈니모를 찾아서〉를 볼 때 생긴 습관이 아닐까 의심스럽다. 그래도 다행히 우리 집은 식탁에서 주로 밥을 먹으니 어릴 때 그런 습관이 있었다 해도 충분히 대체되었으리라 생각한다. 다만 새 습관을 제대로 교육하지 않으면 금세 옛 습관으로 돌아가기 마련이다. 담배를 끊는 데 성공한 사람도 맥주만 마시면 생각나는 것은 그만큼 옛 습관이 강하게 남았기 때문이다.

디지털 기기 때문에 나쁜 습관이 수없이 생겨나고 있다. 스마트폰 분리불안증, 상대방의 시선 기피, 나쁜 자세, 안 움직이기, 집콕하기, 시도 때도 없이 스마트폰 확인하기 등 셀 수도 없을 만큼 많다.

과도한 스마트폰 사용으로 '반복 사용 긴장성 손상증후군'을 겪는 아이들도 꽤 있다. 이는 손목건초염, 거북목, 휴대전화 엘보* 등 같은 동작을 반복하는 작업환경 때문에 신경·근육 등에 손상이 생겨 나타나는 질환이다. 이뿐만이 아니라 기억력, 상상력, 창의력까지 떨어지고, 친구를 사귀고 사회 예절을 익힐 기회도 빼앗기며, 불안과 우울 및 외로움에 시달린다.

혹시 불안하거나 화가 날 때면 아이가 스마트폰을 보지 않는가? 그렇

---

* 휴대전화로 오래 통화하고 나면 팔꿈치가 아픈 현상이다. – 역자 주.

다면 그런 감정에 잘못 대처하는 습관이 길러진 결과다. 그런 감정을 다룰 줄 알아야 성장하는 법인데, 그저 회피하는 법만 배운 것이다. 절제와 상황대처 및 문제해결력을 못 배웠기 때문에 결과적으로 슬프거나 화가 나면 더욱 스마트폰에 의존하게 된다. 그렇게 악순환의 고리가 생긴다. 즉 아이가 현실의 어려움을 회피하기 위해 온라인 세계로 도망치는데, 그런 자신을 보면 더욱 초라하게 느껴지기 때문에 그 결과 더욱 멀리 도망가는 악순환이 일어나는 것이다.

부모, 아이의 올바른 습관을 위한 출발점

이런 패턴은 어릴 때는 물론, 대학교나 직장을 다니면서도 계속 나타날 수 있는데, 그러면 현실에서 어려움에 부딪힐 때마다 과로, 과소비, 과식, 포르노, 알코올, 심지어 마약을 도피처로 삼게 된다.

진정한 성인이 되려면 학교와 직장에서의 생활 및 대인관계에 잘 대처하게 해줄 능력을 익혀야 한다. 의사소통, 갈등 해결, 친구나 연인 등 타인과의 관계 형성 등이 그런 능력의 예가 된다. 그런데 만일 아이가 교우관계든, 이성 관계든 대인관계를 온라인에서만 맺어봤다면 현실에서는 어떻게 해야 하는지 전혀 모른다는 의미다. 언제 어디서든 누구와 연결 가능한 일명 '연결의 시대'인 지금, 아이러니하게도 성공의 핵심 기술인 사회성은 오히려 외면받고 있다.

어릴 때 만들어진 습관은 평생의 근본 바탕이 되므로 성격 형성기를 적극적으로 활용해야 한다. 중요한 습관은 어릴 때 만들어주고, 그 습관을 계속 유지하도록 하라. 아이가 이 습관을 진정으로 이해할 수 있을 때 시작하자고 미루지 말라. 아이는 충분히 잘 받아들일 능력이 있다. 또 인간에게는 뇌가소성이 있으니 혹시라도 늦지 않았나 하는 생각이나 걱정은 금물이다. 습관을 만드는 데도, 바꾸는 데도 너무 늦은 시기는 없다.

물론 아이들의 행동 하나하나를 지켜보고 있을 수 없는 것은 당연하다. 하지만 그렇다고 좋은 행동과 습관이 저절로 생긴다고 믿는다면 큰 오산이다. 아이들은 '관계'를 통해 학습하기 때문에 부모나 교사와의 경험과 이들에 대한 아이들의 감정이 실로 중요하다. 이들이 아이 입장에 서서 아이가 어떤 일을 겪든 언제나 그 곁에서 사랑과 용기, 영감과 지침을 줄 때 이런 가르침은 가장 큰 힘을 발휘한다.

양육 방식에 대한 다양한 이론이 있지만 세 가지 주요 방식을 소개하겠다. 다음의 설명을 보면서 자신의 현재 양육 방식을 알아보고, 자녀에게 자신감과 자발성을 심어주려면 어떤 방식이 가장 효과적일지 생각해보자.

권위적인 부모는 자신들이 가장 잘 안다고 믿어 의심치 않는다. 상, 성적, 외모 등 가시적 성과와 눈에 보이는 이미지는 중시하는 반면, 친절, 공동체 의식, 자발성과 같은 내적 자질에 대해서는 무관심하다. 권위적인 부모는 다시 두 가지 유형으로 나뉘는데, '호랑이형 또는 상어형 부모'로 불리는 '권위-지시적' 유형과 자녀 주변을 맴돌며 매사 과잉간섭 및 과잉보호를 하는 흔히 '헬리콥터 부모'로 불리는 '권위-보호적' 유형이다. 이렇게 권위적인 부모를 둔 자녀들에게서는 불안, 우울, 완벽주의 성향이 많이 나타나며, 대체로 변화에 대한 적응력이 낮고 실패를 극복하고 일어서는 힘도 부족하다.

허용적인 부모는 권위적인 부모와 정반대 편에 선 유형이다. 그러나 극단적이며 불균형적인 것은 권위적인 부모와 마찬가지다. 원칙도, 목표도 없이 아이들을 기르기 때문에 나는 이들을 '해파리형 부모'라고 부른다. 이런 유형은 아이들에게 자신의 방법을 강요하지도 않지만, 그렇다고 방향이나 지침을 제시해주지도 않는다. 이런 부모 밑에서 자란 아이들은 내적 가치가 부족하며 충동적인 경향이 있고, 방향이나 지침을 친구나 미디어를 통해 찾으려고 한다. 또 윗사람과 갈등을 빚거나 어딘가 중독될 가능성도 크다.

권위 있는 부모는 앞의 두 양극단 사이의 균형점에 위치한 유형이다. 아이들에게 분명한 기대가 있으며 함께 의논해서 결정을 내린다. 단단하면서도 유연성 있는 몸을 가진 돌고래에 빗대서 난 이들을 '돌고래형 부모'라고 부른다. 내적 가치에 대해서는 확고한 동시에 아이들의 흥미, 선택, 표현 방법에서는 유연성을 보이기 때문이다. 놀이, 공동체, 건강하고 균형 잡힌 라이프 스타일을 중시한다. 앞의 두 양육 스타일과 비교했을 때 이런 가정에서 자란 아이는 정신적으로도 건강하고, 충동도 잘 조절하며, 문제해결이나 학업성적도 더 좋고, 사회의식, 적응력, 자발성도 더 높다.

나는 권위 있는 부모가 가장 효과적인 양육 스타일이라고 믿는다.《돌고래형 부모 : 건강하고 행복하며 자율적인 아이로 키우기》라는 내 저서를 보면 이에 관한 전체적인 틀이 제시되어 있다.

돌고래형 부모는 지시하기보다는 안내하고, 지지를 보내는 타입이다. 이들은 좋은 행동을 아이들에게 몸소 보여준다. 이에 대한 예시는 자연 속에서 잘 관찰된다. 어미 돌고래는 새끼가 태어나면 첫 호흡을 하도록 바다 수면을 따라 부드럽게 밀어낸다. 새끼를 표면 위로 들어 올리는 것이 아니라 수영하는 모습을 보여준다. 생후 몇 개월 동안은 어미가 새끼 옆에 내내 붙어서 필요할 때마다 안내하고, 자신이 직접 보여주거나 알려준다.

돌고래형 양육 스타일은 자신을 사랑하고 놀고 탐색하며, 사회관계를 맺고 공동체 의식을 강조하기 때문에 매우 효과적이다. 양육 방식을 이야기할 때 내가 '돌고래형', '균형 잡힌', '직관적인' 스타일을 같은 의미로 쓰는 것도 이 때문이다. 어떤 단어를 선택하든 목적은 똑같이 하나다. 관계를 맺고 몸소 모범을 보이며 안내하는 돌고래의 양육법을 통해서 호기심과 자신감도 충만하고, 타인과 관계도 잘 맺으며, 적응력과 회복력도 높은 아이로 기르자는 것이다

돌고래형 부모의 행동 특징

아이와 유대관계 맺기 : 아이와 유대를 맺는다는 말은 자신이 원하는 모습이 아닌, 아이의 진짜 본모습을 알라는 의미다. 단순히 내 아이라서가 아니라 아이를 독립된 한 개체로 보고 사랑하며 관계를 형성하고 받아들이는 태도를 말한다.

아이의 롤 모델 되기 : 부모는 아이의 롤 모델로서 행동으로 자신의 진정한 내면을 아이에게 보여준다. 롤 모델이라는 말은 자신의 진정한 자아를 통해 아이에게 삶의 교훈을 전달한다는 의미다. 아이들은 원래 '관찰'을 통해 배우기 때문에 부모의 행동은 더할 나위 없이 중요하다. 예를 들어 부모가 스마트폰을 내내 쥐고 있다면, 아이에게는 그렇게 행동해도 괜찮다는 뜻으로 전달된다. 그렇게 스마트폰을 쥔채 아이에게 말을 건넨다면, 그 말에 담긴 내용보다 그런 행동이 더크게 전달된다. 롤 모델은 자신의 내면을 행동으로써 드러내므로 말과 행동이 모순된다면 아이도 이를 알아차린다. 그러니 자신의 말과 행동을 일치시키는 부모가 되자.

아이의 안내자 되기 : 자율성을 존중하면서도 지식과 권위가 있는 부모의 모습을 보이는 태도다. 삶에는 행복도 역경도 같이 존재함을 알려주고, 언제든 아이에게 지지와 성원을 보내면서 세상에 대해 알려준다. 그 과정에서 "삶은 불공평할 수도 있어", "갈등이 생기면 이렇게 해결하는 거야", 또는 "이런 날은 축하해야지" 등의 말을 하게 될 것이다. 안내란 그저 밀어붙이거나 주위에서 맴도는 것도, 또 반대로 매사 간섭하거나 강요하는 것도 아니며, 아이들만의 삶의 여정을 있는 그대로 받아들인다는 의미다.

부모가 늘 아이들과 완벽한 관계를 맺고 안내해주는 완벽한 롤 모델이 되면 그보다 더 좋을 수는 없겠지만, 솔직히 실생활에서 그렇게 하기란 너무도 어렵다. 예전에 내가 아이들과 같이 쇼핑몰 주차장에서 줄을 서서 기다리는 동안 주머니에서 스마트폰을 꺼내 들었더니 아이들 입에서 바로 '거짓말쟁이'라는 말이 나왔다. 그 소리를 들은 난 게임이나 SNS가 아니라, 스마트폰으로 공과금을 낸 거라고 설명해야 했다. 그러면서 엄마가 스마트폰으로 종종 호텔이나 체험 학습도 예약하고, 이메일도 회신하며, 논문도 읽고, 쓸 책에 대해 메모도 한다며 주저리 덧붙여 설명했다. 물론 내가 밥 먹다가 한 번씩 스마트폰을 확인하기도 하는 것은 사실이니까 그때는 '거짓말쟁이'란 비판을 들어도 할 말이 없었겠지만, 솔직히 억울한 날이었다.

이 책을 읽고 아이를 키우고 내가 제안한 내용의 일부를 직접 실행에 옮기면, 강하고 긍정적인 부모-자녀 유대관계를 분명히 만들 수 있을 것이다. 오늘날과 같은 디지털 시대의 부모 역할에 힘든 점도 있지만, 아이들이 현대 기술 문명의 명암을 이해하고 그와 관련한 건강하고 건설적인 습관을 갖게 해주는 것은 분명 부모의 책임이다. 아이들은 기술의 세계에서 태어났기 때문에 그런 환경을 너무도 당연하게 받아들인다. 그래서 현실 세계에서 당연히 부모가 필요하듯 온라인 세계에서도 부모가 필요한 것이다.

또 아이들은 그저 수동적으로만 기술을 사용하지도 않는다. 능동적 참여자이기도 해서 크리에이터도 되고, 협업가도 되며, 인플루언서도 된다. 장난감 사용 리뷰나 오버워치 게임 실전 영상, 또는 마인크래프트 캐릭터를 그리는 영상을 찍어 유튜브에 올린다. 인스타그램에도 알록달록한 DIY 슬라임 영상을 올리고, 책상에 앉아서 전 세계에서 벌어지는 사회운동에 동참한다. 이렇게 올린 영상으로 높은 조회 수를 기록하며, 엄청난 수익을 거두기도 한다. 많은 아이들이 새로운 것을 보고 배우고, 현대를 살아가는 데 아주 중요한 기술인 다양한 매체로 소통하는 법도 배운다. 좋든, 싫든 이것은 현대 양육의 일부다.

미래 사회에 대비하는 자녀로 키우는 법

지금 아이들 세대에 비하면 우리가 자란 시대는 좀 더 편안했다. 그저 학교에서 교육을 받은 다음 사회로 진출해 취직하는 순서였다. 그런데 아주 전문적이지는 않으면서 보수는 괜찮았던 일, 20세기 중산층을 지탱시켰던 그런 직업군이 급속도로 사라졌다. 이 추세는 불가역적이며, 그 결과 불평등은 심각해졌다. 우리 자녀들은 모든 산업이 이 추세에 크게 영향을 받아 변화된 상태에서, 또 경제적·사회적 지위와 기술적 혜택의 불평등이 크게 심화된 상태에서 일자리를 찾아야 한다. 여기에 인공지능, 머신러닝, 자동화 분야까지 나날이 발전하고 있다. 매킨지글로벌연구소의 2018년 보고서에 따르면, 향후 15년간 인공지능으로 인해 미국 노동자들의 1/3 이 직업을 바꾸어야 할 것으로 예측했다.[10]

지금은 정보의 접근이 역사상 그 어느 때보다 쉽다. 과거에서는 지식 이 많은 사람이 사회적 인정을 받았다. 이런 사회에서 성공하려면 암기력 이 필수 요소다. 그러나 이제는 기술 덕분에 구구단이나 화학식, 또는 국 가별 수도를 단순히 암기하지 않아도 되는 시대가 열렸다. 인터넷 검색만 하면 되니 학생들이 질문에 대한 정답을 달달 외워야 했던 시대는 끝났다. 오늘날에는 제대로 된 질문을 던지는 것과 컴퓨터의 도움 없이 사람만이 할 수 있는 중요한 기술을 기르는 것이 훨씬 중요하다. 이것이야말로 고도 의 사회적·경쟁적·기술적 경제에 기반한 현대사회에서 성공의 핵심 능력 이 된다.

《돌고래형 부모》에서 나는 이런 능력을 미래 사회에 대비하기 위한 중 요한 지능으로 보고, 이를 가리켜 '의식지수'(Consciousness Quotient, CQ)라 는 용어를 만들었다. 좌뇌와 관련된 지능지수(IQ), 우뇌와 관련된 감성지수 (EQ)와 달리 의식지수(CQ)는 뇌 전체 시스템을 끌어낸다. 또한 이 CQ 능력 은 모든 사람에게 있으며, 뇌가소적 특징을 가진 회로에 의해 발전된다.

다섯 가지 CQ 능력

- **창의력** : 기존의 아이디어, 규칙, 패턴, 관계를 넘어서 사고할 수 있는 능력이다. 새롭고 독창적인 아이디어 창출을 의미한다.
- **비판적 사고** : 열린 마음으로 분석, 해석, 설명, 해결하는 능력이다. 제대로 된 질문을 던질 줄 아는 것이 정답을 말하는 것보다 중요하다.
- **소통 능력** : 글, 이메일, 인포그래픽, SNS 포스팅, 메시지 앱, 온라인 커뮤니티 등 다양한 매체를 통해 자신을 표현할 줄 아는 능력이다.
- **협업 능력** : 다양한 배경을 가진 사람들에게서 배우고, 그들에게 영감을 주며 함께 일할 수 있는 능력이다.
- **조직헌신력** : 소속한 곳의 가치를 높이고, 여러 가지 방법으로 세상을 더 좋은 곳으로 만드는 것이다.

CQ를 구성하는 이 다섯 가지 요소는 인류 역사의 큰 변화의 소용돌이 속에서 아이들을 살아남게 하는 도구가 될 수 있다. 낡고 오래된 시스템은 사라지고, 교통, 교육, 의사소통, 거래 방식 등 모든 분야에서 혁신이 가속화되고 있다. 아이들이 기술을 두려워하지 않도록 가르치는 것도, 또 내가 아이들이 기술을 포용하고 긍정적으로 활용하는 바람직한 방법을 모색하는 이유도 바로 이 때문이다.

그저 최선뿐

부모로서 우리의 역할에 겁먹거나 움츠러들지 말아야 한다. 그저 최선을 다하는 것 외에는 방법이 없다. 난 여러 가지로 운이 좋은 사람이라고 느낀다. 하지만 아이 셋 중 둘은 학습 장애가 있고, 유전병도 있는 데다 늘 변화에 대응해야 하는 직업을 가졌다. 남편은 나를 적극적으로 지지해 주지만 매사에 가지는 기대치도 지나치게 높다. 생계도 꾸려야 하고 나이는 먹어 가는데 연로하신 부모님도 계신다. 또 아이들의 농구 연습도 시켜야 하고, 방학 때는 운동 캠프에도 보내야 한다. 이래저래 늘 할 일이 많고 지친다. 주말이면 가끔 아이들이 맘대로 TV를 보게 몇 시간은 내버려 두는데 그래도 괜찮다. 나아가 난 기술이 아이들에게 매우 유용할 수 있다고도 생각한다. 예를 들면, 다른 사람과 협동 능력을 키워주는 게임도 있다. FIFA나 NBA 라이브 게임을 할 때면, 우리 아이들은 미국이나 영국에 사는 친척과 함께 웃기도 하고 함성도 지른다. 게임이 없었다면 애초에 이런 게 가능하기나 했을까? 이렇게 모두가 웃는 이 연결의 순간은 모두가 디지털 기기 덕분이다.

중요한 점은 아이들에게 기기의 노예가 아니라 주인으로서 현명하게 기술을 활용하는 법을 가르치는 데 있다. 그렇다. 우리가 반복하는 행동이 곧 자기 자신이다. 수학이나 축구를 잘하고 싶으면 연습을 해야 한다. 기술이 아이들의 실제 삶을 망치는 해로운 존재가 아니라, 긍정적인 역할을 하는 도구로 활용하도록 가르쳐야 한다. 기술이 가진 무한한 잠재력과 위험성, 이 동전의 두 양면을 깊이 이해시켜서 이 시대의 불을 잘 다룰 수 있도록 도와줘야 한다.

꼭 기억해요!

1. 우리의 습관, 즉 신경회로는 깊은 숲속에서 길을 만들듯 반복해서 걸으면 전달 속도가 빨라진다. 수없는 반복 끝에 자동이 된다.

2. 습관은 이런 숲길을 통해 무의식적으로 만들어진 행동과 반응이다.

3. 함께 활성화된 신경세포는 서로 연합된다. 행동-감정 연합이 습관으로 자리 잡는다.

4. 어린 시절에 만들어진 습관은 미래의 행동에 토대가 된다.

5. 아이들의 뇌와 잠재력은 상상 이상으로 가소성이 높아 변화와 긍정적 태도 및 영감에 민감하게 반응한다.

6. 뇌는 새로운 신경회로를 만들 수 있다. 습관은 바뀌거나 무시될 수도 있고 대체될 수도 있다.

7. 새로운 습관을 형성하려면 집중해야 하며, 동기가 있어야 하고, 시간과 노력도 투자해야 한다. 나이를 먹을수록 새로운 습관을 만들기는 더 어려워진다.

8. 권위 있으면서 협동적인 돌고래형 부모는 아이들이 긍정적인 회로를 만들고 부정적인 회로를 대체하는 데 도움이 된다.

9. 돌고래형 양육 스타일은 시시각각 변화하는 세계를 잘 헤쳐나가기 위한 긍정적인 자세와 기술을 익히게 해서 아이들이 미래 사회에 대비할 수 있게 성장하도록 돕는다.

10. 21세기의 새로운 지능은 소통 능력, 협동 능력, 비판적 사고, 창의력, 조직헌신력을 모두 포함한 의식지수(CQ)다.

솔루션

여기는 독자들이 기술과 관련해서 가질 법한 구체적인 문제를 해결하기 위한 실질적 조언으로 구성된다. 여기의 제안사항은 독자가 자신의 가정에 맞는 방식으로 조합해서 활용하길 권한다.

이 장에서는 기술이 우리의 주의를 빼앗는 법, 그 결과 두뇌에 미치는 영향, 그리고 습관의 힘, 즉 습관이 신경가소성이 있는 회로를 통해 감정과 연합되는 과정을 살펴보았다. 해로운 습관은 막고 유익한 습관을 형성하게끔 아이들을 안내하는 것이 부모의 역할이며, 이를 위해서는 부모가 돌고래형 양육 스타일을 받아들여 아이들이 21세기 새로운 지능인 의식지수(CQ)를 높이는 것이 가장 좋다.

이제는 자녀들이 삶에서 유익한 습관을 형성할 수 있도록 몇 가지 제안을 할 것이다. 또 아이들에게 기술을 소개하는 좋은 방법을 소개하고, 기술의 단점은 최소화하고 장점은 최대화하는 어릴 적 습관 형성법도 알려준다.

핵심 전략

이건 안 돼요!

1. 시중에 나와 있으면 의심 없이 무해한 기술이라고 가정하기
2. 내 아이를 다른 사람이 지켜줄 수 있다고 가정하기
3. 디지털 기술과 관련된 내 아이의 문제를 다른 사람이 해결해줄 거라 가정하기
4. 기술을 사용하는 분명한 목적과 시간제한 없이 그냥 아이가 원하는 대로 하게끔 내버려 두기
5. 디지털 기기를 장난감처럼 여기며 가지고 놀기

이건 꼭 해요!

1. 디지털 기기 사용 시작 시기는 가능한 늦추기
2. 목적 달성을 위한 도구로 기기를 사용하기
3. 사용 초기에는 혼자 있을 때 사용하게 하지 말기
4. 기기 사용에 분명한 규칙 정해주기

평생 가는 올바른 습관을 어릴 때 형성하는 법

뇌가소성은 뇌가 외부환경에 따라 스스로 구조와 기능을 변화시키는 특성을 일컫는다. 앞에서 보았듯 아이들의 뇌는 가소성이 매우 높다. 즉 25세 전에는 그 후보다 건강한 습관을 만들기도, 나쁜 습관을 바꾸기도 훨씬 쉽다는 의미다.

다음은 아이의 뇌가소성을 높이고 건강한 습관을 만드는 데 필요한 다섯 가지 중요 요소다. 수면 이론을 잘 안다고 잠을 잘 자는 게 아니듯, 간단한 요소지만 실천하기는 생각보다 쉽지 않다.

1. 충분한 수면이 최우선

잠을 잘 때 우리의 두뇌는 학습과 기억에 도움이 되도록 그날의 일상생활에서 얻은 중요한 정보는 저장하고 불필요한 것은 지운다. 미국 수면학회(American Academy of Sleep Medicine, AASM)에서 권장한 연령에 따른 수면 시간은 다음과 같다.

· 4~12개월 영아 : 12~16시간

· 1~2세 영아 : 11~14시간

· 3~5세 유아 : 10~13시간

· 6~12세 아동 : 9~12시간

· 13~18세 청소년 : 8~10시간

2. 충분한 수분과 음식

두뇌는 70%가 물로 구성되어 있다. 수분이 약간만 모자라도 기능이 떨어질 수 있다.

최상의 두뇌 건강을 위해서는 몸에 좋은 다양한 음식 섭취가 필수적이다. 일반적으로 비가공 식품을 다양하게 먹으면 좋다. 뇌세포는 대부분 지방이기 때문에 생선, 견과류, 아보카도 등에서 오메가-3 지방산처럼 몸에 좋은 지방 또한 섭취해야 한다. 그러나 오늘날의 식량 전쟁과 '올바른 식습관'에 대한 내 집착을 고려했을 때 무엇보다 중요한 것은 음식을 먹는 즐거움이다. 먹는 일이 결코 스트레스를 주는 일이 되어서는 안 된다는 말이다. 그렇지 않으면 우리 몸에서 스트레스 호르몬이 분비되기 때문에 건강한 식습관을 따라봐야 헛수고다.

또한, 아스파탐(aspartame)이나 가공 설탕 등 뇌에 안 좋은 식품을 최대한 멀리하는 것도 매우 중요하다.

3. 유산소 운동

달리기, 등산, 자전거 타기 등 유산소 운동은 아이의 심장과 폐를 강화한다. 심박수가 올라가고 숨이 차서 대화할 수가 없는 '심폐 지구력 향상 구간(cardio zone)'에서 운동을 하는 것이 좋다. 유산소 운동은 두뇌로 가는 혈류와 산소를 늘리기 때문에 그 결과 신경세포도 성장한다. 6세 이상 아동은 매일 최소 한 시간의 신체 활동을 해야 하는데, 활동 시간 대부분은 중강도 이상의 유산소 운동으로 채워야 한다.[11] 일주일에 최소 3일은 계단 오르기, 한 발이나 두 발로 점프하기, 줄넘기, 댄스와 같은 근력 및 골격 강화 운동이 필요하다. 무엇보다 체력이 향상되면 정신력도 강해진다. 어릴 때 운동하는 습관이 몸에 배면 커서도 계속할 확률이 높다.

4. 놀이

개, 침팬지, 사람 등 포유류는 모두 놀이를 통해 학습한다. 아이들은 시행착오와 재미가 결합된 놀이 학습을 통해 자신에게 맞는 것을 찾고, 불확실한 것을 대해도 불안해하지 않고 편안하게 받아들일 수 있게 된다. 판단이나 평가 없이 아이들이 마음껏 자유 놀이를 할 수 있게 하는 것이 이상적이다. 이렇게 해서 학습을 안전하고 재미있는 과정으로 만든다. 그러니 아이들이 축구를 하든, 글을 쓰든, 그림을 그리든 괜히 분석하지 않도록 하자.

5. 사랑을 통한 정신력

아이들은 사랑과 지지를 보내주는 안정적인 관계를 통해 가장 잘 학습한다. 외로움과 공포는 스트레스를 유발하는 한편, 유대감과 안정감은 감소시킨다. 단, 여기서 사랑이란 그저 아이들이 원하는 대로 무조건 허용하는 것이 아니다. 이를 깨닫는 것은 매우 중요하다. 아이들에게 필요한 것은 행동에는 분명한 제한과 규칙을 두되 조건 없는 사랑을 주는 것이다. 이럴 때 아이들은 유대감과 안정감을 느끼게 된다. 사랑과 적극적이고 긍정적인 태도는 두뇌의 신경세포 연결을 촉진해서 인지능력을 향상시킨다. 행복하고 똑똑하면서 강한 아이가 되기를 바란다면 아이를 있는 그대로 사랑하자!

아이의 올바른 기술 습관을 형성하는 법

지금까지 어릴 때 올바른 습관을 만들어주는 법에 대해 살펴보았다. 이를 위해서 대체 집에서는 어떻게 해야 할까?

1. 미루고 또 미루자

아이들을 위해 부모들이 할 수 있는 최상의 방안은 기술 사용 시기를 최대한 미루고 삶에 필요한 기본 능력과 습관을 먼저 형성해주는 것이다. 그렇게 하면 삶의 방향이 더 장기적인 건강, 행복, 자발성, 성공으로 향할 것이다.

감정조절, 대인관계, 시간관리, 이 삶의 3대 핵심 능력이 완전히 형성되기도 전에 아이가 디지털 기기를 손에 쥐면, 그 능력이 온라인 세계에서만 발휘되거나 아예 못 배우게 될 가능성이 생긴다. 그렇게 되면 여러 가지 문제가 발생한다. 아이가 기기를 통해 친구를 사귀는 법을 배웠다면 현실에서 얼굴을 맞대는 '진짜 만남'을 불편하게 여기거나 심하면 아예 기기 없이는 사람을 못 사귈 수도 있다. 그렇기 때문에라도 온라인 세계에서 사람을 만나기 훨씬 전에 일상에서 건강하게 대인관계를 맺는 법을 습득해야 한다. 감정조절과 시간 관리 능력도 마찬가지다. <u>스스로 시간 관리나 감정조절을 제대로 하지도 못하는데, 컴퓨터 게임을 접하면 게임에만 빠져 살 수도 있고, 자신의 진정한 감정을 숨기기 위한 도피처로 이용하게 될 위험이 높아진다.</u>

감정조절, 대인관계, 시간 관리, 이 세 능력은 살아가는 데 필수적이다. 그러니 아이가 이 능력을 완전히 습득하고 유지할 수 있을 때 디지털 기기를 소개하라. 다음의 세 질문에 솔직히 답해보자. '그렇다'라고 말할 수 있다면 아이에게 새로운 기기를 소개해도 괜찮다.

- 감정조절 : 아이가 감정을 느끼고 조절할 수 있는가?
- 대인관계 : 아이가 다른 사람을 직접 만나서 협동적이고 긍정적인 방법으로 소통하고 상호작용할 수 있는가?
- 시간 관리 : 아이가 재미있는 활동을 그만두고 수면, 운동, 공부 등 일상생활에서 꼭 필요한 일에 시간을 배분할 수 있는가?

2. 스크린 타임 설정하기

'아이에게 적당한 스크린 타임은 하루에 몇 시간인가?'

부모들한테 제일 많이 듣는 질문이다. 구체적으로 몇 시간이라고 대답해주고는 싶지만, 아이들은 저마다 다르고, 그들의 가정환경도, 상황도 제각기 다른 탓에 딱 잘라 말하기 힘들다. 일단 기술이 아이들에게 해를 끼쳐서는 안 되며, 동시에 일상생활과 유연성 있게 병행되어야 한다는 게 내가 생각하는 최소한의 기준이다. 이를 출발점으로 삼아 내가 제안하는 가이드라인은 이렇다.

- 2살 미만은 사용 금지
- 2~5세는 하루 1시간 미만 사용한다. 하지만 늦출수록 좋다고 했으니 이 시기에도 사용을 못 하게 하는 것이 솔직히 가장 좋다.

다른 연령대의 아이는 일상 활동에서 목적에 맞게 주체적으로 기기를 활용하게 하자. 그렇게 하면 커갈수록 실생활의 활동을 더 중시하게 되고, 기기는 보조적 역할을 위한 도구에 불과하다는 것을 잘 이해하게 된다.

- 유선 노트 한 장을 꺼내자.
- 세로로 24줄을 그어 시간표를 만들자. 각 줄이 1시간을 의미한다.
- 수면, 씻기, 식사, 집안일, 운동, 대인관계, 학교, 숙제(디지털 기술 사용 가능), 아날로그식 놀이에 필요한 시간을 표시하자. 교회 예배, 봉사활동, 애완견 산책 등 중요하다고 생각하는 다른 활동이 있다면 그것도 표시하자.
- 그러고도 남는 시간이 이론적으로 스크린 타임으로 설정 가능한 시간이다. 그러나 반드시 있어야 하는 것은 아니다.

3. 혼자 있는 공간에서는 사용 금지하기

오래가는 바람직한 디지털 기기 사용 습관을 길러주기 위해서는 혼자 있는 공간에서는 사용을 못 하게 해야 한다. 자기 방이 아닌 거실이나 부엌에서 사용하게 하자. 기기에 대한 올바른 사용법과 그릇된 사용법에 대해 흥미로운 방식으로 같이 이야기해보고, 이 시간을 아이에 대해 더 잘 알게 되고, 나아가 소중한 삶의 교훈을 전달하는 기회로 삼자.

아이의 흥미, 열정, 관심사에 대해 파악하고 앞으로 생길 수 있는 의문이나 문제점에 관해 대화를 나누어 보도록 한다.

다음의 팁 몇 가지를 활용해보자.

- 디지털 기기를 사용할 때 옆에서 관심을 보이고, 가능하면 같이 화면을 본다.
- 무엇보다 대화가 중요하다. 아이가 좋아하는 게임, TV 프로그램, 앱, 캐릭터 등에 대해 물어보고, TV나 게임을 통해서 생각난 아이디어나 문제점에 관해 이야기하는 시간을 갖자. 자녀에 대해 알아가고 서로 친해지고 교육까지 할 수 있는 아주 좋은 기회다.
- 아이가 뻔한 광고나 다른 유해 콘텐츠를 알아보고 의심할 수 있도록 하자. 이에 관한 아이의 생각을 물어보자.

4. 사용 시간 및 범위, 자발성, 콘텐츠에 대한 기대목표치를 정하기

부모라고 아이 옆에 24시간 붙어 있을 수도 없듯 아이의 디지털 기기에 대해서도 지나친 집착은 금물이다. 아이가 스스로 기기 사용을 체크하고 질문하고 모니터링하는 습관을 만드는 것이 가장 좋다. 어릴 때부터 습관을 기르면, 왜 그렇게 하는지도 이해하게 되고 그에 대한 거부감도 덜 생기기 때문에 계속 잘 따를 수 있다. 부모가 원하는 목표를 알려주고 아이들이 바람직한 선택을 스스로 하도록 해보자.

- 아이들이 스스로 분석하고 결정을 내릴 수 있도록 장려하자. 가령 특정 영화를 보여 달라거나 유료 게임을 사달라고 하면, 그에 대한 사용자 리뷰를 보고 어떤 점에서 좋았는지를 살펴보라고 한다. 읽기 능력이 부족하면 말로 설명하거나 그림을 그리라고 하면 된다.

- 기기 사용 시간이 많은 아이에게는 아이가 세운 시간 관리법과 기기 사용 계획을 물어보자.
- 아이에게 브라우저 히스토리를 직접 인쇄해서 가져오게 해서 그것을 보고 대화하는 식으로 체크하는 습관을 들이자.
- 콘텐츠에 대해 이야기하자. 교육적이며 연령에 맞고 쌍방향 소통이 가능한 양질의 콘텐츠를 우선하고, 필터 프로그램을 설치하거나 부적절한 콘텐츠 접근 제한 설정을 아이와 같이하자. 예를 들어, 구글 대신 키들(Kiddle)을 사용하는 것도 한 방법이다(내 아이가 구글에 '아나콘다'라고 검색어를 쳤더니 포르노 사이트가 떴다!).

5. 건강한 습관 직접 보여주기

동서고금을 막론하고, 아이들은 부모의 말보다 행동에서 더 많이 배운다. 그러니 부모는 지키지도 않는 일을 가이드라인으로 줘봐야 아무런 소용없다.

- 아이에게 독서, 야외 활동, 창의적 체험 활동 등 기술 없이 하는 건강한 습관을 보여줘라.
- 자신이 기기를 사용할 때는 왜 사용하는지 분명한 목적을 이야기하자. 나 같은 경우에는 "엄마는 지금 스마트폰으로 SNS나 게임을 하는 게 아니고 전기요금 내고 있어", "할머니한테 메시지 보내는 중이야", "조만간 쓸 책에 관련된 연구 자료를 찾고 있어" 등을 자주 말한다.
- 기기 사용 중에 아이가 말을 걸면 잠시 옆으로 치우거나 시선을 돌려서 아이와 눈을 맞추고 아이의 말을 집중해서 듣자.
- 알림이나 메시지가 와도 아이 앞에서 즉각 반응하지 말라. "우리 이야기 중이니까 이따가 확인해볼게. 대화에 집중해야 하니까 스

마트폰은 꺼버려야겠네"와 같은 말을 하자.

- '스마트 목표'(p. 292)를 설정하기 위해 디지털 기기 사용에 대한 가족 계획을 세우자. 집에서 기기를 사용할 수 있는 시간, 방법, 장소까지 구체적으로 정해도 좋다.

3장

중독 : 도파민과 디지털 기술의 막강한 중독성에서 벗어나자!

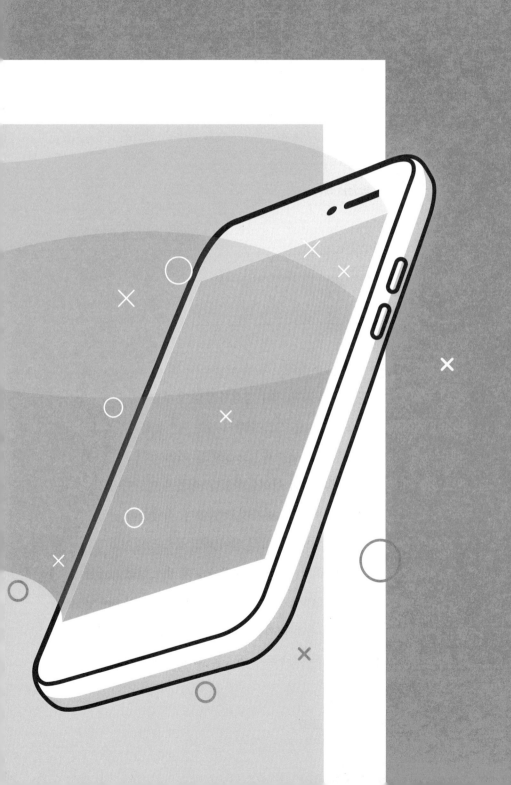

3

나는 외모도 훌륭하고 똑똑한 데다 성격까지 좋아 무한한 가능성을 지녔지만, 자제력을 잃고서 디지털 기기에 빠져 사는 아이들을 수도 없이 만났다. 숙제도, 가족도, 자신도 내팽개치고 SNS를 하거나 게임에 빠져서 헤드셋을 끼고 게임 전략을 짜던 아이들이었다. 이들은 마약이나 알코올 중독으로 만났던 환자들처럼 삶이 망가지고 있었다. 사람들과 얼굴을 보고 대화할 줄도 몰랐고, 움직이질 않아서 살이 찌고 몸도 엉망이었다.

디지털 기기가 삶을 어떻게 망가뜨리는지를 구체적인 상담 사례를 들려주겠다. 미국의 작은 마을에서 중산층인 따뜻한 부모 밑에서 태어난 카일(Kyle)이라는 소년이 있었다. 아버지는 분자 생물학자였고, 어머니는 가게 매니저로 일하다가 현재는 교내 특수 아동을 위해 일하고 있다.

카일은 고등학교 내내 우등생이었다. 졸업식에서는 학생 대표로 나가 사람들 앞에 섰던 수석 졸업생이었다. 재학 당시에는 학생회 간부인 데다가 교내 3종 경기 선수였으며, 음악 밴드부에서는 트럼펫 담당이었다. 담배도, 마약도, 술도 일절 손대지 않았다. 그 이유를 묻자 혹시나 미래에 악영향을 미칠까 두려웠기 때문이라고 대답했다. 그런데 대학교에 입학하자 심한 경쟁에 숨이 막히기 시작했다. 고3 때 느꼈던 스트레스가 더욱 심해졌다. 그러자 6살 때부터 스트레스 해소용으로 즐기던 게임이 유일한 탈출구가 되어버렸다. 밤새 게임을 하다가 점점 수업도 빼먹고, 종일 게임만 하는 날이 늘어갔다. 곧 게임은 그의 삶을 앗아가 학교에서 제적당하고 부모님 집으로 돌아가게 되었다. 돌아온 그에게 부모는 게임 금지령을 내렸다. 그러자 이제는 스마트폰에 미친 듯이 빠져들어 사이트란 사이트는 다 들어가고, SNS도 계속 들여다보았다.

이에 스마트폰도 금지했더니 아들에게서 '깊은 불안감과 슬픔, 분노'가 느껴졌다고 카일의 엄마가 전했다. '성격 좋고 친절하며 인내심도 많던' 아들이 '슬픔에 빠진 폭군'으로 변해버렸다. 카일은 자신을 싫어하게 되었다. 엄마한테 한 행동이 후회되고, 미안한 마음이 들기도 했지만 자기 인생을 간섭하는 데 대한 증오심이 들기도 했다.

그의 집은 하루하루가 전쟁이었다. 그는 부모님께 고래고래 고함을 지르고, 테이블에 머리를 찍어댔다. 게임에 대한 잔소리만 안 들을 수 있다면 무슨 짓이든 할 수 있었다. 완전히 지친 그가 이렇게 말했다.

"게임은 도구에 불과했고 분명히 제 삶이 있었는데 완전히 뒤바뀌어 버렸어요. 중독되어서 삶이 완전히 망가졌어요."

상담은 효과가 없었다. 그는 스스로 극복할 수 있다고 계속 주장했고,

상담가들은 그가 조금 더 성숙하도록 시간이 필요하다고 생각했다.

그런데 그의 외가 쪽에는 중독으로 고생한 사람들이 많았다. 그의 엄마는 아들이 심한 게임 중독임을 인정하고 마침내 조처하기로 했다. 그러고는 아들에게 게임 중독 치료 병원에 입원하지 않으면 엄마가 집을 나가겠다는 최후통첩을 내렸다. 아들의 행동이 더 이상 감당할 수 없을 지경이 된 데다 가정까지 해체될 위기였기 때문이다.

게임 중독의 힘

게임에서 상대를 죽이거나 자신이 레벨업 될 때마다 카일의 뇌에서는 쾌락과 흥분감을 주는 도파민이 분비되었다. 그 느낌이 좋아서 두뇌는 본능적으로 계속 그 자극을 원하게 된다. 소량의 도파민만으로도 효과가 상당해서 뇌는 더 많은 게임을 찾게 된다. 그는 '도파민' 사냥꾼이 된 기분이었지만 내면은 공허했다고 전했다.

2018년, 세계보건기구(World Health Organization, WHO)에서는 게임 중독을 '게임 사용 장애'라는 질병으로 분류하면서 그 증상을 '게임으로 인해 학업, 대인관계, 사회생활 등 일상생활에 심각한 저해가 최소 12개월간 지속되는 경우'로 정의했다.

카일은 본인에게 우울 증세가 있음을 알았다. 대학교는 중퇴했고 친구도 거의 없는 데다가 부모님 댁의 지하실에 얹혀살았다. 하지만 게임을 할 때는 자신감도 솟았고, 대화상대도 있었으며, 잘하면 영웅도 될 수 있었다. 현실을 외면하고 그런 온라인 세계로 도피하는 것은 어쩌면 당연했다. 치료를 받으면서 그는 자신이 게임을 통해서 그런 기본적 욕구를 충족시키려 했다는 것을 깨달았다. 숱한 사람들이 게임에 중독되는 것도, 카일이 게임을 도저히 못 끊은 이유도 바로 여기에 있었다.

카일이 게임을 통해 얻은 것

1. **긍정적 강화** : 게임 중 단서 발견, 높은 점수 획득, 레벨업 등 여러 가지 보상 때문에 카일은 큰 자신감을 느꼈다. 학교, 친구 등 현실에서 문제가 늘어가는 만큼 그런 자신감을 주는 가상 세계에 더욱 빠질 수밖에 없었다.

2. **유대감** : 게임 시장이 처음 붐이 일었던 1980년대에는 혼자서 하는 1인용 게임이 대부분이었다. 그런데 카일은 많은 사람과 함께하는 대규모 멀티 플레이어 온라인 게임을 좋아했다. 실제로 만나는 친구가 점점 없어졌지만, 게임 덕분에 그에 대한 갈증이 해소되었다. 또 온라인상에서는 자신의 실패한 현실을 아는 이도 아무도 없었다.

3. **박진감 넘치는 새로운 세계** : 요즘 게임의 그래픽 수준은 상상 초월이다. 놀라울 정도로 세밀하고 변화무쌍한 가상 세계가 카일에게는 너무나 아름답게 느껴졌다. 반면 실제 세계는 초라하기만 했다.

4. **영웅으로 등극할 기회** : 어떤 게임에서는 직접 본인의 캐릭터를 창조해서 자신만의 특별한 모험을 할 수 있다.

다음 도파민을 쫓아서

도파민이 중요한 건 게임뿐만이 아니다. 현재 우리가 사용하는 매체 대부분이 도파민을 빼놓고는 논할 수 없다. 숀 파커(Sean Parker)는 페이스북이 창립된 지 5개월째 되던 2004년에 초대 사장이 된 인물이다. 그런 그가 페이스북이 신경전달물질의 작용을 기반으로 만들어졌다고 인정하며, 페이스북을 성공하게 만든 비밀의 열쇠는 바로 '도파민'이라고 고백했다.

2017년 인터뷰에서 파커는 '사용자들의 시간과 관심을 최대한 많이 빼앗는 방법이 뭘까?'라는 질문에서 출발해[12] 페이스북 본사에서는 글이나 사진 등 게시물에 댓글과 '좋아요' 기능을 만들어 사용자가 이로 인한 도파민에 의존하도록 만들었다고 밝히며 이렇게 설명했다.

"사회적 인정 피드백 순환고리입니다. 인간 심리의 취약점을 노린다는 점에서 나 같은 해커가 원하는 것과 정확히 일치하죠."

파커는 일단 우리의 뇌에서 SNS-보상 사이에 연합이 생기기 시작하면 또 도파민이 분비되도록 '새로 고침'을 계속하게 된다고 지적했다.

아이의 탄생 등 뭔가 자랑거리가 생겼을 때 소셜 미디어에 사진을 올렸던 시간을 떠올려보자. 많은 '좋아요' 숫자와 좋은 댓글을 보면서 행복감이 밀려오지 않았던가? 이게 도파민의 작용이다. 수렵, 채집, 친밀감 쌓기 등 생존을 위한 행동과 도파민 분비가 연합되어 두뇌에 양성피드백 순환고리가 만들어져 있다.

이 피드백 고리는 인간 '생존'의 핵심이다. 사람은 도파민 때문에 먹거리나 잠자리를 찾고 불을 땐다. 여기에 문제가 생기면 채워지지 않는 욕구 때문에 갈망이 일어나 사람들의 리트윗이나 '좋아요' 같은 사회적 인정을 원하게 된다. 이를 보면 행복감과 사랑받고 있다는 느낌이 든다. 문제는 '좋아요'와 리트윗 등을 한 개인의 자기 가치와 연결하게 되면서 발생한다.

소셜 미디어와 중독은 이렇게 연결되어 있다. 우리가 많이 먹어서 배가 부르면 배에서는 '이제 그만 먹어'라는 신호를 뇌에 보낸다. 그런데 소셜 미디어는 인체에서 보내는 그런 신호를 무시하게끔 교묘히 설계되었다. 즉 댓글, '좋아요' 등을 통한 도파민을 이용해 사람이 소셜 미디어를 멈추고 나가지 않도록 계속 유인한다. 그래서 SNS에 빠지면 자신이 분노와 불안감 및 우울감을 느낀다고 자각할 때조차도 뇌에서는 SNS 피드를 계속 '새로 고침'하고 화면 스크롤을 내리라고 계속 속삭인다.

이와 관련해서 1950년대에 있었던 유명한 심리 실험을 살펴보자. 캐나다 맥길 대학교의 뇌과학자인 피터 밀너(Peter Milner)와 제임스 올즈(James Olds)는 뇌의 어떤 부위가 자극을 받으면 불쾌감을 유발하는지 알아보기 위해 쥐의 뇌에 전극을 꽂았다. '측좌핵'이라고 불리는 이곳은 도파민을 분비하는데, 마약 중독자가 마약성 진통제를 복용하거나 도박꾼이 잭팟을 터뜨리면 켜진다. 두 과학자는 부위를 가리켜 '쾌락 센터'라고 명명했다.

이들은 쥐의 우리 안에도 지렛대를 설치했다. 쥐가 지렛대를 누를 때마다 그 쥐의 머릿속 쾌락 센터에 꽂은 전극이 자극되도록 만들었다. 그러자 그냥 내버려 두었는데도 쥐가 알아서 지렛대를 찾아 눌렀다. 한 번 두 번 반복하더니 결국 하루에 7천 번을 누르는 기록을 세웠다. 심지어 목이 마를 때에도 물통이 아니라 지렛대를 찾아갔다. 배고픔도 무시했고, 짝짓기도 거부하며 그저 지렛대만 누르고 싶어 했다.

이런 쥐의 행동은 앞에서 살펴본 카일의 행동과 너무도 흡사하다. 그는 잠도 안 자면서 밤새 게임을 했고, 학교 수업도 빼먹었다. 운동은커녕 잘 챙겨 먹지도 않았다. 오로지 자신의 지렛대만 누르고 싶어 했다. 이런 행동을 보이는 사람을 분명히 본 적 있을 것이다. 잠도 제대로 못 자면서 SNS를 하거나 주변 사람은 무시하고 스마트폰 화면만 보는 청소년을 보

지 않았는가? 2017년, 광저우 출신의 17세 소년이 센세이션을 일으킨 중국의 스마트폰 롤플레잉 게임인 '왕자영요(王者荣耀)'를 쉬지 않고 40시간 동안 한 후 뇌졸중이 와서 거의 목숨을 잃을 뻔했다.[13] 일본 정부는 사회생활에 적응하지 못하고, 수개월 또는 수년 동안 방에만 틀어박혀서 게임이나 인터넷만 하며 부모나 가족의 보살핌만 받는 은둔형 외톨이, 일명 '히키코모리(引き籠もり)'가 자국 내 약 110만 5천 명이나 된다고 추산했다.[14]

인간의 삶을 향상하도록 돕는 기술과 사람을 기술의 노예로 전락시키는 기술 사이에는 크나큰 차이가 존재한다. 내가 보기에 아이들이 목표 달성을 위해 기술을 적극적으로 활용하는 것은 긍정적인 것이다. 하지만 그저 수동적으로 기술을 사용하는 것은 부정적인 것이다. 기업은 그들의 목표를 위해 아이들을 이용하고 있다.

기술, 왜 중독이 목적일까?

소셜 미디어를 비롯해 많은 앱과 사이트는 무료로 이용할 수 있다. 인터넷은 클릭 수와 광고의 노출 횟수에 의해 유지된다. 파커가 말했듯이 IT 대기업의 목표는 사용자를 최대한 자사 사이트에 묶어 두는 것이다. 실리콘밸리에서는 이를 '사용자 참여'라는 고상한 언어로 부르는데, 솔직히 말하면 사용자가 트위터, 페이스북, 유튜브 등에 더 많이 '참여'할수록 광고 수익도 늘어난다는 말이다.

SNS 사이트나 앱은 수익 유지를 위해 사람들을 더 유인할 방법을 찾아 연구에 연구를 거듭한다. 로그아웃하거나 앱을 삭제해서 현실 세계로 못 돌아가게 하는 게 목표다. 이를 위해 지난 수백 년간 정부 지원금으로 연구해온 뇌과학, 심리학, 언어학, 인지과학, 사회적 행동 분야의 결과를 마음껏 활용했다.

하지만 아이들은 무료로 온라인 서비스를 제공하는 회사의 경우 '사용자'가 '고객'이 아닌, '생산품' 자체란 것을 거의 모른다. 부모조차도 모르는 경우가 허다하다. 구글, 페이스북, 인스타그램, 아마존과 같은 기업은 사용자의 관심사, 구입 물품, 배송지 등의 개인 정보를 면밀히 추적한다. 그런 다음 수집한 정보를 패키지화해서 광고주에게 팔아넘긴다. 인텔의 부사장이었던 윌리엄 데이비도(William Davidow)는 이로 인해 IT 기업 경영진들이 곤경에 처할 것으로 예측한다.[15] "뇌과학을 이용해 시장 점유율을 높이고 막대한 부를 창출하거나, 아니면 경쟁자에게 그 기회를 빼앗겨서 시장에서 설 자리를 잃거나 둘 중 하나"라는 게 그의 판단이다.

페이스북처럼 신경과학을 이용하려는 업계의 강한 열망은 '도파민 랩(Dopamine Labs)'이라는 회사를 보면 잘 드러난다. 신경경제학자인 달톤 콤스(Dalton Combs)와 신경심리학자인 램지 브라운(Ramsay Brown)이 캘리포니아에서 공동 창업한 이 신생기업은 어떤 앱이나 플랫폼이든 인스타그램과 트위터와 같은 중독성을 갖게 하는 게 목표라고 내세우며 등장해 논란을 일으켰다. 브라운은 "중독을 담당하는 두뇌 영역의 작동원리를 어느 정도 파악했기 때문에 이를 최대한 활용하고, 그 지식을 앱에 결합하는 법도 알고 있습니다"라고 말했다.[16] 그는 이것이 짜릿한 흥분과 공포감을 함께 주는 힘이라고 인정하며 이렇게 덧붙였다.

"우리에게는 우리가 만든 머신러닝 대시보드의 손잡이를 돌릴 수 있는 능력이 있습니다. 이 손잡이를 돌리면 전 세계 수많은 이들이 알지 못하는 사이에 조용히 자신의 행동을 바꾸게 될 것입니다. 이는 사실 정교한

계획하에 유도된 것이지만, 사용자들은 이를 모른 채 자신의 천성이라고 느끼면서 조용히 빠져들 것입니다."

즉 우리는 스스로 '자의'에 따라 행동한다고 생각하지만, 사실은 IT 기업이 행동을 바꾸기 위해 '조작'한 것이라는 말이다.

기업이 아이의 뇌를 조종하는 7가지 방법

숀 파커와 같은 개발자와 램지 브라운과 같은 신경과학자들은 뇌에서 도파민을 분출하는 방법을 정확히 이해하고서 도파민을 분비하게 만드는 기술을 상품에 주입한다. 가장 기본적인 인간의 욕구를 이용해 우리를 사로잡는 상품이 가장 성공적인 셈이다. 다시 말해 그 상품을 이용하면 사랑과 인정, 소속감을 느끼고, 서로 관심을 주고받으며, 자신감도 높아지고, 무언가를 해냈다는 성취감까지 느껴진다는 말이다. 모름지기 부모란 이런 교묘한 기술로부터 아이들을 보호해야 한다고 말했지만, 대상을 모르고서는 보호 자체를 할 수가 없다.

그러니 이제부터는 아이들의 마음을 사로잡기 위해 프로그래머들이 가장 많이 쓰는 수법을 살펴보자. 여러분이 이 수법을 알아차릴 수 있으면, 아이들에게도 알려주고 교육할 수 있다. 그러면 아이들이 주인이 되어 기술이라는 도구를 주체적으로 사용할 수 있게 될 것이다.

1. 적색경보

가장 강렬하고 역동적인 색상인 적색은 '비상! 긴급 상황!'이라는 의미로 쓰인다. 하지만 심박수와 혈압을 상승시킬 수 있으며 클릭 수를 가장 높이는, 일명 '트리거' 색상으로 알려져 있다.

원래 페이스북 알람은 파란색이었다. 적록 색맹인 마크 저커버그(Mark Zuckerberg)가 가장 잘 알아볼 수 있어서 선택한 파란색 로고 색상과도 일치했다. 하지만 알람을 무시하는 사람들이 많은 탓에 색상을 빨간색으로 바꾸자 알람 클릭 수가 급격히 증가했다.

IT 업계는 이 점에 특히 주목했다. 언젠가부터 스마트폰 앱 위에 찍힌 조그만 동그란 점은 '제발 저희 앱을 열어봐 달라'는 그들만의 메시지다. 다음에 아이들과 나란히 앉아서 스마트폰을 꺼내 그 빨간 점이 메시지 도착이나 누군가 '좋아요'를 눌렀다는 알림 표시라고 알려주자. 그리고 왜 굳이 빨간색으로 정했는지를 과학적 근거를 대며 설명하고, 스마트폰을 자극적이지 않고 단조롭게 하고 싶으면 흑백 모드로 설정할 수 있다는 점도 귀띔해주자.

2. 사회적 인정

인간은 누구나 먹을 음식과 잠자리를 원한다. 이와 똑같이 어딘가에 소속되고, 다른 사람과 깊은 관계를 맺고 싶은 욕구가 우리 내면에 존재한다. 페이스북의 '좋아요'와 인스타그램의 '하트'는 바로 이런 우리의 욕구를 충족시킨다.

구석기 시대 이후로 인간이 사는 환경은 급격히 변했지만 두뇌는 그렇지 않다. 사바나에서 생활하던 때는 부족 내에서 사회적 지위를 관리하는 것이 중요했다. 그래서 혼자 있기를 좋아하거나 낙오된 사람은 무리에서 도태되었다. 사회적 인정이 생존과 직결되어 있기 때문이다.

청소년기는 또래 집단에 매우 민감하고, 소속에 대한 욕구도 아주 강하다. 내가 맡은 십 대 환자 중에는 SNS상의 모습에 강박적으로 집착하는 아이들이 많았다. SNS를 통해 인간의 사회적 본능인 사회적 관계, 즉 친분을 확인하고 드러내는 방법이기 때문이다.

십 대 자녀를 둔 경우라면 당신의 SNS 게시물 중에서 '좋아요'를 하나도 못 받았던 경험, 마치 사회에서 거절당한 느낌이 들어 매우 기분이 안 좋았던 경험담을 들려주는 것도 좋다. 그 기분은 실제겠지만, 이를 '사회적 거절'로 해석하는 것은 잘못된 생각이며, 페이스북의 '좋아요'가 인기의 잣대도 아님을 깨닫게 해주자. 진정한 친구는 나의 결점도, 재능도, 썰렁한 개그도 그저 있는 그대로 사랑한다. 우리에게 진짜 필요한 것은 수백 명의 SNS 친구가 아니라, 실제 삶 속에 존재하는 진정한 친구 한두 명이라는 연구도 있다.

또, 사용자 데이터를 수집하지 않고 광고도 없으며, '좋아요' 등으로 클릭 수를 늘리지 않는 다른 플랫폼을 사용해보라고 권해도 좋다.

3. 자동 재생과 무한 스크롤

이미 알겠지만 유튜브와 넷플릭스는 다음 영상이 자동으로 재생되도록 하는 게 디폴트로 설정되어 있다. 아이도, 어른도 앱을 끄지 못하도록 막는 가장 쉬운 방법이기 때문이다. 그래서 넷플릭스가 자동 재생 기능을 처음 도입했을 당시 몰아보기 비율이 보란 듯 급증했다. 소셜 네트워킹 사이트도 이런 원리를 종종 이용한다. 다음 피드가 계속 나와서 영원히 스크롤하도록 만들기 때문에 빠져나오기 굉장히 힘들다.

다음에 아이와 함께 넷플릭스에서 시리즈물을 보게 되면, 다음 회가 자동 재생되기 전에 정지 버튼을 누르자. 그리고 아이에게 자동 재생 기능이 왜 있는지 이유를 설명하고, 영상 재생 시간의 결정권은 오로지 시청자에게 있음을 정확히 전달하자.

4. 가변적 보상

아이들이 소셜 미디어에서 못 벗어나는 것은 우리 생각과는 달리 '보상' 때문이 아니다. 그 이유는 '무작위성'에 있다. 즉 댓글이나 '좋아요'가 언제 나올지 모르기 때문에 틈만 나면 확인하는 길밖에 없다는 뜻으로, 우리의 두뇌가 도파민이라는 보상을 언제 받을지 모르기 때문에 나오는 행동이다.

이를 과학적 용어로 '가변적 보상'이라고 한다. 인간에게는 적용되지 않는 현상이라 생각된다면 오산이다. 슬롯머신이 바로 이 원리에 기반해서 설계되었다. 슬롯머신으로 거두어들이는 수익은 놀랍게도 카지노 전체 수익 중 80%나 된다는 사실!

IT 업계는 비둘기 실험으로 비정기적인 보상의 힘을 보여준 미국의 심리학자 스키너(B.F. Skinner)의 연구를 토대로 설계한다. 이 실험에서 그는 비둘기에게 모이 버튼을 쪼도록 학습시켰는데 규칙 없이 무작위로 모이가 나오게 하자 쪼는 행동이 더 늘어났다. 혹시나 모이가 나오지 않을까 하는 기대감에서 비둘기들은 모이 버튼을 쪼고 또 쪼았다. 그중 한 마리는 16시간 동안 쪼기도 했다.

소셜 미디어의 작동방식도 똑같은데, 이를 아이가 이해할 수 있도록 쉽게 설명하자. 인스타그램, 스냅챗, 트위터에 접속할 때마다 슬롯머신의 레버를 당기는 효과가 나타난다. 누가 언제 댓글을 남기고 반응을 보일지 알 수가 없어서 결국 피드를 계속 새로 고침 하는 행동이 나온다. 비둘기처럼 사람도 예측 가능성을 원하기에 '변동성'이란 요소는 우리의 약점이 된다. 이 때문에 누군가는 하루에 스냅챗을 45번이나 접속한다.

매일 일정한 시간, 분명한 목적에 따라서 아이가 소셜 미디어에 접속하도록 교육하자. 조쉬의 경우는 남아프리카공화국과 유럽에 친구가 있고, 이들과 대화를 하는 목적으로만 일요일 오후에 스냅챗과 인스타그램에 접속을 허락하고 있다.

5. 새것 편향

새것 편향(novelty bias)의 의미는 단순하다. 사람들은 새로운 것을 좋아하도록 만들어졌다. 구석기 시대에는 새로운 것이 위험한 경우가 많았기 때문에 이를 알아차리고 반응하는 것이 생존에 중요했다.

스마트폰으로 알림 메시지가 시도 때도 없이 오지 않는가? 소셜 미디어 앱도 이에 뒤질세라 알림 받기를 '수신'으로 설정하라고 짜증이 날 정도로 권한다. 일단 새로운 스토리가 등록되었다거나 채팅이 왔다는 알림이 뜨면 무시하기 힘들다. 그래서 아이들이 기기의 알림 수신을 거부하기로 설정해서 무작위로 오는 알림의 노예가 되지 못하게 막는 것이 좋다. 사람과 기술 간의 주객이 전도되어 빼앗긴 주도권을 되찾는 방법이기도 하다.

6. 고립 공포감

소셜 미디어가 시간 낭비임을 알면서도 못 끊는 이유에는 고립 공포감(Fear of Missing Out, FOMO)도 단단히 한몫한다. 초대 소식이나 물건 판매 정보 또는 친구가 보낸 메시지를 놓칠까 두렵기 때문이다. 또래 집단이 매우 중시되는 시기이기 때문에 혹시라도 자신이 끼지 못하거나 형편없어 보일까 늘 전전긍긍하니 불안감이 매우 클 수 있다.

따라서 부모는 아이들이 꼭 소셜 미디어로만 그런 소식이나 정보를 확인할 수 있는 것은 아니며, 진짜 중요한 메시지는 다른 방법으로도 얼마든지 전달된다는 것을 깨닫게 해야 한다. 그리고 행여 좀 놓친다 한들 솔직히 큰일이 생기는 것도 아니다.

7. 상호 호혜주의

사람은 누구나 '기브 앤 테이크'를 원한다. 이를 다른 말로 '상호 호혜주의'라고 하는데, 이런 서로 간의 교류를 통해서 긍정의 물결이 더 커진다. 상대의 긍정적 반응에 자신 역시 긍정적 반응으로 화답하고 싶어지기 때문이다.

페이스북에서 내가 보낸 메시지를 읽었다는 알림이 오면, 우리의 상호 호혜주의 본성이 꿈틀대기 시작한다. 스냅챗과 왓츠앱(WhatsApp)은 여기서 한 발 더 나아가 친구가 자신에게 메시지를 타이핑하는 순간 알림이 오게끔 만들어졌다. 십 대들은 답장에 대한 강박관념이 상상 이상이어서 즉각 반응이 없으면 엄청난 불안감과 초조함에 시달린다. 구석기 시대에는 친구의 요청을 무시하는 것이 나중에 큰 위험을 초래할 수도 있는 행동으로 여겨졌는데, 오늘날의 디지털 시대에는 SNS상의 DM이나 부탁을 무시하는 행위가 그에 해당한다.

유선 전화기를 사용하고 산책을 하거나 샤워를 하느라 즉각 답장을 못 했던 과거 아날로그 시절의 이야기를 들려주자. 전화를 걸었다고 무조건 받아야 한다는 기대는 아무도 하지 않던 때였다. 그래서 나중에 메시지를 확인하고 그제야 연락하는 게 오히려 당연하던 때였다. 그러나 사실 오늘날 같은 초고속 디지털 시대에도 이런 소통 방식은 여전히 유효하다. 메시지가 왔다고 반사적으로 즉각 반응하지 않아도 된다고 아이들에게 알려주고, 오히려 하루나 이틀 정도 있다가 확인하는 습관을 길러주자. 생각을 먼저 한 후 메시지를 보내게 하고, 화가 나거나 감정적으로 예민한 상태에서는 절대로 메시지를 보내지 않도록 교육하자.

아동·청소년기의 의지력

사실 사람의 의지도 약해지게 하고, 스크린 너머의 개인적 책임성도 약화되도록 하는 IT 기업의 목표 앞에서는 그 누구도 균형을 유지하며 살기 어렵다. 특히 아이들의 경우에는 스마트폰이나 게임 등 디지털 기기 중독에 무방비 상태나 마찬가지다. 전두엽이 완전히 발달하지 않았기 때문에 하던 행동을 멈추고 상황에 대해 돌아본 후 다른 행동을 선택하는 능력이 부족하다. 즉 어른들처럼 중독 습관을 멈추고, 절제력을 발휘해 문제 행동이 일으킬 장기적인 결과에 대해 이해하기 힘들다는 말이다. 내가 나를 찾은 부모들에게 자녀들이 디지털 기기를 사용하는 데 부모의 교육이 필수라고 강조하는 또 다른 이유이기도 하다.

청소년들이 디지털 중독에 빠지지 않기란 여간 어려운 일이 아니다. 왜냐하면 발달 단계상 십 대에는 도파민을 분비하는 다음의 세 가지 욕구가 매우 강하게 일어나는 시기이기 때문이다.

· 무모한 위험 감수

- 새로운 것에 대한 시도
- 친구들의 관심

이런 행동의 근원은 청소년기로 접어들면 새로운 영역을 개척하고 짝 짓기 상대를 찾으며 종의 생존을 유지하기 위한 모험을 강행해야 했던 인간의 진화론적 역사에서 찾을 수 있다.

그런데 오늘날에는 그 새로운 영역의 범위가 온라인 세계가 되어버렸다. 물론 온라인이라고 해서 환경의 위험이 줄어든 것은 아니다. 얼마 전 인터뷰에서 "왜 십 대들은 캡슐형 세제를 먹는 위험하고 한심한 짓을 하냐?"는 질문을 받은 적이 있었다. 2018년 가장 위험한 도전 영상으로 손꼽혔던 이 '타이드 팟 챌린지(Tide Pod challenge)'는 십 대 청소년들이 알록달록한 세제를 먹는 영상을 직접 찍으면서 시작되어, 강한 독성 때문에 의식을 잃는 경우도 발생했다. 질문에 나는 이 위험한 도전은 청소년기에 나타나는 특별한 욕구 셋을 모두 만족시킨다고 대답했다. 위험하면서도, 새로운 데다, 많은 사람의 관심을 끌기 때문이다.

디지털 기술의 희생양, 자라나는 아이들

나의 아이들도 그렇지만, 여러분의 아이들도 자라면서 분명히 한 번쯤은 소셜 미디어나 게임에 빠져본 적이 있을 것이다. 디지털 기술은 젊은이, 특히 아직 발달이 완전히 되지 않은 성장기 아이들에게 잘 먹힌다. 호주의 신문사 〈디 오스트레일리안(The Australian)〉이 입수한 페이스북의 2017년 내부 보고서에 따르면, 자사가 청소년들이 언제 '불안감', '가치 없음', '자신감 하락'을 느끼는지를 정확히 알 수 있다고 한다. 심지어 페이스북이 아이들의 이런 취약점을 이용하는 능력이 탁월하다며 광고주들과 투자자들에게 '자랑'하는 내용까지 적혀 있었다고 한다.[17]

IT 기술이 등장하면서 오랜 전통을 무너뜨리고, 사람들을 건강하고 행복하며 강하게 만들었던 생활 방식을 파괴하고 있다. 다음의 연구 결과를 살펴보자.

- 아이들이 스크린이 필요 없는 고전 놀이를 하며 노는 비율이 지난 20년간 25% 감소했다.[18]
- 미국의 비영리단체인 '카이저 패밀리 파운데이션(Kaiser Family Foundation)'에 따르면, 아이들이 스크린을 보는 시간은 하루 평균 5시간 반이다.[19]
- 십 대(13~19세)들의 경우는 숙제로 사용하는 시간을 제외하고 7시간 이상이다.[20]
- 청소년들은 잠자는 시간보다 SNS와 비디오 게임으로 보내는 시간이 더 많다.[21]
- 아이들이 다른 사람과 오프라인보다 온라인으로 더 많이 소통한다.[22]
- 사람들의 하루 평균 핸드폰 사용 시간은 아이폰 최초 출시 1년 후인 2008년에는 18분에 불과했지만, 2019년에는 3시간 15분으로 증가했다.[23]

그러나 내 전공인 소아·청소년 정신건강의학에서도 이에 대한 윤리적 문제를 제기하는 사람은 거의 없다. 자고로 심리학과 뇌과학은 '남을 해치지 말라'는 기본 윤리에 바탕을 두고 사람들의 치유와 치료에 일조하는 분야로 손꼽혔다. 하지만 이제는 아이들의 숙제와 수면을 방해하고, 학습에 중요한 발달과 문제해결 및 실생활의 기술까지 막는 데 일등 공신이 되었다.

IT 업계만큼 경쟁이 치열하면서 규제가 약한 산업은 거의 없다. 아이들의 행복은 이들 기업의 관심사가 아니기에 정부의 규제가 부재한 이 분야에서 자녀교육에 대한 부모의 역할이 절실하다.

IT 공룡 간부들의 양심선언

IT 기업의 탄생지인 샌프란시스코 교외 지역은 스마트폰과 소셜 미디어와 관련한 문제를 누구보다 잘 인식하고 있다. 지난 몇 년간 3대 IT 공룡인 구글, 애플, 페이스북에서 퇴사한 전직 고위급 간부들이 그들이 내놓은 상품에 대해 양심선언을 하는 사례가 이어졌다. 그들은 특히 아이들에게 미치는 악영향에 대해 경고의 목소리를 높였다.

숀 파커는 '개인 간의 관계 및 개인과 사회와의 관계를 완전히 바꿔버린' 소셜 미디어를 반대하는 자신을 가리켜 '양심적 병역 거부자'에 빗대며 이런 고백을 했다.

"SNS가 우리 아이들의 두뇌에 미칠 영향은 오직 신만이 아실 것입니다."[24]

페이스북 부사장이었던 차마스 팔리하피티야 역시 비슷한 의견을 내놓았다. "우리가 만든 단기 도파민 피드백 고리가 사회의 작동방식을 파괴"[25]하고 있으며, 페이스북 가입자 확대를 지휘했던 자신의 역할에 '심한 죄책감'을 느낀다고 고백했다. 그리고 그의 자녀들에게는 '그 쓰레기 사용 금지령'을 내렸다고 덧붙였다.

실리콘밸리에 대해 가장 비판의 목소리를 내는 이는 트리스탄 해리스(Tristan Harris)다. 구글의 제품 매니저(PM)였던 그는 지난 몇 년 동안 사람들에게 디지털 기술을 끊으라고 권해왔다. 그는 '인도적 기술센터(Center for Humane Technology)'라는 비영리단체를 설립했는데, 센터 내에 '인간의 마음을 뺏기 위한 문화와 사업적 이득, 디자인 기술 및 조직 구조를 매우 잘 아는' 전직 IT 업계 CEO나 종사자들로 이루어진 팀도 만들었다. 그는 "궁극적인 자유란 자유로운 마음이기에 사람들이 자유롭게 느끼고 생각하며 자유롭게 행동하고 살 수 있도록 돕는 기술"[26]을 만드는 것이 이 팀의 목표라고 밝혔다.

하지만 현실은 전혀 다르다. IT 기업과 부모는 애초에 비교 자체도 안 되는 상대이기 때문이다. 게다가 심지어 기술의 중독성과 아이들에 대한 영향력에 대해서 잘 모르는 부모도 많다.

기술 찬양론자들은 부모들이란 원래 신기술만 나오면 교육을 들먹이며 난리를 피우는 법이라며 지적한다. 전화, 라디오는 물론, 심지어 책도 처음 등장했을 때는 정부 당국과 부모 및 교사도 입을 모아 큰 우려를 표했다. TV는 아이들을 "공격적이고 참을성 없게 만드는 거대한 황무지"라는 비판을 받았다. 그러나 TV는 실시간 쌍방향 소통으로 아이들을 못 나가게 막는 지금의 기술과는 차원이 다르다. 해리스가 지적하듯 "최첨단 슈퍼컴퓨터와 천문학적인 자본에 반대하는 건 호모 사피엔스의 마음"이었다. 그는 우주에서 벌어지는 레이저빔 전투에 단검을 가져간 거나 마찬가지라며, "뒤를 돌아보고서는 우리가 대체 왜 이런 짓을 한 거냐며 후회할 것"이라고 덧붙였다.

한편, 몇몇 아시아 국가들은 조처하기 시작했다. 대한민국과 중국은 심야시간 청소년의 온라인 게임 이용을 규제하는 일명 '신데렐라법'을 도입했다. 2011년 대한민국에서는 16세 미만의 청소년에게 오전 0시부터 오전 6시까지 심야 6시간 동안 인터넷 게임을 제한하는 '셧다운제'가 제정되었다. 2019년 중국 정부는 게임이 청소년들의 근시 증가와 성적 하락의 주범이라며 강력한 게임 규제를 펼치기 시작했다. 현재 중국에서는 18세 미만 청소년의 경우에는 오후 10시에서 오전 8시 사이에 온라인 게임 접속이 금지이며, 16세 미만은 게임 내 결제 한도를 월 최대 200만 위안(미화 약 29달러)으로 제한하고 있다.

아이의 미디어 중독 알아차리는 법

세계보건기구(WHO)가 2018년에 게임 중독을 질병 목록에 등재하자 큰 논란이 일었다. 일반적으로 중독은 알코올, 코카인, 아편 유사제 및 다른 마약 등을 통해 나타나는 '물질' 중독으로 이해되기 때문이다. 따라서 '행위'인 도박을 중독으로 볼 수 있는가를 두고 전문가들 사이에서 20년간의 뜨거운 논쟁 끝에 결국 2013년에 《정신질환의 진단 및 통계 편람(DSM-5)》에서 중독으로 분류되어 출간되었다.

도박 중독에 대한 논쟁은 도박 중독자들에게서 마약 중독자들과 같은 뇌의 변화가 관찰되고, 못 하게 막으면 심박수가 올라가고 식은땀을 흘리는 등의 동일한 금단 증상까지 보고되는 연구가 계속 나오면서 시작되었다.

부정적인 결과가 나오는데도 무언가를 강박적으로 원하는 욕구가 중독의 핵심이다. 중독되면 멈추기 힘들고, 내성이 생기기 때문에 갈수록 더 강한 자극을 원한다. 또 안 하고는 못 배기는 참을 수 없는 충동성을 느낀다. 따라서 자녀에게 다음과 같은 현상이 나타나는지 잘 살펴보아야 한다.

- 강한 욕구 : 게임이나 인터넷을 하고 싶은 강한 생각, 감정, 신체 감각이나 욕구가 나타난다.
- 자제력 상실 : 게임이나 인터넷 사용에 대한 통제가 안 된다.
- 과도한 집착 : 일상생활이나 다른 활동 등은 제쳐두고 게임이나 인터넷에 우선순위를 부여한다.
- 결과에 상관없이 지속되는 행동 : 게임이나 인터넷 때문에 학교에서 낙제하거나 체중 증가, 목·어깨 통증, 수면 부족 등 어떤 부정적인 결과가 나타나더라도 계속하거나 심지어 더 많이 한다.

예를 들어, 아이가 다음 날 수업을 듣는 데 문제가 생기고, 성적도 떨어질 게 뻔한 데도 새벽 3시까지 잠도 안 자고 계속 게임을 하고 있다면 즉시 부모가 개입해야 한다.

분명히 기억해야 할 사항은 '일상생활에 지장을 주고, 인간관계에도 문제가 발생하는 등 결국 부정적인 영향을 미치는데도 그 미디어를 멈추지 못하는 상태가 12개월 이상 지속될 때'를 중독이라고 한다는 점이다. 그런데 이 때문에 더 큰 문제가 생기거나 그게 아니어도 이 행동 패턴이 12개월 동안 지속되도록 가만히 놔두는 게 좋을까? 그렇지 않다. 아이의 연령과 관계없이 중독 증세가 보이는지 관찰하고 가능한 일찍 개입해야 한다. 또 일반적인 중독 위험 요인도 당연히 염두에 두어야 한다.

- 중독에 대한 가족 병력
- 불안 장애, 우울증, 주의력결핍 과잉행동장애(ADHD) 등 정신질환
- 문제 행동을 계속하자 또는 같이하자는 또래의 압력
- 가족 관계 단절
- 어릴 때 사용
- 약물 중독이나 행위 중독에 대한 선행 경험

아이에게 자신이 게임을 하는 이유를 깨닫게 하는 법

자녀에게 게임을 왜 하는지 주저 말고 물어보고 그 이유를 전부 생각해서 알려달라고 하자. 게임이라는 게 재미있어서 할 때도 분명 있지만, 때로는 현실에서 도피하거나 불안이나 우울 등의 감정을 피하려고 한다는 사실을 아이가 이해하기 쉽게 잘 설명해야 한다. 이렇게 물어보고 이해시키는 것이 아이를 돕기 위한 첫걸음이다. 아이가 '도대체 왜' 몇 시간을 꼼짝하지 않고 게임을 하는지 이해하면, 그 행동의 이면에 숨겨진 진짜 욕구를 만족시키는 새로운 활동이나 습관을 제시할 수도 있다. 해결책을 찾기가 쉽지 않더라도 일단 그 행동이 어떤 점에서 아이에게 보상작용을 하는지 아는 것이 문제해결의 시작점이다. 다음에 제시하는 자녀가 속하는 유형과 그에 맞는 도움 방법을 잘 숙지하자.

- 외로운 게이머 : 새로운 사회관계를 형성하기 위해 게임을 하므로, 동아리 등 새로운 친구를 만들 수 있는 활동을 소개한다.
- 왕따 게이머 : 또래들의 집단 괴롭힘에서 벗어나려고 게임을 하므로 학

교 측의 개입, 자기주장훈련, 자신감 향상을 위한 무술 수업이 권장된다.
- 지루한 게이머 : 재미를 느끼기 위해서 게임을 하므로 독서나 운동과 같은 다른 인지적 자극이 도움이 된다. 브레인스토밍을 통해 이에 대한 아이디어를 내보거나 아이와 함께 앉아서 흥미진진한 다큐멘터리나 영화를 보면서 새로운 세계를 소개해보자.

그 결과 아이들에게 미치는 영향은?

불안, 우울 등 기타 정신건강 문제와 중독 증세 사이에는 늘 '닭과 달걀 논쟁'이 따라다닌다. 즉 우울증을 앓는 사람이 고통을 덜기 위해 마약이나 알코올에 손을 대었다가 중독이 되었는지, 아니면 반대로 알코올 중독자가 자신의 삶이 엉망진창이 되어버리자 우울증에 빠졌는지의 문제인데, 이 둘이 명확히 구분되는 경우는 사실 많지 않다.

연구 결과에 의하면, 중독 증세를 보이는 아동과 청소년의 70%가 다른 정신질환을 함께 보인다고 한다. 정신질환이 있는 아동과 청소년의 70%가 중독 증세를 보인다고 표현해도 같은 말이 된다.[27] 중독으로 진단받은 사람 중 불안 장애, 우울증, ADHD, 외상 후 스트레스 장애(PTSD), 섭식장애, 양극성 장애 등 정신질환에 시달리지 않는 사람은 사실 거의 없다. 이 문제에 있어 과학 연구는 '공통원인의 원리'를 지지하는데, 이 개념은 두 사건이 동시에 일어난다면 한 사건이 다른 사건의 원인이 아니라, 두 사건은 한 공통원인의 다양한 결과라는 뜻이다.

데이터를 보면 정신질환이나 중독 증세가 있는 청소년은 디지털 기술에도 중독되기가 더 쉽다는 점을 분명히 알 수 있다. 대개 중독은 그 원인이 되는 시기가 아동·청소년기로 거슬러 올라가는데, 디지털 기술 중독은 다음의 두 메커니즘을 통해 일어난다.

1. 반복 사용 : 반복 사용으로 말미암아 두뇌는 도파민, 즉 쾌락을 계속 찾게 된다. 시간이 지나면서 그 신경회로는 더욱 또렷해지고, 곧이어 도파민을 분비하는 그 행위는 아이의 두뇌에서 습관으로 자리매김한다.

2. 다른 문제에 대한 해결책으로써 디지털 기술을 반복 사용 : 스트레스나 슬픔 등 부정적인 감정을 피하는 도피처로 순간적인 쾌락을 선택한다. 그러면 부정적 감정을 건강하게 대처하는 데 필요한 신경회로가 제대로 발달할 수 없다.

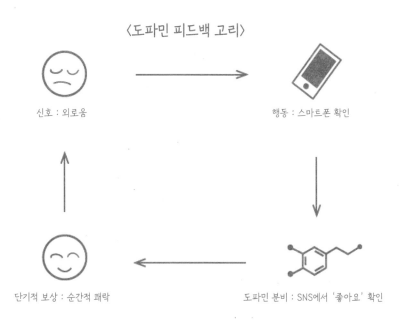

〈도파민 피드백 고리〉

신호 : 외로움

행동 : 스마트폰 확인

단기적 보상 : 순간적 쾌락

도파민 분비 : SNS에서 '좋아요' 확인

중독은 뇌가소성 질병이기 때문에 '반복'이 중요한 요소가 된다. 즉 'SNS-내적 쾌락' 또는 'SNS-불안으로부터의 도피' 사이에 신경회로가 강하게 형성되면 중독이 된다.

아이가 불안해하니 온라인으로 친구를 만나도록 한다거나, 또는 시험 스트레스를 게임으로 풀게 허락하면서 부모는 자신도 모르는 사이에 아이의 디지털 기기 중독을 더욱 심화시킬 수도 있다. 그런 부정적인 감정을 기기를 통해 풀게 하는 것은 마리화나나 알코올을 사용해서 대처하는 것보다 낫지 않다는 것이다. 문제 행동을 보이는 아이에게는 지원과 안내, 나아가 도움이 되는 치료법이 필요하다. 그래야 그런 행동을 더 쉽게 제어할 수 있고 때로는 사라지게 할 수 있다.

필수적이지만 모두가 꺼리는 포르노에 대한 논의

부모들 대부분은 온라인 포르노에 관해 이야기하는 것을 꺼린다. 당황하거나 창피해서, 또는 받아들이기 싫거나 낙인찍힐까 봐, 또는 아이가 너무 순진하다는 등의 이유로 아이들에게 말을 꺼내지 못한다. 반대로 포르노를 성장 과정의 자연스러운 현상으로 보고 받아들이는 부모들도 있다. 특히 아들을 둔 아버지가 그런 경우가 많은데, 어릴 적 야한 잡지나 사진을 친구들과 돌려가며 보았던 자신의 모습을 기억하기 때문일 것이다. 문제는 온라인상의 포르노는 아찔할 정도로 생생하며 자극적인 데다 가끔 생중계까지 하기에 요새 아이들이 접하는 음란물 수준은 부모 세대와는 완전히 다르다.

우리 아들은 혼자 있는 시간이 거의 없는데, 아들이 6학년이었을 때 친구가 영화 속에 나온 장면을 보여주었다. 아이는 이삼일 내내 힘들어할 정도로 큰 충격을 받았다. 아이가 일단 이런 이미지를 접하면 절대 보기 전의 상태로 되돌릴 수 없다는 것을 부모가 분명히 알아야 한다.

최근 인디애나 대학교의 '성건강향상센터(Center for Sexual Health Promotion)'에서 온라인 포르노에 대한 조사를 시행했다. 그 결과 십 대 소년 중 36%가 남성이 여성의 얼굴에 사정하는 장면을, 남녀 학생 전체의 1/3이 가학적 성행위 영상을 보았다고 대답했다. 또 26%의 남성과 20%의 여성이 2인 이상의 남성이 한 여성에게 동시 삽입하는 더블 페네트레이션(DP) 영상을 보았다고 보고했다.[28] 게다가 더 큰 문제는 일부 청소년들이 온라인 포르노를 보고 모방한다는 것이다. 그리고 현실 세계와 가상 세계를 구분하지 못하는 십 대들도 있다. 2016년 영국에서 실시한 연구에 따르면, 53%의 남학생과 39%의 여학생이 음란물을 '현실'이라고 생각했다.[29]

온라인으로 포르노에 노출되는 아이들의 연령은 예상외로 낮으며 그 여파는 실로 어마어마하다. 나를 찾은 성인 남성 환자들 중에는 청소년기에 음란물을 보면서 인생이 망가졌다며 후회하던 이들이 많았다.

또, 전혀 의도하지 않았는데도 우연히 포르노물을 접하기도 한다. 우리 아들의 경우는 구글 검색창에 '아나콘다'를 쳐서 나오는 링크를 클릭했더니 포르노 사이트로 들어갔다. 피츠버그 출신의 웹개발자로 안티포르노 사이트를 만든 알렉산더 로즈(Alexander Rhodes) 역시 이와 비슷하게 우연히 포르노 사이트에 들어가게 되었다. 소프트웨어 엔지니어인 아버지와 작가인 엄마 밑에서 자라 그의 집 안에는 곳곳에 컴퓨터가 비치되어 있었는데, 11살 때 우연히 배너광고를 클릭했다가 강간 장면을 보게 되었고, 이후 호기심이 발동해서 계속 클릭하게 되었다고 한다.

이렇게 처음에는 우연과 순수한 호기심으로 그런 세계에 발을 들여놓았던 그도 시간이 지나자 차차 하드코어 포르노에 대한 강박으로 발전했다. 이 강박은 곧 중독으로 이어져 포르노를 보며 하루에 14번 자위를 하는 날도 있었다며 이렇게 고백했다.

"포르노는 일종의 정신적 의지처가 되었고, 나쁜 일이 생기면 즉각 포르노의 세계로 달려갔습니다. 늘 그 자리에 있기 때문이었죠."

하지만 어차피 다시 현실 세계로 돌아와야 하므로 이런 도피행각은 금세 막을 내렸다. 행동의 기저에 있는 근본 원인을 맞닥뜨려 해결하지 않으면 문제는 사라지지 않는다. 판타지 세상에서 더 오래 머물수록 실제 문제를 해결하는 데에 필요한 에너지는 줄어들기 마련이기에 결국 자신의 감정을 마비시키고 고통을 숨기기 위한 행동이 반복되고 점점 중독된다.

음란물 중독과 음란물에 의한 발기부전은 심리학자와 정신과 의사 및 연구진들 사이의 뜨거운 주제다. 아직 의학적으로 인정받은 진단명은 아니지만, 조만간 공식 진단명으로 판정될 거라고 자신 있게 말할 수 있다. 아이들이 폭력적인 음란물에 점점 무감각해지는 것을 우리 눈으로 분명히 목격하고 있다. 대인관계 능력 저하와 발기부전 사이에도 관계가 있다.

사춘기 때 온라인 음란물을 보며 자란 소년 중 상당수가 이성을 찾는 것에 크게 관심이 없고, 성관계 중에 발기가 잘 안 되며, 음란물 없이는 오르가슴에 도달하기 어렵다고 호소한다. 원시 시대의 한 남성이 평생 보게 되는 여성보다 온라인상에서 단 몇 초 동안 보이는 여성들이 더 많다는 게 로즈의 주장이다. 이런 '초자극' 때문에 쾌락 센터인 뇌의 측좌핵에는 마약, 알코올, 도박으로 인한 행동 변화와 유사한 결과가 나타난다. 2014년 뇌영상을 이용한 케임브리지 대학교의 연구에 따르면, 음란물 중독자가 음란물 단서를 보았을 때 뇌에서 일어나는 반응은 마약 단서를 보았을 때 마약 중독자의 뇌에 나타나는 반응과 똑같았다.[30]

대학생이 된 로즈는 포르노의 영향으로 발기부전을 겪었다. 생애 첫 데이트 상대를 만나고 성관계를 하는데, 머릿속으로 포르노 장면을 상상하지 않으면 발기가 되지 않았다. 그런 상상 없이 오로지 여자 친구에게만 집중해보았지만, 어떤 방법도 소용없자 그제야 정신이 번쩍 들었다.

"정말 최악의 순간이었고 제 자신이 어쩌다 음란물의 노예가 되었는지 곰곰이 되짚어보았어요."

각고의 노력 끝에 마침내 로즈는 음란물 중독을 끊을 수 있었다. 그는 남성들이 포르노에서 벗어나도록 돕기 위해 포르노 퇴치 사이트인 '노팹(NoFap, fap은 자위를 뜻하는 속어)'을 만들었다. 이 사이트는 연속적인 금욕 일수를 추적해 일주일, 한 달 또는 일 년 등 그 일수에 따른 배지가 보상으로 주어진다.

음란물에 대해서는 사회적 경각심을 확실히 높여야 할 필요가 있다. 부모들부터 교육하고 디지털 안전 교육 커리큘럼에도 넣어야 한다. 포르노 중독에 대한 인정 및 공적 담론이 필요하며, 도박이나 게임 중독자들이 두뇌의 보상센터를 정상으로 되돌리기 위해서 받는 치료와 유사한 전문적 치료도 도입되어야 한다. 이미 셀 수 없이 많은 아이(대부분 소년)를 포르노에 빼앗겼기 때문이다.

청소년 중독, 희망은 있다

중증 게임 중독인 카일이 드디어 치료에 동의는 했지만, 그를 치료해

줄 기관을 찾는 게 여간 힘들지 않았다. 게임 개발도 활발히 이루어지고, 사용자와 중독자도 많은 아시아에서는 게임 중독 치료시설이 꽤 오래전부터 있었다. 하지만 북미에서는 기존 치료법이 선호되기에 게임 중독 치료센터 자체가 별로 없다.

카일 엄마 미셸은 처음에 아들을 시애틀 근처의 중독 치료시설로 보내려고 했다. 하지만 첫 7주간 3만 달러의 비용이 드는 데다 그마저도 몇 달 동안 대기해야 했다. 그래서 캐나다 뉴웨스트민스터 시에 있는 래스트도어(Last Door)라는 시설을 찾았다. 밴쿠버 외곽에 위치한 미디어 중독 전문 기관인 데다 비용도 2/3만큼 저렴했다. 지난 몇 년간 내가 이곳으로 보낸 환자도 상당수에 이른다. 여기가 아니면 다른 희망이 없는 사람도 있었다.

다른 환자들처럼 카일도 여기서 인생을 되찾았다. 퇴소 후 자신이 살던 부모님 댁의 지하실에 도착하자 이렇게 말했다.

"그저 매일매일 죽고 싶단 생각뿐이었어요. 제 삶이 손쓸 수 없이 망가졌다고 생각했으니까요."

사실 그는 게임을 재미로만 한 것은 아니었다. 인생의 낙오자로 전락해버린 느낌에서 벗어나기 위한 수단이었다. 생존 본능이었다. 집단치료 첫날엔 그보다 다른 환자 6명이 먼저 와 있었다. 전원 젊은 청년으로 구성된 그들은 카일의 등을 탁탁 두드리며 '새로운 동지'가 왔다며 환영해주었다. 일원으로 인정받는 느낌이었다. 그는 다른 이들의 경험담을 들으며, 처음으로 가슴속에서 희망이 싹트는 것을 느꼈다.

전자기기 사용은 금지였다. 혹시라도 몰래 사용하다 발각되면 즉시 시설에서 퇴출당했다. 그는 서서히 사람들을 사귀고 운동 수업도 들었다. 이곳 환자들은 시설 운영도 도왔다. 그는 건강한 요리도 배울 겸 조리부에 들어가 일했다. 새로운 삶의 방식 덕분에 게임 생각도 덜 하게 되었고, 몇 년간 시달리던 우울증에서도 서서히 벗어났다.

퇴소 후 그는 대학교에 재입학했고, 졸업 후 고등학교 수학 선생님이 되었다. 부모님 집에서 3시간 떨어진 곳에 직장을 구한 다음 석사 과정에도 등록했다. 교장이 되려면 석사 학위가 필수적이었기 때문이다. 그가 게임 근처에도 안 간 지 올해로 5년이 되었다.

중독이나 나쁜 습관을 극복하는 가장 좋은 방법은 다른 습관으로 대체하는 것이다. 아니면 다른 활동으로 잠깐 머리를 식히는 것도 좋다. 카일이 스스로 게임에 중독된 이유를 곰곰이 생각하자 다른 게이머들과의 교류가 컸다는 사실을 깨닫게 되었다. 즉 온라인 세계의 교류를 통해 자신의 외로움을 덜 수 있었기 때문이었다. 그래서 현실에서 사람들을 적극적으로 만났고, 더 의미 있는 관계를 맺는 교사라는 직업을 택했으며, 이를 통해 결국 게임 중독에서 완전히 벗어났다. 그는 약물 중독에서 회복을 목표로 하는 국제적 모임인 '익명의 약물 중독자들(Narcotics Anonymous, N.A.)'에 등록했다 총 세 군데의 지부에 가입해 일주일에 한 번 있는 각 지부 모임의 운영을 돕는 역할을 한다. 또 약 1년간 만나온 여자 친구가 있으며, 최근에는 그녀의 집에 초대되어 가족과도 인사를 나누었다. 그는 "만약 게임 중독에서 벗어나지 못했다면 이런 꿈같은 삶은커녕 제가 과연 살아 있기나 했겠어요?"라고 말했다.

중독될 기미가 보이면 최대한 빠른 조치가 무조건 최선이다. 그러나 행여 이미 중독된 상태라 해도 인생에서 결코 늦은 때란 없다.

꼭 기억해요!

1. 도파민은 쾌감과 흥분감을 준다. 도파민 분비가 가능한 것이라면 무엇이든 원하고 또 원하게 된다. 짜릿한 쾌감 때문이다.

2. 중독 현상에서 가장 중요한 신경전달물질은 도파민이다.

3. 페이스북 초대 사장이었던 숀 파커는 페이스북의 목적은 사람 간의 관계 연결이 아니라, 사람의 주의를 빼앗고 중독시키는 것이라고 전했다. 다른 업계 관계자들도 같은 고백을 한 바 있다.

4. 상당수의 소셜 미디어 플랫폼과 비디오 게임이 인체의 도파민 분비를 목적으로 설계되었다. 인간의 가장 기본적인 욕구를 활용해 이 목적을 달성하는 편이 가장 효과적인데, 그중 특히 사회적 인정, 새로움에 대한 추구, 상호 호혜주의가 가장 큰 역할을 한다.

5. 무료로 온라인 서비스를 제공하는 회사의 경우 사용자가 고객이 아닌 생산품 그 자체다.

6. 2018년 WHO는 게임 중독을 국제질병분류 11차 개정안(ICD-11)에 등재시켰다.

7. 아동과 청소년은 특히 디지털 기기와 게임에 중독되기 쉽다. 전두엽이 완전히 성숙하지 못했기 때문에 장기적인 계획수립 능력이나 절제력이 부족하다.

8. 십 대의 뇌는 위험을 감수하고 새로운 것을 시도하며 또래로부터 인정받고 싶은 욕구가 특히 강하다.

9. 불안 장애, 우울증, ADHD 등 기저 정신질환을 스스로 치료하고, 여기에서 도망하고 싶어서 반복적으로 하기 시작한 행동이 중독으로 이어지는 경우가 많다.

10. 인터넷 포르노는 불편한 주제이긴 하지만, 부모들의 상상 이상으로 어린아이들에게 노출되고 있으며 그 영향력 또한 막강하다.

솔루션

이 장에서는 쾌락·보상을 담당하는 신경전달물질인 도파민이 뇌에서 잘못 분비되면 어떤 부정적인 행동이 나타나는지를 논의했다. 도파민은 수렵, 채집 및 친밀감을 쌓기 등 생존에 직결되는 활동에 대한 보상으로 분비되는데, IT 기업들은 제품이 도파민 분비를 유도해 사용자를 못 빠져나가게 막는 방법으로 이를 악용한 사실도 살펴보았다.

여기서는 기기에 중독되거나 나중에 다른 종류의 강박행동에 더 취약하게 되는 일을 방지하고자 아이들에게 디지털 기기 사용을 가르치고, 사용 습관을 모니터링하는 방법을 제시할 것이다. 더불어, 중독되면 나타나는 징후와 증상을 설명해 기기의 노예가 되어버린 아이들이 기기에서 멀어지는 방법도 제안할 것이다.

이건 안 돼요!

1. '모두가 다 사용한다'고 해서 당신 자녀에게 나쁜 영향이 없을 거라 가정하기
2. 아이가 '뒤처지지 않으려면' 어릴 때부터 기술이 필요하다는 우려나 믿음 가지기
3. 아이에게 스마트폰이나 태블릿 선물하기
4. 부모부터 기술에 중독되기

이건 꼭 해요!

1. 안전한 디지털 습관 길러주기
2. 한 번에 하나씩 허락하고 독립성을 길러주기
3. 기기 사용 습관이 잘못되었거나 중독되었는지 살펴보기
4. 그런 징후가 나타나면 최대한 빨리 개입하기

이건 피해요!

도파민을 급격히 분출시키거나 지나친 쾌감을 주는 기술로부터 아이가 멀어지게 하자. 온라인 도박, 온라인 음란물 등도 여기에 포함된다. 최대한 길게, 최대한 많이 피하게 하자.

이건 제한하고 모니터링해요!

게임과 소셜 미디어를 아예 안 하게 하는 것은 사실 현실적으로 불가능할 것이다. 안타깝지만 거의 모든 기술에 '설득형 디자인(제품이나 서비스의 특징을 통해 사람의 행동을 바꾸는 것)'의 요소가 들어가 있다. 그래서 아이의 기술 사용 습관을 잘 살펴보아야 하는데 사용 초기가 특히 중요하다. 아이가 이런 기술의 이면에 교묘히 숨겨둔 작동원리를 이해하고, 스스로 사용법을 조절할 수 있을 때까지 부모가 적극적으로 관여하자.

아이 스스로 기기 사용을 조절하도록 가르치는 법

아이가 커서 운전해보고 싶다고 하면 어떻게 하는가? 무턱대고 열쇠를 건네지는 않는다. 시험 보고, 면허증도 따고, 골목과 고속도로 주행 연습도 시키고, 안전 운전에 대한 조언과 팁도 알려준 다음에 조심히 몰아보라며 그제야 열쇠를 준다. 그런데 중독되기도 쉬운 디지털 기기를 한창 자라는 나이에 그냥 던져준다니, 어림도 없는 일이다. 아이가 기기에 서서히 노출되게 해야 한다. 그래야 성장하면서 이해도 하고 책임감도 느끼며 기기를 다루는 능력을 더 기를 수 있다.

그러니 스마트폰이나 노트북을 사줄 때는 자녀에게 규칙을 정확히 전달해야 한다. 기기 사용에 대한 책임감을 더 배울 수 있도록 다음과 같은 계획을 따르자. 물론 사회 능력, 정서 능력, 시간 관리 능력은 잊지 말고 계속해서 예의 주시하고 능력이 향상되도록 옆에서 도와줘야 한다.

내가 모든 부모에게 가장 먼저 하는 조언은 아이들한테 스마트폰이나 노트북은 아예 사주지 말라는 것이다. 생일 선물이나 크리스마스 선물로 절대 이런 기기를 사주지 말자. 꼭 필요하다면 사기는 하되, 아이들 것이 아니라 '부모의 물건'이라고 분명히 못 박아야 한다. 따라서 규칙을 정확히 지킬 때만 잠시 빌려주는 것이므로, 이를 어기면 언제든 돌려받는다는 것을 똑똑히 이해시키자. 태블릿, 엑스박스, 닌텐도 스위치, 어떤 기기든 상관없이 똑같이 이런 방식으로 아이들을 사용하게 해야 한다. 모든 기기의 주인은 부모이므로 관리의 주체도 부모란 점을 명확히 하자.

디지털 기기를 건네주기 전에는

• 어떤 목적으로 사용하는 기기인지를 아이와의 대화를 통해 분명히 한다.

- 다음 예시로 나열한 규칙의 일부 또는 전부를 조합해서 '우리 집 규칙'을 만든다.
- 집 안에 기기 사용 금지 구역(식탁, 차, 침실 등)을 정하고, 기기 사용 금지 시간(식사, 숙제, 독서, 수면 시간 등)을 설정한다.
- 집에서는 기기의 알림과 오토매틱플레이 기능은 모두 끈다.
- 일주일에 하루는 가족 전체가 디지털 기기 사용 금지인 날을 정한다.
- 와이파이를 끄는 시간을 정한다. 자기 2시간 전에 끄고, 다음 날 아이를 등교시킨 후에 켜면 좋다.
- 부엌과 같은 개방된 곳 한쪽에 온 가족 충전 공간을 만들어 누구든 기기를 사용하지 않을 때는 충전 장소에서 충전시키도록 한다.
- 스마트폰을 주기적으로 확인해야 하니 비밀번호를 전부 알려달라고 하고, 아이가 책임감 있게 잘 사용하면 어느 정도 프라이버시를 보호해주고 자유도 준다.

기기 사용 초반에는

- 숙제, 교통편 등 실생활 속 문제해결을 위해 부모나 교사, 또는 친구와 소통하는 목적으로 사용하게 한다.
- 소셜 미디어, 게임, 넷플릭스 같은 스트리밍 앱은 아예 금지한다. 잠재적 위험성이 높아 사용하기 전에 잘 사용할 수 있는 점을 증명해야 하므로 일단은 더 안전한 다른 앱이나 기능부터 익혀야 한다고 설명한다.
- 사용 초반에 아이가 시간 관리와 감정조절은 잘하는지, 또 친구나 다른 사람들하고 잘 어울리는지를 유심히 살펴서 책임감 있는 행동을 하는지 확인한다.

이런 기본 사항을 잘 지키면

- 그룹 채팅 등 몇 가지 항목을 허락한다.
- 사용 시간 제한은 계속 유지해야 한다. 아이가 시간을 늘려달라고 요청할 경우, 아이에게 사용 시간 관리 계획을 어떻게 할지, 또 스스로 잘 조절할 수 있는지 물어본다.
- 허락해준 항목이 늘어나면 아이에게 브라우저 기록에 관해 물어보면서 점검한다. 방문한 사이트에 관한 것을 물어보거나 어떤 미디어를 사용했는지, 또 방문해서 찾아봤더니 느낌은 어떠했는지 물어본다.
- 아이보다 나이가 어린 동생이나 친척, 친구 또는 이웃에게 배운 것을 가르쳐주라고 한다. 다른 사람을 가르치면 자신이 가진 지식이나 기술을 더욱 확실히 할 수 있다.
- 아이의 실수를 인정하자. 실수는 학습 과정의 일부이기에 제일 처음 세웠던 계획을 수정하는 일은 사실 당연하다고 봐야 한다. 그럴 때는 스마트폰을 내려놓고 머리를 식히도록 한다.

아이가 디지털 중독으로 의심될 경우 대처법

1. 위험 요소 인지하기

아이가 디지털 기기를 사용하는 것을 보니 왠지 앞으로 큰 문제가 생기겠다는 예감이 들 수도 있다. 중독이 되기 쉬운 사람들에게는 다음의 위험 요소가 있다고 하니 자녀에게 이런 특징이 나타나는지 살펴보자.

- 친구 사귀기도 어렵고 관계 유지도 어렵다.

- 사회적 고립감이나 외로움을 자주 느낀다.
- 불안 장애, 우울증, ADHD, 정신증 등 정신적 문제가 있다.
- 분노조절장애나 주의력 결핍 등 충동 조절에 문제가 있다.
- 알코올, 마약, 쇼핑, 섹스, 도박 등 다른 중독 증세가 있다.

물론 이런 요소가 관찰된다고 해서 꼭 중독증이라는 것은 아니지만, 추후 중독 행동으로 발전할 가능성이 큰 것은 분명하다. 그러니 이 점을 명심해서 아이에게 부모가 특히 어떤 점을 중점적으로 살펴볼 것인지 알려주고 아이의 행동을 주의 깊게 관찰하자.

2. 징후와 증상 관찰하기

그런 다음은 중독의 징후와 증상을 관찰해야 한다. 디지털 기기에 중독되면 나중에 심각한 문제로 발전할 가능성이 보이는 신체적·행동적 징후가 많이 나타난다. 앞서 말했듯이 중독되면 강한 욕구, 자제력 상실, 과도한 집착, 결과와 관계없이 계속되는 행동이 나타난다. 아이에게서 다음과 같은 구체적인 증세가 나타나는지 잘 살펴보자.

- 화면에서 눈을 못 뗀다.
- 자연스러운 신체적 움직임이 장시간 없다(거북목, 뻣뻣한 자세, 건드려도 무반응).
- 디지털 기기를 치우지 않으려 한다.
- 자신의 행동을 지적하면 화를 내거나 방어적인 태도를 보인다.
- 살아가는 데 가장 기본적인 활동도 가능한 한 미룬다. 운동하거나 실제 사람을 만나는 것은 물론이고, 먹고 움직이고 잠자는 것도 최소화하고 생리작용까지도 참는다.
- 기본적인 위생·청결 관리도 안 한다(양치질, 샤워 등).

- 디지털 기기 사용 때문에 가족 사이에 갈등이 생긴다.
- 그전에 좋아하던 긍정적인 활동을 하지 않는다.
- 사회적으로 고립된다.
- 기기와 멀어지면 불안해하거나 우울해한다.
- 실제로 기기와 멀어지면 어떻게든 되찾는 법을 계속 궁리한다.
- 인터넷이나 게임 사용량을 숨기려고 시도한다.

3. 차분하고 협조적인 태도로 아이와 대화하기

아이들의 기기 사용 습관에 대해 아는 데에는 대화만큼 좋은 방법이 없다. 차분하고 협조적이며 진지하게 관심을 두며 경청하는 태도를 보이면, 아이는 놀랄 만큼 솔직하게 답해줄지도 모른다. 아이가 스스로 조절을 못 하는 것 같으면 이런 질문을 던져보자.

- 게임이나 SNS 생각을 자꾸 하게 되니?
- 끊고는 싶은데 실제로 잘 안 되니?(예를 들면, 분명 숙제해야 하는데 게임이나 SNS 하는 것을 멈출 수가 없니?)
- 게임이나 SNS를 못 하게 되면 기분이 나빠지거나 불안·초조해지거나 아니면 지겹다고 느끼니?
- 기분이 안 좋을 때면 기분 전환을 위해 기기를 켜니?
- 원래 정한 사용 시간을 자주 어기고 계속하니?
- 사용 시간을 줄이려고 해봤지만 번번이 실패하니?
- 오랜 사용으로 오는 신체적 증상이 있니?(요통, 눈의 피로 등)
- 기기 사용으로 학업이나 다른 활동에 지장이 생기니?
- 기기 사용으로 가족이나 친구들과 사이가 안 좋니?

아이에게서 위험 요소, 또는 중독의 징후나 증상이 관찰되거나 아이가 앞의 질문에 "네"라고 대답한다면, 전문가와의 상담을 통해 정확한 진단을 받아보기를 적극적으로 권한다. 이미 중독이 되었거나 앞으로 그럴 가능성이 보인다면 다음의 방법을 통해 아이를 돕자.

아이의 디지털 중독 치료법

나는 부모들로부터 자녀를 위해서 공감하면서도 단호한 태도로 결정을 내리는 게 가장 중요하다는 말을 자주 들었다. 그래서 자녀에게 포용과 규칙, 단호함과 유연성 사이에 적절한 균형을 유지하고, 아이를 다독이면서 집에서 기기를 싹 치워버렸다고 한다. 우리 집 같은 경우는 포트나이트 게임이 출시되던 해 여름에 엑스박스를 남편 사무실로 옮겼다. 눈에 보이면 하고 싶은 욕구가 생기기 마련이라 그곳에 몇 주 동안 그냥 뒀다. 그러자 늘 실랑이가 끊이지 않던 우리 집에 평화가 찾아오고, 관계도 좋아졌으며, 중독까지 미리 방지하는 일석삼조의 효과가 생겼다.

나는 20년 이상 아동과 십 대 및 이십 대를 중심으로 치료를 해온 중독 전문가다. 내 경험으로 비추어 볼 때 이들의 중독증이 분명히 극복 가능한 문제임을 믿어 의심치 않는다. 그런데 많은 이들이 이를 잘못 알고 낙인을 찍기 때문에 치료와 회복에 어려움이 생기는 것도 사실이다. 그러나 다행히도 난 부모의 개입으로 아이가 인내심을 가지고 극복하려 하면서 결과적으로 가족도 화목해지고, 아이의 두뇌도 회복된 사례를 수없이 목격했다. 초기 개입이 무엇보다 중요하다. 그러니 행여 지나친 우려란 생각이 들더라도 주저하지 말고 전문가를 찾아 도움을 구해야 한다.

디지털 기기의 지나치게 사용이 걱정된다면 내가 만든 '6주 6단계

훈련'(p.280)을 활용해서 아이의 기기 사용 습관을 점검하고 바람직한 습관을 갖게 만들자. 증상이 심하면 전문가가 반드시 개입해야 하지만, 부모의 관심과 지지 없이 아이의 문제 행동이 어떻게든 줄어들 것이라고 생각해서는 안 된다.

일반적으로 사람이 습관을 바꾸기 위해서는 90일간의 꾸준한 노력이 필요하다. 즉 아이가 게임이나 SNS 등 디지털 중독을 완전히 끊으려면 최소 3개월이 걸린다. 일단 3개월 동안 잘 해내면 그다음은 한층 수월해지지만, 언제든 자제력을 잃고 유혹에 넘어갈 수 있으므로 부모의 관심과 지지가 꼭 필요하다.

우선, 다음을 먼저 알아두자.

- 전문가의 도움 : 중독은 전문가의 도움이나 주변의 강한 지지 없이는 완전히 치료되기 힘들다. 상담가나 주치의 또는 정신과 의사를 통해 아이의 신체적·정신적 기저질환에 대한 조언을 구할 수 있는데, 만일 안전(자살 충동, 자해), 폭력, 가출, 동반되는 다른 정신건강 문제가 우려된다면, 이들에게 정확한 진단을 꼭 받아야 한다. 치료시설, 일대일 상담, 집단치료, 약물 등 모든 방법을 고려해야 한다. 나는 중독 증상이나 금단 증상, 또는 다른 정신질환으로 찾아온 아동, 청소년 환자들에게 주로 다양한 정신치료법과 의존성이 없는 약물 처방을 내리는데 효과는 기대 이상으로 좋다.
특히, 앞에서도 설명했지만 온라인 포르노나 도박 중독은 전문가를 찾는 게 최상의 방법이다. 각 개인에 맞는 구체적이고 다양한 치료법이 있으니 지역 내 전문가를 직접 찾아가 아이에게 적합한 방법에 대한 조언을 구하도록 한다.

- 금단 증상 : 금단 증상은 물질, 행동 등에 중독된 사람이 원인이 되는 대상을 끊었을 때 나타난다. 아이가 디지털 기기를 통해 긴

장이나 스트레스를 해소하고 사람과 교류해왔다면, 기기를 끊고 난 직후에 불안감과 초조함, 스트레스, 단절감을 느끼게 된다고 설명해줘야 한다.

- 주변의 지지 : 카일과 로즈의 경우 사람들의 응원 덕분에 게임 중독과 포르노 중독에서 벗어날 수 있었다. 같은 처지에 놓인 사람을 찾으면 아이가 느끼는 창피함이나 죄책감, 또는 분노를 훨씬 더 쉽게 극복할 수 있다. 극복 방법, 또는 재발이 나타나는 경우 등 관련된 여러 가지 문제에 관한 생각을 공유하는 것이 큰 힘이 된다. 자신을 이해하고 지지해줄 수 있는 모임을 찾는 것이 매우 중요하다.

- 환경 변화 : 중독이 심각한 경우, 전과 똑같은 환경에서 생활하면 옛날 생각이 떠오르기 때문에 주변 환경 자체를 바꾸기를 권한다. 아이의 방을 새로 꾸미거나 가구 등의 배치를 달리해보자. 문제의 기기를 집에서 아예 없애버리는 게 가장 좋지만, 그게 안 되면 친척이나 친구 등 아는 사람에게 잠깐 맡겨도 좋다. 주말에 한 번씩 그 집에 방문해서 즐기거나, 방학이라면 아이를 캠프에 보내서 기기와 떨어지게 하는 방법도 있다. 아이가 즐겼던 취미나 스포츠를 다시 시작하거나 새로운 활동을 찾는 것도 매우 좋다.

예전에 어떤 환자는 피자 냄새, 자기 방, 힙합 음악이나 특정한 패션 스타일이 촉매제 역할을 했다. 이런 요인을 접하는 순간 디지털 기기에 대한 충동이 폭발하듯 강해졌다. 그래서 아이 방에 변화를 주고, 부모가 지켜보는 가운데 숙제할 때를 제외하고는 모든 기기의 사용을 2주 동안 완전히 사용 금지시켰다. 그렇게 3개월 동안 새로운 환경과 규칙에 서서히 익숙해지자 기기를 잘 사용하는 습관이 자리 잡기 시작했다.

- 엄격한 관리·감독과 새로운 습관 : 금단 증상이 사라지면 기존과는 완전히 다른 새로운 습관을 길러줘야 한다. 예를 들어, 전에는 스트레스를 받을 때마다 기기를 켜는 습관이 있었다면 건강하게 스트레스를 해소하는 다른 방법(p.139)을 배워야 한다. 항상 다니던 길(과거의 습관)이 아닌 새로운 길을 개척할 수 있도록 도움이 필요하다. 무엇보다 부모가 아이에게 새로운 기기 사용법을 알려주고 또 엄격한 관리·감독을 하는 것도 필요하다. 동시에 하루아침에 되지 않으니 교육과 전문가의 도움, 새로운 대처법 및 주변의 지지, 취미 활동도 꼭 필요함을 다시 한번 강조하고 싶다.

4장

스트레스 : 코르티솔 호르몬으로 인한 스트레스 없이 건강하게 성장하기

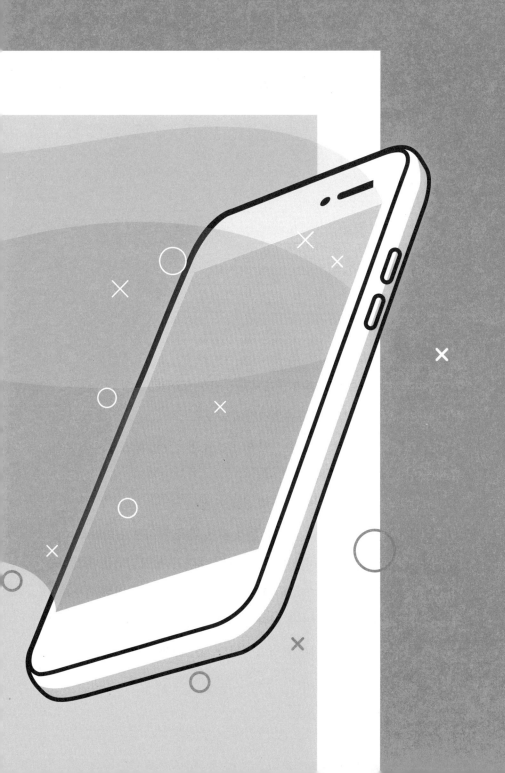

4

"현재 우리의 모습은 과거에 우리가 했던 생각의 결과다."

- 붓다(Buddha)

"아이들 손에서 스마트폰이 떨어지는 순간이 없어요. 통학버스에서나 쉬는 시간은 당연하고, 심지어 수업시간에도 보죠."

내가 상담한 13세 소녀 첸(Chen)이 학교에서 너무 외롭다며 한 말이다. 그리고 이렇게 덧붙였다.

"대화 자체가 없어요. 아마 영원히 없을 거예요."

점심시간이 되면 친한 친구들과 같이 앉아 밥을 먹지만 침묵만 흐른다. 여느 중학교처럼 다들 각자의 스마트폰만 쳐다본다. 그러고는 손가락 하나만으로 틱톡, 유튜브, 스냅챗 앱을 열었다 닫고, 음소거 버튼을 누른 채 드라마를 틀고서 혼자 미소를 띠며 시청한다.

첸의 하루는 SNS로 시작해 SNS로 끝난다. 눈뜨자마자 바로 접속해 잠들기 직전까지 틈만 나면 접속한다. 중학교 1학년 마지막 방학 내내 방 안에만 틀어박혀 살았다. 침대에서 나오지도 않고 손가락으로 화면을 넘기고 '좋아요'와 '하트'에 댓글까지 남기느라 바빠 이웃에 사는 친구들하곤 만날 시간도 없었다. 온라인 활동만 해도 시간이 모자랐다.

스마트폰 시대의 중학생 모습은 바로 이렇다. 그렇다면 소셜미디어는 청소년들의 스트레스와 외로움의 주범일까? 명실상부 이 시대 최고의 글로벌 미디어로 성장한 소셜 미디어는 청소년의 정신건강에도 막대한 영향을 미치고 있다. 첫선을 보일 당시에는 누구나 서로 연결되고 경험을 공유할 수 있는 자유로운 공간으로만 보였다. 하지만 그렇게 너도나도 연결된 세상이 일부 사람들에게는 소외감, 스트레스, 외로움, 불안과 우울을 유발하는 세계가 되었다.

1980년대에 십 대를 보낸 나는 TV나 잡지에서 나온 비키니 차림의 날씬한 여성들이 선망의 대상이었다. 주말 파티에 초대받아 신나게 놀고 왔다고 떠드는 친구들을 부러워한 적도 있었다. 하지만 그 파티가 실제로 얼마나 멋있고 재미있었는지는 직접 가보지 않은 이상 그렇게 많이 알 수는 없었다. 내가 보고 들을 수 있는 정보에 한계가 있었기 때문이다. 그때 난 점심시간만 되면, 친한 친구들과 편의점까지 우르르 걸어갔다. 평생 만남을 이어오고 있는 그때 친구들과는 당시 가던 길 내내 웃고 장난쳤다. 그런데 혜성처럼 등장한 소셜 미디어 덕분에 오늘날의 십 대들은 친구의 소식을 실시간으로 전달받을 수 있게 되었다. 방학 때 가족여행은 어디로 갔는지, 몸매나 최근 산 옷의 패션 스타일까지도 죄다 나온다. 한번 발동한 호기심은 웬만해서는 멈춰지지 않는다. 특히 필터로 보정된 '가짜' 사진이 SNS 피드에 가득한 것을 보고 나면 어떻게든 가서 그것을 확인한다.

앞에서 말했지만, 혹시라도 소외되고 끼지 못할까 하는 두려움으로 인해 억지로 모임도 가고, 초대에도 거절하지 못하는 '고립 공포감(포모)' 때문에 나타나는 현상이다. 과장되고 조작된 SNS상의 친구들 모습을 포스팅과 동시에 즉각 확인할 수 있게 되면서 화려해 보이는 그들의 삶을 자신과 비교하기 시작했다. 그로 인해 느껴지는 소외감, 외로움, 불안감, 박탈감, 심지어 자신에게서 느끼는 창피함은 상상을 초월할 정도로 크게 다가왔다. 하지만 고립에 대한 공포와 SNS의 피드가 주는 불안감을 슬기롭게 대처할 수 있는 십 대들은 거의 없다.

소셜 미디어는 이른바 끊임없는 '비교'의 공간이다. 자신과 타인을 계속 비교하게 되므로 이런 부정적 메시지가 내재화될 수밖에 없다.

- 모두 나보다 똑똑해.
- 모두 나보다 예뻐.
- 모두 나보다 인기가 많아.
- 모두 나보다 돈이 많아.
- 모두 나보다 행복해.

이렇게 '모두 나보다 ~해'는 끝없이 계속된다.

그 결과 아이들은 자신의 외모나 부모의 능력, 인맥 등이 모자란다고 여기며, 이에 불안해하고 걱정하면서 자신을 증오하게 된다. 즐거운 파티와 방학 때 찍은 사진을 포스팅하면서 별로로 보일까 봐 노심초사한다. 또 SNS 세계는 온라인 속 상대와 진짜 아는 듯한 착각, 즉 가짜 친밀감을 불러일으키고, 사용자의 책임감은 크게 요구하지 않는 특수한 공간이다. 또 상대를 '삭제'할 수도 있고, 자신이 사라질 수도 있으며, 그 세계가 가짜라는 사실을 깨닫기 전까지는 너무도 현실적인 공간이다. 그리고 사용자가 공허함과 외로움을 느끼게 되는 공간이기도 하다.

중학생인 첸은 자신이 더는 어린아이가 아니라는 것을 느꼈다고 말했다. 6학년 때 친구들 모두가 스냅챗과 인스타그램 앱을 스마트폰에 깔고 가입했다. 회원 가입 조건이 만 13세 이상이었던 이 두 앱은 어찌 된 영문인지 모두 가입이 가능했는데, 그 이후 그녀는 줄넘기, 모래성 만들기, 슬라임 놀이, 마당에서 재주넘기 등 즐겨 했던 모든 활동을 전부 그만두었다. 같은 해 하반기, 첫 상담 당시에 이미 고립 공포감(포모), 불안 장애, 우울증, 자살 생각 등 성인들한테서 나타나는 문제점을 겪고 있었다.

15년 전만 해도 이렇게 어릴 때 자살 행동을 보이는 환자는 거의 보지 못했다. 하지만 요새는 특별히 이상할 것도 없을 정도로 흔하다. 지금 환자 중에도 비슷한 또래의 환자 대여섯 명이 있는데, 그중에는 첸보다도 어린아이도 있다.

밴쿠버에서 임상 실습을 할 당시도 지금과 비슷했다. 지난 10년간 우울, 불안, 신체상 문제, 자살 행동, 자해가 급증했는데, 특히 10~14세까지의 여학생이 두드러졌고, 15세 이상의 여학생에게서도 우려되는 행동이 증가하고 있다. 물론 여학생들만 소셜 미디어의 영향을 받는 것은 아니지만, 여학생들이 주 이용층이기 때문에 영향도 더 많이 받는 것으로 나타났다. 생애 첫 스마트폰을 갖는 평균 나이는 10살로 낮아지면서 첸처럼 디지털 세대, Z세대에 속하는 아이들에게 정신건강 문제가 대두되기 시작했다. 이렇게 된 이유는 과연 어디에 있을까?

Z세대, 무엇이 문제일까?

샌디에이고 주립대학교 사회심리학 교수인 진 트웽(Jean Twenge)은 세대 차이 연구로 명성을 떨치고 있다. 그녀는 청소년기 여학생들에게서 보이는 행동과 감정 상태의 급격한 변화에 주목했다. 처음에는 그녀를 비롯해 동료 연구진들도 그저 일시적 문제라고 생각했다. 하지만 살펴보니 동일한 패턴이 몇 년간 지속되고 있었다. 교수는 자신의 저서《아이젠(iGEN)》에서 1930년대까지 거슬러 올라가 세대별 데이터를 전부 분석했는데, 이런 현상은 처음 목격한다고 전했다.

흔히 Z세대의 정신건강 문제의 원인을 무조건 '인터넷'에서 찾는 일반적인 견해에 그녀는 처음에 반대했다. 그리고 책에 그 이유를 이렇게 설명했다.

"십 대의 정신건강 악화를 설명하기에는 너무 단순한 이론인 데다 사실 그에 대한 증거도 많지 않습니다."

하지만 인과관계를 찾으면 찾을수록 결국 연결고리가 없어 보이는 서로 다른 두 현상, 즉 '청소년 정신건강 악화'와 '스마트폰 사용'으로 자꾸 되돌아왔다.

여학생들 사이의 외로움, 우울증, 자살 행동에 대한 폭발적 증가는 2012년부터 시작되었다. 이는 미국에서 개인 스마트폰 소유자가 인구의 50%에 이르면서 스마트폰 보급이 포화상태에 이른 시기와 일치했다. 또한 십 대들이 친구를 만나거나 데이트하는 시간은 급격히 감소한 것으로 나타났다.

• 베이비붐 세대와 X세대 모두 고3 때 데이트를 한 학생은 약 85%였지

만, 2015년에는 56%에 불과했다.[31]

- 고3 때 친구들과 거의 매일 만나는 비율은 1970년대 후반에는 52%였지만, 2017년에는 28%로 떨어졌다.[32]
- 고3 학생 중 자주 외로움을 느낀다고 답한 학생은 2012년에는 26%, 2017년에는 39%였다.[33]
- 사람들에게서 종종 소외당하는 느낌이 든다고 한 학생은 2012년에는 30%, 2017년에는 38%로 나타났다.

청소년들이 스마트폰과 소셜 미디어에 쏟는 시간이 친구를 직접 만나는 시간보다 더 많아지면서 이들의 정신건강에 경고등이 켜졌는데, 이는 학계뿐 아니라 나처럼 현장에서 뛰는 정신과 의사들도 주목했다. 그리고 남학생들보다 여학생들 사이에 훨씬 더 뚜렷한 변화가 관찰되었다.

- 2012년에서 2015년 사이에 우울증을 겪는 여학생들의 비율은 50% 증가했지만, 남학생들의 경우는 21% 증가에 그쳤다.[34]
- 여학생들의 자살 행동은 2012년 이래로 70%가 증가한 반면, 남학생들은 25%에 불과했다.[35]
- 지난 10년간 15세~19세까지의 여학생 중 62%가 자해로 입원한 적이 있다.[36]
- 10세~14세 여학생들의 경우는 189%였다.[37]

이런 추세는 대학생들에게서도 관찰되었다.

- 대학 신입생 중 '숨 막히는 압박감'을 느낀다고 보고한 학생은 2010년에 29%에서 2017년에 41%로 증가했다.[38]

우울증과 자살의 원인은 다양하므로 왜 그렇게 많은 청소년이 외로움, 불안, 자살 충동, 우울을 느끼는지를 파악하기는 쉽지 않다. 그 사이의 상관관계에 관해서는 이야기할 수 있지만, 직접적인 원인이라고 단정 지어 말하기는 힘들다. 하지만 이들이 단기간에 급증한 사실은 원인으로 지목할 만한 범위를 줄여준다.

불안증과 우울증은 인스타그램이 등장하기 훨씬 전부터 존재했다. 그러나 X세대 때는 24시간 채팅 메시지에 반응하지도, 소셜 미디어에 게시물을 등록하지도, 또 친구가 보정해서 게시한 아름다운 가짜 사진을 하나라도 놓칠세라 강박적으로 확인하지 않았다. 밀레니얼 세대조차도 청소년이 되어서야 이런 세계를 접했다.

신체상의 장애와 거식증 및 폭식증이 있는 아주 어린 연령대의 여학생들이 나를 찾아오기 시작했다. 여기에 셀피(Selfie, 자신의 사진을 스스로 찍는 일) 문화가 대단히 큰 역할을 했다고 생각하는데, 이들이 아주 어릴 때부터 자신을 찍어 올리고 그것을 본 사람들의 날카로운 비평을 받게 되었기 때문이다. 10살 정도가 되면 소셜 미디어의 세계로 몰려가기 시작하는데, 여기서 타인의 평가를 무시하기는 쉽지 않다. 소셜 미디어에 자랑거리를 게시하는 행동의 이면에 숨겨진 의미를 냉철하게 파악하는 이성적인 사람이면서도 질투심에는 무감각하고 끄떡없는 자존감을 가진 사람이 아닌 이상은 실로 굉장히 어렵다. 도나 프레이타스(Donna Freitas)는 자신의 저서 《나는 접속한다, 고로 행복하다》에서 페이스북을 가리켜 "질투심 세계의

CNN"이라고 표현하며, "페이스북이 멋진 사람과 아닌 사람, 승자와 패자에 대한 소식을 24시간 중계"하기 때문이라고 밝혔다. 청소년의 정신건강 악화에는 다른 요인도 있겠지만, 소셜 미디어가 일조하고 있는 것만큼은 분명하다.

여학생은 인스타그램, 남학생은 엑스박스

요즘 아이들 대부분은 디지털 기기에 익숙하다. 그러나 앞에서 제시한 통계를 보면, 디지털 기기 사용에 있어서 성별의 차이가 뚜렷하다. 소셜 미디어를 통해 여학생들의 경우는 신체상(身體像)과 우울증 및 불안증의 비율에 큰 영향을 미치고 있지만, 남학생들의 경우는 미디어 중독, 특히 게임 중독에 빠질 가능성이 높았다.

3장에서 설명했듯이 십 대에는 친구들의 인정을 받고 싶은 욕구가 매우 크다. IT 업계는 이를 잘 알기 때문에 도파민이 분비되도록 게임에 레벨업, 동전, 보너스 같은 보상을 집어넣어 아이들이 게임을 그만두지 못하게 만들었다. 게임 기술이 나날이 발달하고 더 유혹적이고, 더 조직적이며, 더 빠르게 움직이게 진화하면서 남학생 중에 게임 중독자의 수가 급증하고 있다.

물론, 성별에 따라 완전히 이분법이 적용되는 현상은 아니다. 소셜 미디어로 인해 남학생들도 우울증 등 정신건강에 문제가 생기며, 마찬가지로 여학생들도 게임 중독이 늘어나고 있다. 그러나 이런 연구로 인해 우울증, 자해, 자살 생각, 전반적인 불행 및 잠재력 상실의 원인이 되는 요소를 더 깊게 이해할 수 있게 되었다.

스트레스 반응

일단 스트레스는 생존의 위협이 있는 상황에서는 우리의 생명을 구하는 역할을 하지만, 그런 경우가 아니라면 해만 된다는 것을 분명히 알 필요가 있다. 발달 단계상 청소년기는 스트레스가 매우 높은 시기다. 그런데 여기에 해로운 기술에 반응하는 이들의 방식은 엎친 데 덮친 격으로 스트레스가 가중된다. 또 살다 보면 어려운 일은 당연히 생기기 마련이다. 새로운 경험, 변화, 마감 기한, 압박감 때문에 불안감과 두려움이 생긴다. 따라서 이에 대한 적절한 대처법을 익혀야 성숙한 사람으로 자랄 수 있다.

안 그래도 아이가 한창 질풍노도의 시기라 갈피도 못 잡겠는데, 종일 SNS를 하거나 1인용 슈팅게임을 하는 것을 보면서 머릿속을 한번 들여다보고 싶단 생각이 든 적 있는가? 아이의 뇌는 사실 정신없이 바쁘다. 주변에 위협 요소가 있는지 항상 경계 태세이며, 위협이 발견되면 어떻게 처리할지를 두고 인체 내 다른 부위와 소통한다. 부신은 호두 크기의 신장 위에 존재하는 장기인데, 뇌가 위협을 감지하는 즉시 부신에 위험 신호를 보낸다. 그러면 부신에서는 인체만의 비상경보를 발령해서 아드레날린과 코르티솔 분비를 급격히 늘린다. 그 결과 신진대사를 촉진해 위협에 대응할 수 있는 에너지를 준다. 아드레날린과 코르티솔은 두뇌에서 공포를 관장하는 부위를 활성화해 위험으로부터 우리를 보호하는 인체 호르몬이다.

아드레날린의 효과는 단시간에 끝나지만, 코르티솔의 효과는 비교적 장시간 유지된다. 몸에서 '투쟁, 도피 또는 경직 반응'이 일어날 수 있도록 아드레날린은 심장박동과 혈당을 증가시키고 혈류를 조절하며 얕고 빠른 호흡을 하게 만든다. 이런 인체의 스트레스 반응 메커니즘을 통해 위협에 재빨리 대응하고 우리를 보호한다. 따라서 아드레날린은 우리에게 없어서는 안 되는 중요한 호르몬이다. 단, 위험이 아닌 상황에서 분비되면 해가 된다는 게 문제다. 위험에 노출되면 누구든 정신이 또렷해지며, 에너지가 높아지고, 기억력도 좋아지며, 혈액이 근육, 심장, 뇌로 더 많이 공급된다.

생명을 위협받는 상황에서 나타나는
스트레스 반응 = 나를 살리는 건강한 반응

- **경직** : 동물이 나타나면 하던 것을 멈추고 숨어서 소리에 귀를 기울인다.
- **투쟁** : 동물이 물면 맞서 싸운다.
- **도피** : 동물이 가까이 오면 재빨리 달아난다.

이렇듯, 위협에서 우리를 보호하기 위해 단시간 분비되는 아드레날린과 코르티솔은 생존과 직결된다. 그런데, 장시간 분비가 계속되면 신체적·정신적으로 심각한 결과가 나타날 수 있다. 과도한 코르티솔 호르몬은 수면 장애, 불안 장애, 우울증을 유발할 수 있으며, 면역력 저하, 소화 장애, 근조직 손상, 뼈 생성 방해, 성장 장애, 두뇌 발달 저하 등도 나타날 수 있다.

지구상의 모든 생물 종 중에서 인간만 '생각하는 뇌'를 갖도록 진화했다. 이로 인해서 우리는 생각만으로도 스트레스 반응이 일어날 수 있는 유일한 종이 되었다. 두뇌의 작동방식을 컴퓨터 OS에 비유하면 이렇게 된다. 스트레스 상황에 놓이면 부신에서 생산되어 두뇌로 이동한 코르티솔이 갑자기 넘쳐나는데, 이는 동시에 창을 너무 많이 띄우거나 돌리는 프로

그림이 너무 많은 컴퓨터 상태와 똑같다. 그래서 컴퓨터가 그냥 멈춰버릴 수도 있고(경직), 화가 나서 컴퓨터를 내리칠 수도 있고(투쟁), 아니면 아예 끄고 나가버릴 수도 있다(도피). 이처럼 사람은 진짜 위협 없이도 생리적 각성상태로 들어갈 수 있어서 SNS 피드를 살펴보거나, 게임을 하거나, 아니면 집중하지 못해서 산만하기만 해도 우리 몸에서는 아드레날린과 코르티솔 분비가 된다. 따라서 위협이 없는 일상생활에서 나타나는 스트레스 반응은 우리를 해치게 된다.

> ### 위협이 없는 상황에서 생각으로 인해 나타나는 스트레스 = 나를 해치는 건강하지 않은 반응
>
> - **경직** : 스트레스 상황에 대해 불안, 꾸물대기, 회피, 또는 망설임이 나타난다
> - **투쟁** : 스트레스 상황에 대해 흥분, 비판, 분노, 수동적 공격성 등을 보인다. 반항하거나 고집을 부리는 행동으로 나타날 수 있다..
> - **도피** : 스트레스에 상황에 대해 회피한다. SNS, 게임, 온라인 쇼핑 등 상황과 무관한 딴짓하기 행동을 할 수도 있고, 알코올 등 물질에 의존하는 행동을 할 수도 있다.

과거와 비교할 때 오늘날 인류는 기근이나 전쟁은 비교할 수 없을 정도로 많이 줄었지만, 사회적 가치의 변화와 나쁜 생활 습관 때문에 스트레스를 받는 일은 훨씬 늘어났다. 장기적으로 보면, 스트레스로 인해 정신질환, 심장질환, 암 등이 발병될 수 있고, 나아가 사망에 이를 수 있다. 이 때문에 세계보건기구(WHO)에서는 스트레스를 21세기 신종전염병 1위로 꼽

은 바 있다.

생존모드 vs. 성장모드

인체에는 자율신경계라는 복잡한 신경 조직을 통해 심장박동, 호흡, 혈압 등을 조절한다. 자율신경계는 두 부분으로 구성되어 있다.

교감신경은 인체가 위협에 재빨리 반응하도록 한다. 교감신경이 활성화되면 '생존모드'에 돌입했다고 일컫는다. 위험한 상황에서 살아남도록 인체의 모든 에너지가 '투쟁, 도피 또는 경직 반응'을 활성화하는 데 쓰이며, 따라서 성장이나 학습, 회복, 적응 또는 변화 등은 일어날 수 없다.

이런 과정은 부교감신경이 활성화되어 스트레스 없이 긴장이 풀리고 차분해질 때 가능한데, 이때를 가리켜 '성장모드'라고 한다.

생존에 위협이 되는 상황이 아닌데 반복적으로 교감신경을 활성화해 신체가 생존모드로 들어가게 하면 심각한 문제가 발생한다. 만성 스트레스 상태가 되기 때문이다.

사용자가 계속 불안과 공포심을 느끼도록 자극하는 앱이나 게임, 웹사이트 등이 있다. 이를 사용하는 아이들은 자신의 머리나 외모 등 여러 가지 면에서 열등한 사람이라고 여기게 되고, 자신만 뭔가 놓치는 게 생기거나 친구들이 일부러 자신을 빼놓을까 걱정하게 된다. 이처럼 스트레스 반응이 계속 생기면 코르티솔 수치가 심각하게 높아진다.

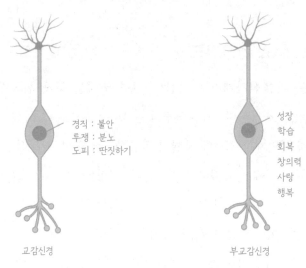

〈생존 vs. 성장〉

경직 : 불안
투쟁 : 분노
도피 : 딴짓하기

성장
학습
회복
창의력
사랑
행복

교감신경　　　　　　　　　　　부교감신경

또, 뇌신경회로와의 연합이 강화되어 결국 습관으로 발전한다. 앞에서 살펴본 것처럼 신경회로가 강화되면 반응은 더 쉽고 더 빨리 일어나게 된다. 아이가 만들어가는 뇌신경회로는 아이의 인생길이나 마찬가지임을 잊어서는 안 된다.

게다가 지나치게 예민해진 '과각성' 상태가 되면, 두뇌에서 감정조절을 담당하는 전두엽을 억누른다. 과각성 상태에서는 감정조절이 힘들어지므로 불안하거나 우유부단할 수도 있고(경직), 디지털 기기를 제한하는 부모에게 반항하거나(투쟁), 기기나 약물에 의존할 수도 있다(도피). 모두 스트레스 반응으로 나온 결과인 동시에 지나친 긴장 상태이니 해소하라는 인체의 신호이기도 하다.

요새는 집중을 안 하고 딴짓하는 사람들을 어디서나 볼 수 있지만, 이는 건강한 대처 방법이 아니다. 이때 아이들은 생각이나 감정을 처리하지 않고 억누르거나 회피하는 일종의 '도피'반응을 보이는 것이다. 자신의 감정을 이해해서 사회적으로 바람직한 형태로 표현하고 대처하는 '정서 조절' 능력을 키우지 못한 것인데, 이는 신체적·정신적 건강과 삶의 성공을 위해 반드시 터득해야 하는 필수 능력이다.

억눌린 감정 때문에 스트레스는 더욱 높아지고 집중력은 더 떨어진다. 스트레스 때문에 디지털 기기에 의존했던 아이는 불안감, 분노, 주의산만이 극도로 심해지고, 이는 곧 일상생활 곳곳의 문제로 나타난다. 성적도 떨어지고, 스포츠에 대한 흥미도 잃으며, 인간관계도 위태로워진다.

기술과 숨겨진 스트레스 요인

기술의 사용은 고립 공포감(포모), 남과의 비교, 비효율적 시간 관리, 외로움, 주의산만, 신체상 문제도 유발한다. 하지만 스트레스와 무관해 보이지만 알고 보면 관련 있는 요인도 많다.

하지만 다음에 나열된 행동들은 특히 디지털 기기를 사용하는 아이들에게서 종종 스트레스 반응을 일으킬 수 있으며, 하나 이상이 동시에 나타나면 그 반응은 더욱 가중된다. 두뇌는 왜 그런 결과가 나왔는지 모르기 때문에 그저 실제로 위험에 노출되어 있다고 '착각'하게 되며 그 결과, 교감신경이 활성화된다. 계속 앉아만 있거나 눈을 마주치지 않는 등의 행동은 얼핏 생각하면 스트레스와 무관해 보인다. 하지만 문제는 석기시대에 머물러 있는 인간의 뇌가 이를 구분하지 못한다는 데 있다. 즉 우리 뇌는 위협을 피해 동굴에서 오랫동안 앉아 있는지, 게임을 하느라 그런 건지 모른 채 그저 몸이 안 움직인다는 사실만을 인지한다. 그래서 주변의 포식자가 있거나 날씨가 험하기 때문이라는 등 나름대로 그 이유가 있을 거로 추정하고, 뇌에 '위험!'이라는 경보를 급히 전달한다. 그러면 우리 두뇌는 현재 상황을 '위협'으로 착각해서 이에 대응하고자 스트레스 반응을 불러일으킨다.

사람들은 잘 모르는 스트레스 요인

- **수면 부족** : 주변이 위험해서 꼬박 날밤을 새운 것인지, 인터넷을 하느라 잠을 못 잔 것인지 신경세포가 알 수가 없으므로 주변이 위험한 상황으로 해석한다.

- **좌식 생활** : 1만 2천 명 이상을 대상으로 12년간 실시한 최근의 연구 결과에 의하면, 종일 거의 앉아서 생활하는 사람들은 그렇지 않은 사람에 비해 사망 위험이 50% 높았는데, 연령, 흡연 여부, 신체 활동 수준을 통제 변인으로 설정한 후에도 똑같은 결과가 나왔다.[39]

- **거북목과 구부정한 어깨** : 신경세포는 이런 자세를 위협을 피해 동굴 속으로 피신해 있는 것으로 받아들인다.

- **시선 회피** : 신경세포는 우리가 위험한 상황에서 고립된 것인지, 아니면 아무 일이 없는데도 다른 사람들과 눈을 안 마주치는 것인지 구분하지 못하기에 결국 '위험'으로 받아들인다.

부정 편향

십 대가 힘든 이유는 이뿐만이 아니다. 사람은 선천적으로 긍정적인 사고보다 부정적인 사고를 하는 '부정 편향'이라는 경향성을 갖고 태어난다. 이 때문에 아이들의 머릿속은 더 복잡해진다. 타인의 비난, 업무 중 실수 등 부정적인 정보와 경험은 긍정적인 것보다 훨씬 더 강하게 기억되기 때문에 잘 떨치지 못하게 된다. 연구에 의하면 비난 한 번에 칭찬 다섯 번을 해줘야 균형이 잡힌다고 한다. 이런 부정 편향이 사람의 행동과 결정에는 큰 영향을 미친다.

진화론적으로 보면, 부정적인 데 주의를 더 많이 쏟는 현상은 당연했다. 주변에 맹수가 돌아다니던 시절에는 인간의 생존과 직결된 문제였기 때문이다. 두뇌가 이런 식으로 필요에 의해 진화하긴 했지만, 문제는 부정적 사고의 회로를 계속 강화하면 습관으로 굳어지는 '사고의 함정'에 빠지게 된다는 것이다. 십 대 자녀가 있다면 사람에게서 흔히 나타나는 다음의 예를 살펴보면 금방 '아하!' 하는 소리가 나올 것이다.

- 정신적 여과 : 어떤 일에서든 긍정적인 단서는 여과시켜 걸러 버리고 부정적인 단서에만 주목해서 일의 전체를 실패로 평가한다. 예를 들어, SNS에 올린 사진을 보고 '좋아요' 10개와 '싫어요' 1개를 받았는데, 달랑 하나인 '싫어요'에만 집착한다.
- 지나친 비약 : 결론을 지지하는 확실한 근거가 없는데도 사건을 부정적으로 해석하고, 결론을 내린다. 가령 친구의 연락이 늦어지자 자신한테 화났다고 지레짐작한다.
- 흑백 논리 : 사물이나 상황의 연속성을 인정하지 않고 흑과 백 두 범주로

만 구분한다. 일요일 밤늦게 페이스북 게시물을 올린 다음 '좋아요'를 몇 개 받지 못했다며 금방 지워버리는 경우가 여기에 해당한다. 그렇게 늦은 시각이면 친구들이 잠자리에 들었을 수도 있고, 다른 일로 확인하기도 어려울 수도 있으며, 또 심지어 페이스북 앱을 지워서 알림을 못 받았을 수도 있는데 이런 상황은 전혀 고려하지 않고 극단적으로 상황을 해석한다.

- 과잉일반화 : 한두 번 겪은 부정적인 사건이 앞으로도 계속 일어날 것으로 확대해석하는 경향을 말한다. 단체 채팅방에 한 번 초대를 못 받자 앞으로 영원히 못 받거나 친구들이 일부러 자신을 따돌린다고 생각하는 경우를 들 수 있다.

- 독심술적 사고 : 타인의 감정이나 생각을 함부로 추측하고 단정 지으며 판단하는 것으로, 상대가 자신을 안 좋게 생각한다고 충분한 근거 없이 멋대로 생각하는 경향이다. 문자나 채팅에서 단어 하나로 대답하면 자신을 싫어해서 모욕을 준 것으로 해석한다.

- 개인화와 비난 : 자신과 무관하게 발생한 부정적 사건을 자신에게 책임이 있다고 생각하고 자신에게 화살을 돌리는 경우다. 단체 채팅방에 초대를 못 받자 자기가 잘못했기 때문이라고 생각한다.

공포나 분노와 같은 부정적인 감정은 순식간에 일어나지만, 긍정적인 감정보다 훨씬 더 오래 지속된다. 온라인 공간은 극단적인 콘텐츠가 난무하고, 이성적 토론이라기보다는 감정적이고 일방적인 주장이 종종 펼쳐지며, SNS 사용자들에게 소외감과 불안감을 전해주는 곳이다. 긍정적인 이야기로는 큰 화력이 일어나지 않는다. 조지타운 대학교 컴퓨터과학 교수로 《디지털 미니멀리즘》을 쓴 칼 뉴포트(Carl Newport)는 "인터넷을 많이 사용하는 이들은 이런 온라인 세계와의 반복적 상호작용으로 무한한 부정의 늪에 빠질 수 있다"라고 경고한다. 그리고 이를 "연결에 대한 강박증 때문에 자신도 모르는 사이에 치루는 대가"라고 평가했다.

스트레스 vs. 도전

물론, 지금까지의 내용을 통해 내가 아이들이 부정적인 콘텐츠나 경험은 살면서 한 번도 안 겪는 게 좋다고 생각한다면 큰 오해다. 사실, 부정적인 것도 나름의 이유가 있고 도움이 될 때가 있다. 두뇌의 하부에서 일어나는 만성 스트레스는 성장기 뇌 발달에 안 좋지만, 정반대로 도전은 그 뇌의 발달이 촉진되도록 한다. 아이들은 도전을 통해 생각하고 전략을 짜며, 새로운 실험을 한다. 상부 피질 영역에 의해 활성화되는 이런 종류의 사고력을 통해 아이들은 난관을 극복하고, 문제를 해결하는 법을 배운다. 이 때문에 아이들이 도전을 반복하는 것이 좋다.

특히, 아이들은 너무 쉽지도, 너무 어렵지도 않은 일명 '챌린지 존'에 속하는 활동에 도전하는 게 가장 좋다. 이처럼 중간 난이도의 활동을 하면 전전두엽 피질이 발달하게 된다. 흔히 '사고 중추'로 불리는 전전두엽은 뇌에서 가장 진화된 부위다. 과제의 난도가 너무 낮으면 사고 중추가 많이 활성화되지 않고, 반대로 너무 높으면 '감정 중추'인 대뇌변연계가 활성화되어 스트레스 반응이 생긴다. 학습과 뇌가소성이 일어나는 곳이 바로 챌린지 존이다. 새로운 신경회로가 개척되는 마법의 장소도 여기다.

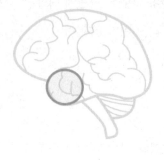

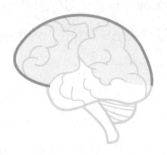

스트레스　　　　VS.　　　　도전

도전, 아이에게 왜 좋을까?

• 도파민을 분비해 기쁨을 준다.

• 세로토닌을 분비해 자신감과 행복감을 준다.

• 판단, 기억, 언어, 감정 표현, 계획, 목표 설정, 문제해결 등 고등 인
지능력을 관장하는 전두엽을 활성화한다.

• 달리기와 사이클이 다리 근육을 발달시키듯 도전은 두뇌를 강화한다.

• 중심을 잡고 적응하는 법을 배우게 하며 실패를 극복하게 한다.

십 대 두뇌 발달의 적, 스트레스

종종 목격했겠지만, SNS를 하다 보면 금세 멍하니 손가락으로 스크롤만 하게 된다. 앞에서 살펴본 것처럼 발달 단계로 볼 때 청소년기는 스트레스가 매우 높고, 정체성, 사회성, 이차성징 및 성에 대한 호기심이 생기는 등 그야말로 변화의 격동기다. 이런 질풍노도의 시기에 디지털 기기까지 합세하면 스트레스는 극으로 치달을 수도 있다.

최근 연구를 보면, 십 대와 성인은 두뇌의 정보처리 과정이 다르다고 한다. 성인들의 경우, 완전히 발달한 전전두엽을 통해 생각한다(이성적 사고를 담당하는 부위지만, 그렇다고 늘 이성적인 판단을 한다는 의미는 아니다). 그러나 십 대에는 전전두엽이 아직 미성숙한 상태이기 때문에 뇌에서 감정과 즉흥 반사적 반응을 담당하는 부위의 힘을 빌린다. 이런 이유로 자기조절(침착함) 능력을 익히고 연습하는 게 중요하다. 대처법을 배우고 사용하며, 대안도 미리 생각하고, 때때로 감당하기 힘들 정도의 새로운 변화에도 적응해야 한다.

십 대 때는 감정을 담당하는 부위(변연계)와 의사결정과 사고를 담당하는 부위(전전두엽)가 완전히 연결되지 않는다. 이 둘 사이를 연결하는 뇌신경회로가 미완성이며, 변연계가 여전히 두뇌를 지배하는 시기다. 어떨 때는 감정이 폭발해 주체를 못 하다가도 시간이 지나 좀 차분해지면 원래 하려던 말을 하지 않던가? 이를 뇌과학적으로 설명하자면 뇌 발달상 아직 변연계의 힘이 가장 크기 때문이다. 감정적 반응이 이성적 사고 활동보다 앞서기 때문이다. 그래서 부모가 예측하는 것 이상으로 청소년의 뇌는 디지털 기기에 훨씬 더 민감하게 반응한다.

'판단력'은 학업성적이나 운동 실력과는 무관하다. 아무리 뛰어난 아이라도 성숙한 판단을 내릴 수 있는 때가 아니다. 십 대에 전전두엽의 인지 조절 연결망이 급속도로 발달하기 시작하지만, 24~25세 무렵이 되어서야 비로소 완성되기 때문이다.

또, 사춘기에는 자의식이 매우 강해지는 시기여서 우울해지기도 쉽다. '오늘 스타일이 이상한가?', '혹시 말실수라도 한 걸까?', '바보같이 저걸 왜 몰랐지?' 등등 자기비판이 쉴 새 없이 올라와 내면의 머릿속은 전쟁터나 마찬가지다.

3장에서 보았듯이 십 대의 뇌는 도파민에 움직이며, 그런 탓에 위험을 감수하고 새로운 것을 시도하면서 사람들의 인정을 원하게 된다. 그래서 이 시기가 되면 친구를 아주 중요하게 생각하며 관계를 넓히려 애쓴다. 오래전 영장류는 청소년기가 되면 무리 밖으로 나가 짝을 찾았고, 사바나를 건너는 도중에 만나는 맹수로부터 자신을 보호해야 했다. 이렇게 목숨이 위험한 상황에 대한 보상으로 새로운 도전, 새로운 관계, 짝짓기, 번식 성공이 주어졌다. 십 대의 뇌는 이때와 똑같이 작용한다. 그래서 편안함과 안정감, 지지를 얻기 위해 다른 사람과 관계를 맺으려고 부단히 애쓴다.

이 시기에는 어리석을 정도로 무모한 행동도 많이 한다. 친구나 이성의 관심을 끌려고 하는 목적이 있을 때도 있고, 때로는 그저 아무 이유 없이 그냥 할 때도 있다. 운전 중에 문자, 마약, 폭음 또는 콘돔 없는 성관계 등 청소년은 어떤 연령대의 사람들보다 무모한 짓을 많이 한다.

그렇기 때문에 어릴 때부터 아이들에게 자신의 감정을 알아차리는 방법을 가르치고, SNS가 자신의 감정과 행동에 어떤 영향을 주는지 분명히 알려줘야 한다. 타인과의 경쟁은 언제나 있던 일이지만 이 시기가 되면 더욱 심화된다. 얼굴, 몸매, 머리 모양, 기회, 친구, 성공과 실패 등 모든 것에 대해 자신과 타인을 비교한다. 어떻게든 인정받고 싶다는 욕구를 채우려고 한다. 그런데 오늘날의 청소년들은 어떤가? 거짓 자아상을 만들어 소셜 미디어에 보이려는 참을 수 없는 욕구에 시달린다. 그 결과, 몸매, 머리, 성격도 다 좋고 인기도 많아 보이게끔 완벽한 모습을 꾸며서 올린다. 이들의 정신건강에 미치는 소셜 미디어의 영향력이 너무나 크기 때문에 아이들은 소셜 미디어가 자신의 자아상과 실생활 속의 관계를 어떻게 변화시키는지 반드시 알아야 한다.

삶 속에서의 기술의 역할과 영향에 대해 주체적으로 생각할 수 있다면, 그런 기술을 현명하게 사용할 수 있을 것이다.

"전 소셜 미디어가 제 삶을 얼마나 바꾸고 있는지 전혀 몰랐어요. 그게 없는 세상은 상상하기도 힘들어요. 하지만 저를 미치게 만든다는 건 잘 알아요."

첸이 한 말이다.

Ctrl-Alt-Del 키가 필요할 때일까?

"저희 애는 스마트폰을 24시간 쥐고 살아요."

부모들은 나를 만나면 대개는 이렇게 털어놓는다. 그러면 난 게임이든, 스마트폰이든, 소셜 미디어든 기술이 아이들의 대처 능력을 이미 빼앗았기 때문에 부모의 도움이 반드시 필요하다고 힘주어 말한다. 다시 말해 삶에 필요한 진짜 능력을 개발시키려면 기기를 없애버려야 하고, 때로 전문가의 개입도 필요하다는 말이다.

내가 맡았던 브리트니(Britney)의 일화를 들려주겠다. 그녀는 인스타그램 팔로워가 990명인 15살짜리 소녀였다. 75%의 다른 십 대 청소년들처럼 스냅챗도 했는데, 문제는 스냅챗 계정 점수가 낮다는 것이었다. 그게 창피하기도 하고 스트레스였던 브리트니는 점수를 올리기 위해 아무나 닥치는 대로 맞팔을 하고 있었다. 나를 찾아온 첫날에 이렇게 고백했다.

"친구의 게시물에 '좋아요'나 댓글을 안 달면 큰일이라도 날 것 같아서 매일 밤 어떻게든 해내고 있어요."

이건 즐거움이 아니라 의무로 하는 일이나 마찬가지였다. 스마트폰 시대에 십 대로 살기 때문에 하는 일이라 해도 좋다. 소셜 미디어 계정은 자신이 직접 관리하는 브랜드나 마찬가지다. 짤막한 유머, 몇 시간을 공들여 선보이는 영상, 자기 집과 애완견, 새로 산 물건이나 친구들의 모습까지 사진을 찍고 포토샵 작업을 해서 정성껏 올린다. 그러니 쉴 틈이 없는 것도 당연했다. 숙제도 못 했고, 가족들과 대화할 시간도, 심지어 잠잘 시간도 없었다. '좋아요' 수가 낮으면 아주 당황스러워했고, 화도 났으며, 불안감과 자기 증오까지 느꼈다. 그녀 또래의 용어로는 이런 감정을 '인스타셰임(Instashame)'이라고 표현했다.

첫 면담에서 브리트니의 부모님은 그녀 손에서 스마트폰을 어떻게든 떼어내 보려고 했지만, 불가능했다고 고백했다. 외출 금지도 내려 보고, 용돈도 끊어 봤지만 소용없어서 아예 와이파이를 꺼버렸더니 그 즉시 집을 나가버렸다고 했다.

나는 브리트니가 스마트폰 중독이기에 이에 맞는 치료를 해야 한다고 못 박았다. 딸이 빨리 회복되어 정상으로 돌아오기를 원하면 인스타그램이나 스냅챗을 비롯한 모든 소셜 미디어를 3개월 동안 완전히 끊는 '디지털 디톡스'를 해야 한다고 전했다. 그런 다음에 바람직한 스마트폰 사용법을 배우든지, 아니면 계속 디지털 디톡스를 유지하든지 선택해야 한다고 덧붙였다. 이 과정을 거쳐야 그녀를 망치던 나쁜 습관을 버리고 새로운 신경회로를 만들 수 있기 때문이다.

꼭 기억할 점은 아이는 부모가 명확한 규칙을 정해주기를 원한다는 것이다. 이를 통해 아이는 부모님이 자신에게 관심을 가진다고 느끼게 되며, 자신이 원한다고 다 할 수 없다는 것을 배우게 된다. 또 규칙이 없었다면 깨닫지 못했을 시간, 인내심, 성숙한 태도의 중요성을 배울 수도 있다. 부모가 얼마나 규칙을 정해주기를 아이들이 원하는지와는 상관없이, 지나친 자유는 위험하며 때로는 두려움을 불러일으킬 수도 있다. 아이들은 자신들을 책임질 어른이 필요하다는 것을 무의식중으로 알고 있으며, 부모가 자신들의 행동을 이끌어 주기를 기대한다.

그렇기 때문에 아이의 디지털 기기 사용에 규칙을 정해주고 나서 생기는 변화에 부모는 매우 놀라게 된다. 내 환자 중 스트레스를 받을 때마다 게임의 세계로 도망가던 라지(Raj)라는 소년이 있었다. 처음에는 한 번, 두 번으로 시작했으나 그렇게 서서히 게임에 중독되어 갔다. 이를 보던 부모는 게임 시간을 정해줬지만 당연한 듯 번번이 어기고 말았다. 그러다 드디어 심각한 문제가 발생했다. 잠도 안 자고 게임만 하더니 결국 고1 때 거의 모든 과목에서 낙제했던 것이다. 사람을 만나는 장소는 온라인뿐이었고, 가족들이 밥을 먹이려고 억지로 레스토랑에 데리고 가면 소리를 지르고 막무가내 행동을 해대는 통에 결국 주변 이들을 화나게 만든 채로 집에 돌아와야 했다. 이 당시 그는 지하에 있는 자기 방에서 24시간 처박혀 혼자 게임만 했다.

이러니 부모와 자식 간의 갈등이 멈출 날이 없었다. 한번은 형편없는 성적표를 가져오자 화가 난 라지의 부모님이 2주간 엑스박스 금지령을 내리고 기기를 숨겼다. 하지만 참지 못한 그가 한밤중에 안방에 몰래 들어가서 숨겨놓은 콘솔을 찾아내고 빼돌리는 데 성공했다. 그러다 결국 아버지한테 발각되고 말았다. 격분한 아버지는 그의 방에서 기기를 떼어내 뒷마당에 집어 던졌고 그대로 산산조각이 나고 말았다. 이를 본 라지의 엄마는 큰 걱정에 휩싸여 안절부절못했다. 아들이 화가 나서 집안을 쑥대밭으로 만들거나 가출해버릴 거라고 생각해 경찰에 전화해 도움을 요청할 것도 고려했다.

그런데 예상이 완전히 빗나갔다. 아무 일도 없이 그냥 잠잠했다. 아들은 그냥 자기 방으로 가버렸고, 처음에는 기분이 안 좋아 보였지만 두세 시간 지나자 차분해졌다. 라지는 오래전 부모님에게 스마트폰을 빼앗겼는데, 이제 게임기도 박살 나자 할 게 아무것도 없었다. 그래서 방을 어슬렁거리다가 국어 숙제로 냈던 《아웃사이더》란 소설책을 집어 들었다. 무턱대고 책을 한두 장 읽기 시작했는데, 읽다 보니 이야기에 푹 빠져 산산조각이 난 게임기는 잊고 말았다. 그리고 계속 읽다가 잠자리에 들었다.

그다음 날, 그의 부모님은 어제는 어쩌다 보니 무사히 지나갔지만, 오늘은 결국 전쟁이 날 것이라 예상했다. 그런데 아들이 아침밥을 먹으러 오더니 아버지에게 고맙다는 말까지 했다.

"아빠, 덕분에 어젯밤 제가 진짜 잠을 잤어요. 게임을 아예 못한다는 것을 아니 오히려 마음이 편해졌어요. 솔직히 말씀드리면 재작년부터 이렇게 되길 속으로 바라고 있었거든요."

6개월 후 면담에서 그의 엄마는 최근 몇 년 동안 이렇게 마음 편하고 좋은 날은 처음이라며 감사의 인사를 전했다.

이런 사연은 한둘이 아니다. 라지처럼 증세가 심할 때는 일단 부모님이 강하게 개입(물론 부드러운 방식으로)해서 제지하면 후에 차차 아이에게서 좋은 평가를 받는 경우가 많다. 라지의 경우를 통해 어른과 십 대의 뇌는 분명히 다르며, 한계와 경계도 다르다는 점을 확인할 수 있었다. 그는 과거에 대해 생각하기 싫어했다. 게임기를 불안감과 초조감을 달래고, 생존모드에서 벗어나기 위한 도피처로 사용했기 때문이다. 그러나 그의 아버지가 장기적으로 나타날 결과를 잘 안 덕분에 스트레스-게임 사이에 형성된 악순환의 고리를 잘라버리면서 아들이 성장모드로 되돌아갈 수 있게 되었다.

꼭 기억해요!

1. 명실상부 이 시대 최고의 글로벌 미디어로 성장한 소셜 미디어는 청소년의 정신건강에도 막대한 영향을 미치고 있다.

2. 여학생들 사이의 외로움, 우울증, 자살 행동에 대한 폭발적 증가는 2012년부터 시작되었다. 이는 미국에서 스마트폰 보급이 포화상태에 이른 시기와 일치한다.

3. 십 대들이 동성이나 이성 친구와 만나서 보내는 시간이 급격히 감소한 것으로 나타났다.

4. 정신건강에 미치는 소셜 미디어의 영향력이 너무나 크기 때문에 아이들은 소셜 미디어가 자신의 자아상과 실생활 속의 관계를 어떻게 변화시키는지 반드시 알아야 한다.

5. 디지털 기기 사용에는 성별 차이가 확실하다. 여학생은 인스타그램, 남학생은 엑스박스를 주로 한다.

6. 이성적 활동과 장기적 계획을 수립하는 두뇌 영역은 25세 전후에 완전히 발달한다.

7. 스트레스는 생명의 위협이 되는 경우에만 아이들에게 도움이 된다.

8. 스트레스는 경직(불안), 투쟁(분노), 도피(딴짓하기) 반응을 일으킨다.

9. 아이들의 몸은 아주 소량의 스트레스를 단시간에만 수용할 수 있다.

10. 부모는 자녀가 생존모드에서 성장모드로 들어갈 수 있게 해야 한다.

11. 아이들이 스트레스는 피하되 도전은 추구하도록 가르쳐야 한다. 그렇게 하면 건강도 좋아지고 행복도도 높아지며 성공으로 이어진다.

12. 도전은 아이의 삶에 없어서는 안 되는 요소이지만, 스트레스와 고통은 불필요한 요소에 불과하다.

이 장에서는 아이들의 몸이 왜 아주 소량의 스트레스를 단시간에만 수용할 수 있는지 살펴보았다. 디지털 기술은 수면 방해, 고립 공포감(포모), 나쁜 자세, 시간 관리 실패, 주의산만, 자신의 외모나 능력 부족 등 부정적인 메시지를 주면서 스트레스를 계속 유발한다. 이것이 만성 스트레스가 되면 아드레날린과 코르티솔이 위험할 정도로 분비될 뿐만 아니라, 더 쉽고 더 빨리 스트레스 반응이 일어나도록 신경회로를 만든다.

이제는 디지털 기술 스트레스를 줄이기 위해 '디지털 문해력'을 어떻게 하면 향상시킬 수 있는지에 대해 제안할 것이다. 또 건강한 스트레스 대처법을 가르치고 부모가 솔선수범하기 위한 전략에 대해서도 논할 것이다.

핵심 전략

이건 안 돼요!

1. 불안, 초조, 주의산만 등 스트레스 반응 징후 무시하기
2. 아이들이 기기를 스트레스 대처법으로 사용하게 하기
3. 스트레스와 도전을 혼동하기
4. 부정 편향과 사고의 늪 탓으로 돌리기
5. 스트레스받는 상황을 일상화하기

이건 꼭 해요!

1. 생존모드와 성장모드의 차이점 논하기
2. 건강한 도전 북돋우기
3. 아이에게 스트레스 대처법 가르치기
4. 부정 편향 거부하기
5. 사고의 늪에 저항하기
6. 숨은 스트레스 원인에 집중하기

이건 피해요!

남과의 비교, 고립 공포감(포모), 수면 장애, 구부정한 자세 등 스트레스 반응을 일으키는 디지털 기술로부터 멀어지게 하자.

이건 제한하고 모니터링해요!

현실적으로 디지털 기술을 완전히 금지하기는 사실 힘들다. 앞에서 언급한 것처럼 문제없이 아이가 스스로 조절해서 기기를 잘 사용할 수 있을 때까지 기술에 관해 이야기하고, 사용 시간을 정해 사용 습관을 모니터링하자.

아이에게 스트레스 대처법 가르치기

압박감을 느끼거나 스트레스를 받아 불안하고 우울해질 때 대처 방법을 누구나 반드시 알아야 한다. 코르티솔 호르몬으로 생기는 스트레스 반응을 조절하고 감소시키기 위해서 아이들은 어떤 상황에서든 활용할 수 있는 대처법을 배우고 익혀야 한다.

이제부터 휴식, 유대관계, 놀이라는 크게 세 가지의 건강한 대처법을 소개하고, 이런 습관을 어떻게 만드는지 살펴보자.

1. 휴식

휴식은 우리에게 안정감을 준다. 하던 일에서 잠시 손을 놓고 쉬는 시간을 갖고 호흡을 가다듬는 것만 해도 매우 효과적인 스트레스 대처법이 된다. 책상이나 차 안 등 어디에서든 상관없이 아이가 단 몇 분만이라도 눈을 감고 긴장을 풀어 마음 가는 대로 그대로 두는 휴식 시간을 갖도록 연습시키자.

심호흡하기

스트레스를 줄이고 아이를 생존모드에서 성장모드로 변화시키는 방법 중에 최고는 천천히 심호흡하기다. 사람들은 대부분 숨을 얕게 쉬는 것이 습관화되어 있는데, 이렇게 하면 호흡이 폐의 중간 부분까지만 닿게 된다. 나쁜 자세, 불편한 옷, 스트레스는 모두 얕은 호흡의 원인이 된다. 하지만 천천히 심호흡하면 공기압 때문에 폐와 횡격막이 확장되는데, 그러면 신경계에 우리가 괜찮다는 신호가 전달된다. 그 결과, 스트레스 반응을 멈추고 성장과 회복모드에 들어가게 된다.

이런 심호흡 방법만 알면, 언제 어디서든 자유롭게 할 수 있다. 일어난 직후나 잠자기 직전, 하굣길, 아니면 그냥 마음의 안정이 필요할 때 등 언제든 할 수 있다.

우리 가족은 모두 심호흡을 연습한다. 자녀에게 혼자 해보라고 이야기하기 전에 일단 부모와 같이 먼저 연습해보는 것도 좋다. 그렇게 호흡을 같이 맞추면 신체리듬도 맞춰지면서 더 큰 효과가 나타난다. 바른 자세로 복식호흡을 할 때는 아이의 눈을 바라보고 조용히 미소를 지어주자. 이렇게 아이와 같은 자리에 있으면서 서로의 유대관계를 더 깊게 하는 기회를 만들자.

심호흡 연습하기

심호흡 연습은 어느 연령대든 상관없이 누구에게나 도움이 된다. 아이들의 경우에는 특히 그들의 배에 인형을 놓고 그 움직임을 보여주면서 가르치면 매우 흥미로워한다.

- 조용하고 편안한 자리를 찾아 아이를 앉히거나 눕힌다.
- 코로 숨을 천천히 들이마시고 입으로 천천히 뱉는 것을 가르친다. 입을 다물면 뇌에 스트레스 신호가 전달되지만, 반대로 긴장을 풀고 입을 열면 뇌에 우리가 안전하다는 신호가 전달된다.
- 아이가 알아들으면 천천히 복식호흡을 하게 하고 배가 확장되는 것을 느끼게 한다. 이어서 천천히 호흡을 내뱉게 하고 배가 수축되는 것을 느끼게 한다.
- 최소 세 번을 반복한다. 아이가 완전히 긴장을 풀 때까지 계속한다.

2. 유대관계

가족, 친구, 반려동물 등 어떤 대상이든 애착을 갖고 유대관계를 형성하면 우리는 안정감을 느끼게 된다. 이렇듯 다른 대상과 함께 시간을 보내면 스트레스에 대처할 수 있다.

애완동물을 만지거나 할아버지나 할머니와의 영상통화, 또는 일어나서 엄마나 아빠와 껴안으며 인사하기 등 아이가 의미 있는 관계를 맺도록 하자. 몇 분이라도 좋다. 형제·자매, 친척, 친구들과 시간을 내어 직접 만나라고 자주 권하자. 그러면 관계된 모든 이들에게 득이 된다.

또, 매일 잠깐이라도 자녀와 단둘이 있는 시간을 갖자. 말처럼 쉽지는 않겠지만, 아이에게 온전히 집중하는 시간을 통해서 마음 깊은 곳에서 새삼 그들이 얼마나 소중한 존재인지 다시 느끼게 되고, 서로에 대한 사랑과 애착도 깊어지게 된다.

3. 놀이

새로운 것을 시도하거나 자신이 좋아하는 일을 할 때 우리는 전전두엽이 활성화되면서 생존모드에서 성장모드로 들어간다. 놀이는 재미있는 동시에 호기심과 탐구 정신도 키워주기 때문에 코르티솔 분비가 억제된다. 즉 인체는 놀이를 할 때는 스트레스를 받지 않는다. 따라서 놀이는 더할 나위 없이 훌륭한 스트레스 대처법이 된다.

짧아도 좋으니 자녀에게 매일 놀이시간을 주자. 우리 집은 트램펄린이 스트레스를 푸는 온 가족 놀이다. 트램펄린 위에서 점프하면 웃음을 참기 힘든 지경이 되므로 스트레스를 받는다는 것 자체가 불가능하다. 또 가족끼리 부엌에서 댄스파티도 자주 열어 틈만 나면 서로에게 장난을 치며 즐거운 시간을 갖는다.

아이의 부정 편향 없애는 법

우리 뇌는 좋은 소식보다 나쁜 소식에 더 민감하게 반응하게 되어 있다. 아무래도 나이가 들면 습관은 더 강화되니 되도록 어릴 때 좋은 정보나 경험에 집중하는 법을 가르치는 게 좋다.

좋고 나쁨을 구별하는 판단력은 하루아침에 생기지 않는다. 시간이 걸려 서서히 개발되기 때문에 연습이 필요하다. 다음 전략을 활용해서 상황을 다각도로 볼 수 있는 눈을 길러주자.

- 사물의 양면을 모두 볼 수 있도록 일상생활 속에서 그러한 양면성을 주제로 한 이야기를 서로 나눈다.
- 전화위복이 된 일화들을 들려준다. 예를 들어, 입사 시험에서 떨어졌다거나 원하는 팀에 못 들어갔지만, 나중에 더 좋은 직장이나 팀을 찾게 된 경우 등 자신의 경험담을 들려주면 좋다.
- 일이 잘 안 풀릴 때 자녀에게 "이 상황에서 긍정적인 점이 있다면 그게 무엇일까?" 하고 물어보자. 대답을 잘 못 할 때는 생각할 수 있도록 도와준다.
- 삶에서 자주 접할 수 있는 어려움과 난관에 대해서 알려주면 회복력이 길러진다. 그러니 아이가 어려움에 부딪혔을 경우 대처법을 알려주고, 그 덕분에 내면의 힘이 생기고 성장할 수 있게 된다고 설명한다.

1. 사고의 늪에서 빠져나오기

아이가 부정적인 생각을 할 때 무조건 무시하거나 회피하는 것이 아니라, 반대로 똑똑히 직시하도록 가르쳐주자. 부정적인 생각을 하면 다음과 같은 질문을 마치 친구처럼 어깨를 맞대고 물어보자. 또는 아이가 웃을 수 있도록 질문을 재미있게 던져도 좋다. 낙담하거나 우울해하는

아이들의 기분 전환에 효과 만점이다

- 최악의 경우 어떤 일이 일어날 수 있을까?
- 만일 그런 일이 생기면 어떻게 하면 좋을까?
- 부정적인 생각을 떨치기 힘드니?
- 그 생각이 맞는다고 볼 수 있는 근거는 뭐니?
- 그 생각이 틀렸다고 볼 수 있는 근거는 뭐니?
- 친구가 자신의 생각도 똑같다고 말하면, 그 친구에게 무슨 말을 해주고 싶니?
- 1에서 10까지 숫자 중에서 이 문제의 크기는 어느 정도 같니?

2. 기본의 중요성 가르치기

디지털 기기를 많이 사용하면 생기는 스트레스 요인 중에는 사람들이 잘 모르는 것도 있다. 그중에는 불가피한 것도 있는 탓에 온라인과 오프라인 세계의 균형을 찾는 것이 중요하다. 다음을 참고해 눈에 잘 안 보이는 아래의 스트레스 요인을 물리칠 수 있도록 도와주자.

- 수면 부족 : 앞서 2장(p.55)에서 본 수면 가이드라인을 기억하는 가? 수면 부족을 막는 최상의 방법은 잠의 가치를 잘 알게 하는 것이다. 잠을 자야 두뇌가 새로 에너지를 얻고 회복하며 제 기능을 할 수 있게 된다. 숙제, 시험, 시합, 야외활동 등 아이들도 할 게 많으니 매일 푹 잘 수는 없는 노릇이지만, 그래도 가능한 적정 수면 시간을 맞추도록 하자. 평일 낮잠이나 주말 늦잠도 좋고, 긴 휴일에는 그만큼 긴 휴식 시간을 갖게 해도 좋다(우리 집에서는 아이들에게 이 셋을 모두 권한다. 그 덕분에 때로 나도 잠을 더 잘 시간적 여유가 생긴다). 아이가 십 대가 되면 생체리듬이 변하면서 밤잠을 설치기도 한다. 그렇다면 아침에 조금 더 자게 하는 것도 좋다.

- 좌식 생활 : 30분마다 일어나서 스트레칭을 하게 하자. 스마트폰 앱으로 30분마다 알람이 울리도록 설정하면 좋다.

- 구부정한 자세 : 우리 집의 경우, 바람직한 앉은 자세와 선 자세를 그린 포스터를 냉장고 문에 붙여 놓았다. 또 바른 자세 메모도 붙이고, 긴 쿠션이나 베개 등을 집 안 곳곳에 비치해서 거북목과 굽은 등을 펴고 바른 자세를 유지하게 한다.

- 시선 회피 : 다른 사람과 이야기할 때는 상대의 얼굴과 눈을 쳐다보는 연습을 시키자. 우리 아이들이 내성적이라 잘 못 하겠다기에 상대의 코를 보라고 귀띔했다.

5장

자기 돌봄의 중요성 :
엔도르핀을 늘려 건강을 되찾자!

THE TECH SOLUTION

CREATING HEALTHY HABITS
FOR KIDS GROWING UP
IN A DIGITAL WORLD

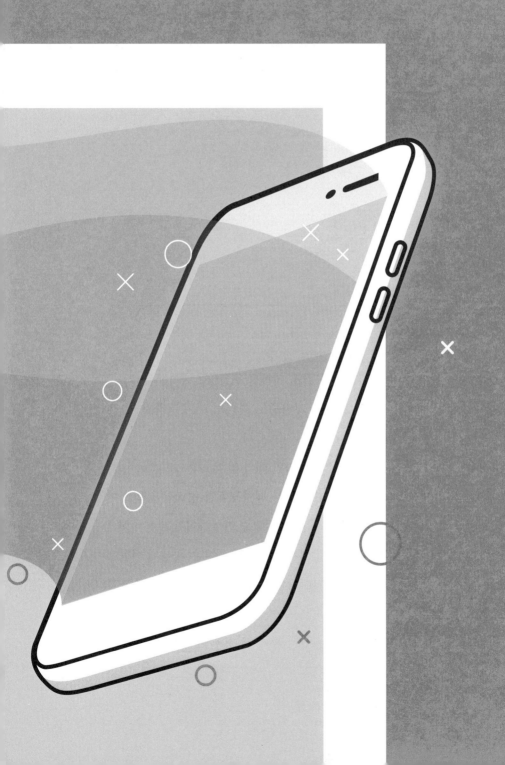

5

"외부에는 당신을 더 좋게, 강하게, 부유하게, 빠르게, 똑똑하게
해줄 수 있는 것이 없다. 모든 것은 자신 안에 있다.
내면에 모든 것이 존재한다. 어떤 것도 외부에서 찾지 말라."

- 미야모토 무사시(Miyamoto Musashi)

몇 개월 전 나는 미술용 칼로 자해를 한 15세 여학생을 만났다. '자라(Zara)'라는 이름의 이 소녀는 우울증도 아니었고, 중독증도 아니었다. 단지 완전히 탈진해버려서 저지른 일이었다.

자라는 유명한 축구 클럽 스타인 메건 라피노(Megan Rapinoe)를 동경했고, 미국 전미스포츠협회(NCAA) 1부 대학교에서 장학금을 받으며 축구선수로 뛰는 게 꿈이었다. 또한 뛰어난 대중 연설가이자 토론대회 우승자로도 명성을 떨쳤다. 모든 과목에서 A를 받는 최우수 학생에 여학생 대표이기도 했다. 그녀 부모님의 기대도 높았지만, 무엇보다 그녀 스스로 자신을 더 혹독하게 몰아붙였다.

자라는 여러 가지 능력을 꽤 훌륭하게 갖추고 있었지만, 이 능력은 오히려 그녀의 삶을 복잡하게 만들었고, 이겨낼 수 없을 정도로 엄청난 피로 감만 줬다. 다른 십 대들처럼 그녀도 남들과 비교를 심하게 했는데, 대부분 온라인을 통해서였다. 경기를 잘해서 기분이 좋다가도 소셜 미디어에서 전에 같이 뛰던 선수가 더 잘한 소식을 보면 우울해졌고, 토론도 잘 마쳤다고 생각했다가도 나중에 유튜브에 올라온 국제 토론대회를 보면 자신이 아마추어라고 느꼈다.

자라는 완벽한 친구가 되고 싶어 하기도 했다. 친구의 SNS 피드에 일일이 '좋아요'를 누르고, 댓글을 남기지 않으면 완벽한 친구가 아닌 것 같았다. DM이나 이메일 도착 알림을 혹시나 놓치지 않았는지 TV나 책을 보거나 숙제를 하는 중에도 확인했다. 심지어 잠잘 때 올까 봐 늘 불안해했다.

다재다능한 데다가 학생 대표이기도 했기에 친구들의 이메일이나 문자가 쏟아졌다. 그냥 안부를 묻는 내용도 있었지만, 숙제나 토론 등 구체적인 질문이나 도움 요청도 있었다. 또 파티, 축구 경기, 회의에 초대도 자주 받았다. 그러던 어느 날, 숙제하기 위해서 책상에 앉았는데, 어떤 단체에서 청소년 권리향상을 위한 연례행사에 와달라는 초청장이 날아들었다. 이와 동시에 친구들과 문제가 생겼다며 후배 여학생의 문자가 도착했다. 또 가장 친한 친구가 인스타그램에 자신이 양성애자라고 커밍아웃을 했다. 보수적인 가정에서 자란 친구이기에 응원도 해주고 혹시라도 누가 악플을 남길지 잘 봐야겠다며 계속 들여다보았다. 바로 그날 밤은 축구 연습, 다음 날은 물리 시험이 예정되어 있는데도 말이다.

이렇게 신경 쓸 게 늘어가자 부모님께 신경질적이고 퉁명스럽게 대했다. 수업을 따라가기도 어려워졌고 축구 연습은 물론, 경기도 빼먹게 되면서 변명거리도 늘어갔다. 도대체 영문을 모를 딸아이의 변화였다. 본인도 자해한 이유를 딱히 설명할 수 없어 보였다. 그저 "무언가를 느끼고 싶어서"란 대답이 전부였다.

엔도르핀

자라가 말한 그 무언가가 바로 엔도르핀이다. 나는 그녀에게 엔도르핀이 우리가 다쳤을 때 체내에서 분비되는 천연 진통제라고 설명했다. 자라가 자해를 하는 순간, 뇌에서는 '고통 완화'를 위해 엔도르핀이 분비되었다. 고통 완화, 바로 그녀가 간절히 원하던 것이었다.

모든 사람은 체내에서 자연스럽게 엔도르핀이 생산된다. 우리가 무언가를 잘 해내거나 친구와 껴안을 때, 또는 심호흡을 할 때 분비되어 우리의 기분을 좋게 만든다. 엔도르핀은 뇌의 오피오이드수용체와 결합해서 고통을 경감시킨다. '엔도르핀(endorphin)'은 '내인성(endogenous)'과 모르핀(morphine)의 두 단어를 합성해서 만들어진 단어로, '체내에서 만들어지는 모르핀'이라는 뜻이다. 이 놀라운 신경전달물질은 우리의 창의성도 높여주고 머리도 맑아지게 한다.

5장에서는 엔도르핀의 힘을 살펴보고 '자기 돌봄'의 중요성을 강조할 것이다. 우리가 스스로 자신을 돌보면 에너지가 솟고, 활기가 넘치며, 생동감도 느끼게 된다. 따라서 아이들의 뇌에서 엔도르핀이 더 많이 생산되게 하는 다양한 방법을 모색해야 한다. 들어가기에 앞서 일단 자라의 상태부터 짚어보자.

번아웃

지난 5년간 자라와 비슷한 증상의 또래를 많이 만났다. 이것저것 다 잘하지만 그만큼 꽉 찬 일과에 신체적·정신적으로 극도의 피로감을 호소하며 무기력했는데, 이런 현상을 전문용어로 '번아웃(burnout)'이라고 한다. 완벽주의자인 자라는 '하강나선'으로 빠질 위험이 다분해서 불안, 우울, 마약이나 알코올 의존 등으로 이어질 수도 있었다.

번아웃 현상은 얼마 전만 해도 간호사, 경찰, 응급구조원, 군인, 사회복지사 등 생명과 직결된 직업군에 주로 많이 나타났다. 심한 정신적 스트레스와 트라우마에 맞서야 하는 업무이기 때문이었다. 그런데 극도의 피로감을 호소하는 번아웃 현상은 심각하고 광범위하게 나타나는 사회 문제로 부각되었다. 2019년, 세계보건기구(WHO)는 번아웃 현상을 '증후군'으로 격상하며 국제질병표준분류기준(ICD)에 포함하고, '에너지가 완전히 소진'되어 무기력과 우울 등이 나타나는 상태로 정의 내렸다.

정신과 의사인 나는 번아웃이 개인은 물론, 가족 전체의 정신건강, 학업 및 업무 등에 미치는 심각한 피해를 수없이 목격했다. 다행히 세계보건기구(WHO)가 그 심각성을 인지하고 기존의 오해를 줄이려고 노력하며, 자신을 더 적극적으로 돌보고 주위에 도움을 요청할 것을 강력히 권고했다.

'자기 돌봄'을 한다는 생각 자체로 사람들이 자신을 '약하거나 의지가 없는' 사람으로 볼까 두렵다고 털어놓는 젊은이들이 많다. 그러나 나는 고통을 억지로 헤쳐나가고 참는 것이 평생 지속될 비극의 씨앗을 뿌리는 것이나 마찬가지라고 생각한다. "아니오"라고 말할 줄 알고 쉴 줄 알며 자신을 돌볼 줄 아는 것은 성숙하고 회복할 수 있는 사람이라는 표시이며, 손을 내밀어 도움을 요청하는 자세는 용기의 표현이다.

아이의 번아웃 증후군 치료법

자라는 번아웃 증후군의 증상이란 증상은 거의 다 보이고 있었다. 디지털 기술이 그녀의 상태를 악화시키는 데 크게 일조했기 때문에 자라한테 이런 조언을 해주었다. 번아웃 증후군에 시달리는 아이 누구에게든 적용할 수 있으니 유념해두도록 하자.

- 우선, 나는 자라에게 스트레스를 유발하는 스마트폰과 컴퓨터의 알림을 끄라고 했다. 또 이메일 및 메시지 수신, 뉴스, SNS 알림까지 전부 다 끄라고 했다.

- 잠자는 동안 뇌에서 불필요한 것은 삭제되고 세포를 재생시키기 때문에 수면이 감정을 조절하는 데 매우 큰 역할을 한다고 설명했다. 따라서 다음 날 시험이 있든, 발표가 있든 무조건 매일 최소 9시간은 자라고 권했다. 디지털 기기에서 멀어지면 이 목표는 거뜬히 채울 수 있다.

- 매일 재충전할 수 있는 혼자만의 시간을 가져야 한다고 이야기했다. 일기 쓰기, 산책하기, 목욕하기, 명상 등 무엇이든 좋다. 십 대도 얼마든지 명상할 수 있다. 그래서 아침에 눈뜨자마자, 그리고 잠자리에 들기 직전에 심호흡 연습을 하라고 권했다.

- 다른 사람과 자신을 비교하지 않을 수 있을 때까지 소셜 미디어는 완전히 끊으라고 했다. 온라인 공간에서 비교하는 습관은 매우 해롭다. 자신을 비하하게 만들어 코르티솔이 다량 분비된다.

- 멀티태스킹과 완벽주의에 대해서도 언급했다. 이런 특성 때문에 자라의 뇌에 어떤 신경세포 지름길이 만들어지는지 설명하고 극복하는 방법도 알려주었다.

멀티태스킹에 대한 오해

자라에게서 보이는 멀티태스킹과 완벽주의는 요즘 세대에 흔히 보이는 현상이다. 눈부시게 발달한 기술 덕택에 이 둘은 나날이 심각해져 가고 있다.

바야흐로 디지털 시대가 도래하면서 사람은 동시에 여러 가지 일을 해낼 수 있다고 믿게 되었다. 멀티태스킹을 하면 시간을 더 효율적으로 쓰는 데다 지루함까지 덜하다는 이유에서다. 하지만 이는 아주 잘못된 믿음이다. 수많은 연구에서 밝혀졌듯이 인간의 뇌는 한 번에 하나 이상에 집중할 수 없다. 단 A와 B가 동시가 아니라, A에서 B로 아주 빠른 속도로 넘어가는 것은 가능하다. 난 남편이 혼자 중얼거리듯 이메일을 읽는 것을 들을 때마다 이 생각을 한다. 그는 전화 받는 도중에 이메일 수신 알림이 오면, 통화는 통화대로 하면서 동시에 이메일을 읽는다. 남편은 자신이 두 가지 일을 동시에 한다고 생각하겠지만, 실제로는 두 가지를 모두 제대로 하지 못하는 것이다.

멀티태스킹을 하는 사람의 뇌에서는 지금 하고 있는 일과 관련 없는 영역이 활성화된다. 즉 만성적인 주의력 결핍이란 소리다. 기억력에도 문제가 생긴다. 그런데 이들은 자신들이 마음만 먹으면 동시에 벌린 나머지 일은 다 치우고 한 가지에만 초집중할 수 있다고 철석같이 믿고 있다. 안타깝게도 현실은 이와 정반대다. 주의력 결핍이 습관화되어 결국 한 번에 하나씩 집중할 수 있는 능력을 상실해버렸기 때문이다. 2장에서 살펴본 것처럼 무엇이든 반복하면 할수록 습관으로 고착되기 때문에 나중에는 자연스럽게 나오게 된다.

미국의 비영리 교육단체인 '커먼 센스 미디어(Common Sense Media)'의 최근 연구에 따르면, 십 대들 중 무려 72%, 성인 중 48%가 자라와 마찬가지로 문자나 SNS 메시지, 알람에 즉각적인 반응을 해야 할 것 같다고 대답했다.[40] 또 다른 최신 논문에서는 스마트폰을 그냥 옆에 두기만 해도(심지어 끈 채로 옆에 둬도) 아이들의 인지능력이 떨어지는데, 논문 저자들은 이를 '스마트폰으로 인한 두뇌유출' 현상이라고 명명했다.[41] 또 스마트폰의 진동이 울리지 않았음에도 진동을 느끼는 '유령 진동'을 2주에 한 번 이상 느낀다고 보고한 대학생들은 90%나 된다.[42]

멀티태스킹으로 시간을 절약할 수 있는 것처럼 느껴지겠지만, 신경과학 연구 결과, 사실은 효율성도 떨어지고 상당한 스트레스까지 생긴다는 것이 밝혀졌다. 인류가 수렵·채집 생활을 하던 시절에는 온 사방에 적이 있을 수 있기에, 잠깐이라도 신경을 딴 데로 돌리는 순간 목숨이 위태로워질 수 있었다. 따라서 우리가 여러 웹사이트를 그냥 여기저기 배회하거나 TV를 시청하면서 보고서를 작성하는 등 하나에 집중하지 않고, 여러 일을 동시에 하면 신경세포는 뇌에 우리가 안전하지 않다는 신호를 보낸다. 그렇게 되면 앞서 4장에서 본 '투쟁 또는 도피' 스트레스 반응이 일어날 수 있다. 단기적으로 보면 불안감과 초조함은 증가하고 집중력이 더 떨어진다. 하지만 이것이 장기간 계속되면 머릿속에 안개가 낀 듯 멍한 '브레인 포그'(brain fog), 생각이 뒤죽박죽 엉키는 '사고 융합', 신체적·정신적 건강 문제를 일으키며 나중에는 번아웃 증후군으로 이어질 수도 있다.

무언가를 기억하거나 문제를 해결하거나 단순히 다른 사람을 만날 때에도 집중력은 가장 기본적인 인지능력이다. 하지만 기술이 계속해서 집중하지 못하게 막고 주의를 분산시키면 이러한 기본적 뇌 기능에 막대한 영향을 끼친다. 2015년 마이크로소프트에서 발표한 연구에 따르면, 사람의 평균 주의집중 시간이 2000년에는 12초였지만, 2013년에는 8초로 줄었다고 한다.[43] 페이스북 프로그래머로 일했던 저스틴 로젠스타인(Justin Rosenstein)은 "사람들이 모두 한곳에 집중을 못 하고 늘 산만"하다고 의견을 전했다. 덧붙이자면, 사람들은 모두가 늘 스트레스 상태에 있는 것이다.

육아와 멀티태스킹

아들이 육상 경기하는 것을 기다리느라 한 시간을 더 보냈더니, 웬일인지 스마트폰 벨소리가 매력적으로 들리기 시작했다. 아이가 있으면 다 알겠지만, 사실 부모란 매우 지루한 역할이다. 그런데 아이를 보고 있을 때 충격적인 소식을 접하거나 이메일을 확인하면 미국소아과학회(American Academy of Pediatrics, AAP)에서 말하는 '건성으로 아이보기' 현상이 나타날 수 있다.

미국질병통제예방센터(Centers for Disease Control and Prevention, CDC)의 보고서에 따르면, 아이들이 다쳐서 병원을 찾는 비율은 줄곧 감소해오다가 2007년에 아이폰이 출시되고 난 이후 3년 동안 12%가 증가했다. 특히, 부모가 스마트폰을 보느라 정신이 팔린 탓에 아이들이 화상, 뇌진탕, 골절되는 경우였다.[44]

하지만 이처럼 부모가 아이를 보는 와중에 딴짓하는 행동과 관련된 애매한 문제도 있다. 내가 커피 한잔을 하며 친구를 만나고 있는데, 주변을 보니 아장아장 걷는 어린아이가 엄마의 관심을 받으려고 안간힘을 쓰고 있었다. 엄마는 아이폰을 손에 든 채 뚫어지도록 쳐다보고 있고, 아이는 이런 엄마 옆에 붙어 손도 흔들어 보고, 스마트폰을 잡아당겨도 보고, 얼굴을 들이밀기도 했다. 대화는 언어능력과 인지발달의 핵심이자 부모와 아이 사이에 강한 친밀감을 형성해준다. 따라서 유아기에 엄마와 아이가 대화를 나누는 것은 성장에 결정적인 영향을 미칠 정도로 중요한데, 이를 스마트폰이 망치고 있으니 실로 충격적이었다. 그 모습을 보고 있으니 미시간 의대에서 발표한 2015년 연구 결과가 떠올랐다. 엄마와 아기 225쌍이 같이 저녁을 먹는 모습을 관찰했더니 식사 도중에 스마트폰을 사용하는 엄마는 아이에게 거의 신경을 쏟지 않았다. 그런 엄마는 아이의 정서적 신호를 놓쳤고, 엄마가 별로 말을 걸지 않으니 아이들도 제대로 먹질 못했다.[45]

그나마 가르쳐주지 않아도 아이는 원래 부모에게서 필요한 것을 본능적으로 얻으니 얼마나 다행인지 모르겠다. 나는 딸아이가 막 걷기 시작할 무렵 이를 깨달았다. 어김없이 그날도 일과 육아를 동시에 수행하고 있었는데, 내가 스마트폰이나 노트북으로 시선을 돌릴 때마다 그 고사리손으로 내 머리카락을 잡아당겼다. 딸아이는 아주 바짝 가까이 당겨야 내가 눈을 마주친다는 것을 익히 알고 있었던 것 같았다. 그날 보아하니 커피숍의 그 꼬마도 이것을 잘 알았던 게 틀림없다.

완벽주의의 문제점

자라의 다른 문제점은 완벽주의였다. 완벽주의자들은 우리 주변에서 종종 볼 수 있다. 최근 연구에 따르면, 1989년 이래로 미국, 영국, 캐나다 대학생들 사이에 완벽주의자들이 33% 증가했다. 놀랄 일도 아니었다.[46] 미국 심리학회가 발행하는 〈사이컬로지컬 불리틴(Psychological Bulletin)〉에 실린 논문에는 우리 학교의 의대 교수들 사이에서 자주 논의하던 주제가 들어 있었다.

성과주의 문화 속에서 우리는 사람들의 '성공'을 관대함, 충실함, 친절함 등의 '내부 요인'이 아닌 성적, 외모, 재산 등 '외부 요인'으로 판단한다. 이런 말도 안 되는 기준을 대학교 입학에도 적용하기 때문에 청소년의 완벽주의를 부추기는 꼴이 되었다. 하지만 소셜 미디어를 통해 자신의 삶을 잘 포장하는 데 익숙해진 요즘 아이들은 완벽주의 성향이 도를 넘었다.

물론, 이런 성향은 목표 달성에는 도움이 된다. 그러나 완벽주의와 건강한 노력은 전혀 다르다. 완벽주의는 스트레스, 비판에 대한 두려움, 낮은 자존감, 자기 증오 등 부정적인 감정에서 비롯된다. 즉 공포와 결핍이 원인인 셈이다. 내 환자들을 봐도 완벽주의자들은 완전해지기 위해, 내면의 공허함을 채우기 위해 무언가를 늘 찾는 듯 보인다. 반면, 건강한 노력이란 열정, 도전 정신, 세상에 대한 공헌 등 긍정적인 감정에서 비롯된다. 예를 들어, 똑같이 최고의 하키선수가 되고 싶어 하는 아이들이 있다고 해 보자. 한 명은 그렇게 안 되면 날아올 비판이 두려워서, 다른 한 명은 하키를 진심으로 사랑하고 승리에서 오는 짜릿함과 팀 정신, 그리고 우승이란 어려운 과제를 다 함께 해내는 게 좋아서 하는 것일 수도 있다.

완벽주의자는 두 유형으로 나뉘지만, 둘 다 낮은 자존감, 불안, 우울, 좌절, 갈등과 연결되어 있기는 매한가지다.

내적 완벽주의자

- 자기 비판적이다.
- 스스로 완벽해지기를 원하고, 이에 대한 압박감을 자주 느낀다.
- 미룬다. 세부적인 것에 집착한다. 프로젝트 마무리에 어려움을 겪는다. 자신이 세워놓은 높은 기준에 결코 도달하지 못하기 때문에 실수를 연발하고 시간에 늘 쫓긴다. 그래서 자신의 기대에 더 못 미치게 되는 악순환이 생긴다. 자신이 형편없다고 생각하기 때문에 불안해지고 우울해진다.

외적 완벽주의자

- 타인에게 크게 기대한다.
- 완벽한 타인을 기대한다.
- 타인 비판적이기 때문에 필연적으로 갈등이 일어난다.

완벽주의는 자신의 진정한 모습도, 타인의 진정한 모습도 보지 못하게 막는다. 게다가 꼼짝달싹 못 하는 마비도 일으킬 수 있다. 아이들의 삶이 온라인에 계속 노출되고 공개되기 때문에 타인의 시선과 평가를 계속 의식한다. 그래서 완벽주의 성향은 우리를 결국 자신의 삶에 대한 근본적 기준점 자체가 없는 사람으로 만든다.

내면에서만 비롯되는 행복

지난 수십 년간 주의산만, 소비주의, 물질주의는 물론, 번아웃 현상, 멀티태스킹 및 완벽주의가 급증하면서 아이들의 정신건강에 적색경보가 켜졌다. 예를 들면, 요즘 대학생들은 불안 장애, 우울증, 편집증, 반사회성에 대한 임상 검사 점수가 상당히 높아진 것으로 나타났다. 지금은 그 어느 때보다 돈과 사회적 지위가 중시되고 있다. 리얼리티 방송, 유명인의 사생활, 소셜 미디어에 이렇게 노출되니 당연히 사회에 대한 피상적이고 왜곡된 가치관을 가질 수밖에 없다.

많은 십 대 환자와 만나면서 나는 요새 아이들이 자신의 내면보다는 외면에 더 관심을 가진다고 믿게 되었다. 사람은 내면이 공허할수록 외부 세계에 우리가 투사한 사람에게 관심을 돌린다. 내면에 자기 고유의 정체성이 없을수록 패션, 상장, SNS 팔로워 수 같은 외적 요인에서 안정감과 행복을 찾는다.

심리학에서 사용하는 '통제소재(locus of control)'란 용어가 있는데, 이는 개인이 자신을 둘러싼 사건을 통제해서 영향을 미칠 수 있다고 믿는 정도를 말한다. '외적 통제소재'를 지닌 사람은 SNS상의 인기, 물질적 풍요 등 외부 요소가 자신의 삶과 행복을 통제한다고 믿는다. 이런 요소는 예측 불가능하며, 유동적인 경우가 많으므로 외적 통제소재를 가진 사람은 자신의 삶의 통제력이 본인에게 거의 없다고 느낀다. 반면, '내적 통제소재'를 가진 사람은 노력과 능력, 내면의 안정감과 감사한 마음 등 본인 내면의 요소가 자신의 삶과 행복을 통제한다고 믿는다.

그래서 난 환자들에게 자기 자신과 타인 중 본인의 삶을 결정하는 사람은 누구라고 생각하는지 물어본다.

행복감과 통제감을 느끼기 위해 나이키 신발, 최신 스마트폰 등 물질이나 지위가 필요하다면, 그 아이는 외적 통제소재를 지닌 사람이다. 이런 사람은 앞으로 뭔가를 더 가져도 늘 부족하다고 느낀다. 자신보다 더 좋은 것을 더 많이 가진 사람이 언제나 존재하기 때문이다. 따라서 끊임없이 부족한 것을 채워야 하므로 항상 공허할 수밖에 없다. 앞에서 배운 용어를 사용하면, 이들이 늘 '생존모드'에 놓여 있다고 보면 된다. 이러면 당연히 자신을 긍정적으로 보기 힘들다. 계속 스트레스(투쟁, 도피, 경직) 상태이기에 부정 편향은 더 심해지며, 불안감·초조함은 늘어나고 신경은 늘 딴 데가 있다. 그래서 반에서 2등을 해도 1등이 누구인지에 온 신경이 집중되어 있어서 기뻐할 틈 같은 것은 당연히 없다.

이와 반대로, 아이가 가치와 정체성에 대한 교육을 잘 받았다면 스트레스 반응을 보일 확률도 낮다. 분노나 우울과 같은 감정에 휘둘리지 않고 차분한 태도를 보인다. '생존모드'가 아니라 '성장모드'에 있기 때문이다. 아이의 통제소재가 내부에 있다면 나에 대한 고유한 감각인 '자존감'도 강할 것이다. 이런 내적 자기애는 아이를 계속해서 성장모드로 이끌며, 고차원적 인지능력과 지성의 세계로 향하는 문을 열어준다. 피상적인 정체성을 거부하며 건강하고, 의미 있는 삶 등 내적 목표에 초점을 맞춘다. 이런 목표를 추구하는 과정에서 우리의 열정과 동기 및 창의력을 한층 더 높여주는 엔도르핀이 분비된다.

'행복은 내면으로부터 비롯된다'는 옛말에는 많은 의미가 담겨 있다. 돈, 사회적 지위, 일류대학교 졸업장 등 그 어떤 외적 요소도 우리에게 지속적인 행복감을 주지 못한다. 흔들림 없는 행복감은 엔도르핀 같은 신경전달물질의 도움을 통해 내면에서 끌어낼 수 있다.

아이에게 경고신호 가르치기

쉽지는 않지만, 아이가 자신의 내면을 들여다보도록 가르칠 수 있다. 일단 아이에게 세상의 모든 아이는 태어날 때부터 위험이 감지되는 순간에 즉시 작동하는 완벽한 경보시스템을 갖고 태어났다고 설명하자. 구체적으로 말하면 우리 몸과 마음이 이런 식으로 작동한다.

- 배고픔이 느껴지면 뇌에서 '밥을 먹어!'라고 명령한다.
- 목과 입안이 마르고 머리도 조금 아프다면 뇌에서 '물을 마셔!'라고 명령한다.

- 피곤해서 눈이 감기면 뇌에서 '가서 자!'라고 명령한다.
- 게임을 너무 많이 해서 목과 어깨가 아프면 뇌에서 '일어나서 스트레칭을 해!'라고 명령한다.
- 외로움도 이런 종류의 신호로 '혼자 그만 있고 나가서 사람들을 만나!'라는 의미다.

아이가 자신에게 필요한 조치를 알려주는 이런 신호를 잊거나 무시한다면 불면, 불안, 초조, 피로 같은 증상이 나타날 것이다. 그런데도 계속무시하면 인체는 스트레스 반응으로 코르티솔을 더 많이 분비하게 되고, 결국 호르몬 교란이 일어나서 불안, 번아웃, 우울, 만성통증, 당뇨, 중독증상을 경험할 수 있다.

그러니 아이에게 내면에서 보내는 신호에 주의를 기울이고, 자신을 아끼는 법을 반드시 가르쳐야 한다. 경험에서 우러나오는 진심으로 조언하건대 이런 '자기 돌봄' 없이는 누구나 병에 걸리고 만다.

자신을 돌보지 않으면 생기는 일

나는 콜라겐 생성에 결함이 발생하는 '엘러스−단로스증후군(Ehlers−Danlos syndrome, EDS)'이라는 유전병을 갖고 태어났다. 40대에 들어서 만성통증이 심해져서 검사를 하면서 알게 되었다. 이 병이 있으면 관절이 과하게 움직이고, 신체 균형을 잘 못 잡는다. 이 때문에 그간 심각한 부상도숱하게 입었지만, 솔직히 나 자신을 제대로 보살핀 적이 한 번도 없었다. 예를 들면, 30살에는 자전거에서 떨어져 왼쪽 팔꿈치와 어깨가 으스러지고, 갈비뼈 몇 대가 나가서 두 번의 수술을 받았는데 수술 후에는 신경도 안 썼다. 일, 가사, 육아, 연구, 강의, 집필은 물론, 정신과 내에 임상실습실까지 만드느라 정신없이 바쁘게 지내면서 그 뒤로 10년간 완전히 잊고 있었다.

자전거 사고가 나고 몇 년 후 조쉬가 태어났다. 당시 34살이었던 나는 브리티시컬럼비아의 아동·청소년 정신건강 및 중독 센터 초대 소장이었다. 육아휴직으로 4개월을 쉬고 있는데 이메일, 스카이프 등 다양한 매체가 나를 빨리 일터로 복귀하라고 재촉했다. 내 삶에서 일이 차지하는 비중이 너무 컸기에 복귀하는 게 중요했다. 조쉬가 막 1살이 지날 무렵, 둘째 아들 재버(Jaever)를 임신했다. 조쉬 때와 마찬가지로 나는 임신 중에도 쉬지 않고 일했다. 그러자 등과 무릎을 비롯해 온몸에 통증이 심해졌다. 원인을 찾기 위해 루푸스, 류머티즘 관절염 등 여러 가지 검사를 했다.

2010년에 막내딸 지아(Gia)를 낳고 난 후부터 내 인생 첫 책을 집필하려는 계획을 실행에 옮겼다. 그래서 《돌고래형 부모》에 필요한 자료 조사를 시작하고 책을 써나갔다. 당시 나는 어린 자녀도 셋에 연로하신 부모님도 돌봐야 하는 데다 몸 상태는 더욱 안 좋아져 갔지만, 여전히 의사이자 교수로 환자도 보면서 행정에 연구와 강의까지 해야 했다.

난 건강 따위는 완전히 내팽개치고 멀티태스킹을 하고 있었다. 당시 내가 이렇게 눈코 뜰 새 없이 바쁘게 산 게 정말 원해서인지, 아니면 나의 완벽주의 성향 때문인지 솔직히 잘 모르겠다. 아마도 둘 다이지 않을까 싶다. 한편 병원에서 숨 막히는 경쟁과 부모의 간섭으로 숨조차 제대로 쉴 여유가 없어진 어린 환자들을 보면서 점점 늘어가는 이런 위험한 양육 방식을 꼭 바꿔야겠다고 생각했다. 솔직히 나조차도 자연스럽게 이런 부모

대열에 합류하던 중이었다. 하지만 이런 큰일을 하기에는 타이밍이 좋지 않았고, 무엇보다 나 자신부터가 몸에서 보내는 신호나 내면의 소리를 들을 줄도 모르는 사람이었다. 브레이크를 밟을 줄도 모른 채 고속도로를 질주하는 차나 마찬가지였다.

내 몸과 마음은 질주하는 나를 따라잡지 못했다. 잠도 푹 자야 하고, 운동도 해야 하며, 친구와 만나 수다 떨 시간도 필요하다는 것을 알고는 있었다. 그러나 이 간단한 것을 할 시간적 여유가 없었다. 그리고 아는 것을 실천하는 게 얼마나 어려운지 여실히 깨달았다. 가사와 육아, 직장 생활, 봉사활동 등 내 책무를 다하기 위해 내 건강과 행복을 희생시키며 여태껏 살아왔다. 병원 환자들과 강연장의 청중들 앞에서는 한 발 뒤로 물러서서 쉬어가고, 많이 웃고 자연 속에서 여유를 즐기라고 소리 높여 강조했지만, 사실 나와는 전혀 상관없는 생활이었기에 빈말이나 마찬가지였다. 호흡 의식하기, 지금 이 순간을 즐기기, 자신의 몸 돌보기, 매일 자신을 마주하고 타인과도 만나기 등 삶에서 가장 중요한 근본 바탕을 잊고 살았다. 아니, 그게 중요하다는 인식조차도 없었다. 그러나 쉴 새 없이 질주만 하기에는 그간 쌓인 게 너무 많았고, 나아질 기미도 안 보였다. 그리고 드디어 내 몸은 심각한 신호를 보내왔다.

그러다 40번째 생일 무렵, 나는 만성 통증이 너무 심해서 말 그대로 자리에서 일어날 수조차 없게 되어버렸다. 솔직히 아침마다 일어나는 게 쉽지 않았기에 조만간 그런 날이 오리라 충분히 예상은 했다. 그런데 문제는 통증의 원인을 찾을 수가 없었다. 병명이 나오지 않았고, 의료 보험도 없었다. 그렇게 출구가 보이지 않는 일생일대 최대의 위기를 맞았다.

이제 와 되돌아보면 디지털 기술은 솔직히 나를 아프게 하는 원인을 제공하기도 했지만, 동시에 내가 낫는 데에도 크게 일조했다. 난 온라인으로 만성통증 환자들의 모임에 가입했고, 나와 비슷한 경우를 발견할 수 있었다. 5년간 여기저기 알아본 후 나는 온라인으로 유전자 검사를 의뢰했다. 타액 수집 키트를 통해 타액 샘플을 제출했더니 엘러스-단로스증후군(EDS)이라는 결과를 받았다.

그래서 마침내 나는 내 삶의 고삐를 다시 쥘 수 있었다. 일단 가장 시급한 것은 삶에 대한 태도를 바꾸는 거였다. 내 몸을 사랑하지 않고서는 건강을 되찾을 수가 없기 때문이다. 생존모드를 멈추고 성장모드로 들어가 삶의 균형을 찾아야 했다.

이를 위해서 체내 환경개선, 즉 체내에 분비되는 신경전달물질을 바꿔야 했다. 아드레날린이나 코르티솔 같은 스트레스 호르몬은 줄이고, 엔도르핀처럼 우리 몸을 치료하는 호르몬은 늘려야 했다.

나는 내 존재의 핵심인 직관이 전달하는 신호에 귀를 기울이는 법을 익혔다. 이를 통해 체내 환경을 생존모드에서 치유하고 회복할 수 있는 성장모드로 바꿨다. 그리고 이 과정에서 디지털 기술은 큰 역할을 했다.

자기 돌봄의 중요성

부모나 교사, 코치 등 어른들은 아이들에게 많은 메시지를 보낸다. "좋은 성적을 받아, 상대 팀을 이겨" 등 무수히 많다. 그런데 아무도 '자기 돌봄'에 대해서는 이야기해주지 않는다. 아이는 어른을 만족시키려고 태어난 존재가 아니다. 자신의 욕구 불만을 해소하거나 못다 이룬 어린 시절의 꿈을 대신하기 위한 존재가 아니란 말이다. 아이는 당신과는 관계없는, 그 자체로 혼자 독립된 존재다. 그렇기에 스스로 자신을 사랑하고 돌보는 방법을 반드시 가르쳐야 한다. 디지털 기기가 주는 도파민이나 두려움과 스트레스로 인한 코르티솔 때문이 아니라, 자연스럽게 체내에서 엔도르핀을 생산할 수 있도록 교육해야 한다.

'자기 돌봄'이란 정신적, 정서적, 신체적 건강을 위해 하는 모든 것을 의미한다. 산책이나 샤워처럼 간단한 활동도 있고, 혼자서 영화를 본다든가 그림 작품을 완성하는 등 시간이 걸리는 활동도 있다. 어떤 이들에게는 스노보드처럼 격렬한 운동일 수도 있고, 또 어떤 이들에게는 거절하는 법 연습하기일 수도 있다.

자기 돌봄은 사람마다 다른 아주 개인적인 일이며, 그 범위도 매우 넓다. 아이들이 변화하고 회복해서 희망을 품고 일어날 힘을 주는 활동이면 무엇이든 여기에 속한다. 자신의 신체, 생각, 감정, 즉 한마디로 자신의 직관에 귀를 기울이는 일이며, 생존모드에서 탈피해 성장모드에서 살아가게 하는 일이다.

내 경험상 자기 돌봄은 말처럼 쉬운 게 아니기에 자녀도 마찬가지로 어려움을 느낄 수 있다. 내 경우에는 간단한 활동으로 시작했다. 그래서 신발에 보조기를 채우고 가끔 물리치료를 받으러 가는 일부터 하기로 마음을 먹고 실천에 옮겼다. 그렇게 작은 것에서 시작하자 나중에는 더 크고 어려운 일도 목록에 포함했다. 그렇게 나 자신은 물론, 주변에 내가 회복하는 데 시간이 얼마나 필요한지 솔직히 털어놓을 수 있었다. 여기에는 그 시간을 온전히 내 몸을 회복하는 데 쓰도록 스스로 허락하는 것도 포함되었다. 당시 몸 상태로는 더는 주당 40시간 근무를 할 수 없었다. 중간에 휴식 시간이 필요했기 때문이었다. 그래서 사무실과 식당에 전기담요를 가져갔다. 외부행사는 모두 거절했는데 받아들이기 쉽지 않았다. 사실, 현재 우리 사회는 '자기 돌봄'이란 가치를 우선시하지 않기에 이를 실천하기가 어려울 때가 많다. 그래서 나는 내가 나를 돌보는 데 시간을 할애하는 것에 대해 미안해하거나 변명을 할 필요가 없다고 스스로 훈련했다.

아이들이 자신을 사랑하도록 가르쳐라. 그래서 번아웃이나 다른 고통에 시달리지도 않고, 또 탈진되거나 욕구 불만, 완벽주의 때문에 기나긴 시간을 허비하지 않게 하라. 바로 지금 해야 할 가장 중요한 일은 자신을 돌보고 사랑하는 일이다. 아이가 이 점을 분명히 이해하게 하자. 이때 디지털 기술의 힘을 빌리면 놀라운 효과가 발휘된다.

이제부터는 어떤 행동을 하면 엔도르핀이 분비되는지, 또 여기에 디지털 기술은 어떻게 이용하는지에 대해 간략히 알려줄 것이다. 이는 체내에서 생성되는 엔도르핀을 늘려 더 행복하고, 더 자신감 넘치며, 더 긍정적인 사람으로 멋지게 변할 수 있었던 내 경험담을 바탕으로 한 것이다.

1. 휴식 시간

4장에서 우리는 스트레스 대처 방법으로써 휴식 시간을 살펴보았다. 안타깝게도 바쁜 일상과 기술에 점점 밀리고 있지만, 휴식 시간이란 사실 사람의 삶에 없어서는 안 되는 중요한 요소다.

아팠던 기간 동안 나는 스트레스 반응에서 벗어나려면 휴식 시간이 필수라는 걸 뼈저리게 느끼게 되었다. 난 주의력결핍증(attention deficit disorder, ADD)도 있는 데다 5년간 고통 속에서 살면서 아드레날린이 넘쳐흐르게 분비되다 보니 그냥 쉬는 게 어려웠다. 그래서 스마트폰을 활용하기로 마음먹고, 명상 앱을 설치했다. 인간은 본디 자연 속에서 살도록 만들어졌기 때문에 앱을 통해 자연풍경을 배경으로 흘러나오는 새소리, 빗소리 등 자연의 소리를 들으면 마음이 차분해졌다. 그러면 더 깊은 내면으로의 여행으로 들어갈 준비가 되었다.

아이들에게 뇌에는 약간의 공간과 고요함 속에서 맞이하는 휴식이 필요하다는 점을 잘 이해시켜야 한다. 시간은 길 필요도 없이 5~10분이면 충분하다. 잠깐의 휴식이라도 매일 들어오는 새로운 정보를 처리하고 이해하는 데 도움이 된다. 이러한 휴식 시간을 갖지 않으면 그 정보를 기억하기 더 어렵게 된다. 쥐 실험 연구 결과를 보아도 쥐가 미로를 빠져나온 다음 쉬는 시간을 주었던 경우에는 그러지 않은 경우보다 훨씬 더 그 길을 잘 기억했다.

휴식하는 동안 아이들의 뇌에서 활동이나 생산을 멈추는 게 아니다. 마음이 고요해지면 자신이 누구인지 더 잘 알게 되고, 자신과 타인과의 관계에 대한 이해도 넓어진다. 가령 누군가와 갈등을 겪거나 대화가 잘 안 될 때, 이 시간을 이용해 다시 생각해보면 다음에 비슷한 상황에 부딪혔을 때 더 수월하게 풀어나갈 수 있게 된다.

또, 자신의 내면을 들여다보는 연습을 통해 도덕성이 발달한다. 내 경우는 기찻길 교차로에서 신호대기를 하는 동안, 또 아이가 축구 연습을 마치기를 기다리는데 문득 이런 생각이 떠올랐다 '이모는 잘 계실까? 많이 편찮으셨는데 몸 상태는 어떤지 전화로 물어봐야겠어'라던가 '지난 회의 때 동료한테 너무 고자세로 나갔나? 얼굴 보고 이야기 좀 나눠야겠어' 또는, '친구한테 연락한 지 6개월이나 됐네' 하는 등이었다. 너무 바쁘면 타인을 배려할 마음의 여유가 없어지기 마련이다.

어느 문화든 사색과 명상의 시간은 예부터 중시되었다. 사람들은 뜨거운 온천에 몸을 담그거나 향을 피우고 가만히 앉아 있거나 명상을 했으며, 또 식사 전 기도를 통해서 신께 감사함을 표하기도 했다. 아폴로 신전의 '너 자신을 알라'라는 문구가 새겨진 지 3천 년도 더 되었다.

그러나 안타깝게도 오늘날에는 수많은 사람이 '바쁜 생활'에 중독되어 있다. 나 또한 마찬가지였다. 우리 사회는 쉬는 사람을 게으른 사람으로 오해하고 낙인찍는다. '바쁨'이 마치 '중요한 사람'이라는 의미라도 되는 듯 여겨진다.

난 불안 증세와 우울증이 있는 환자들에게 항우울제 처방도 하지만, 그와 함께 '휴식 시간'을 가지라는 처방도 한다. 정신건강 회복에 없어서는 안 될 필수항목이기 때문이다. 우리 아이들에게는 어떤 일을 하든지 간에 중간에 꼭 휴식 시간을 넣으라고 권하는데, 이때 사용하던 기기도 전부 끄고 눈을 감고서 마음이 어떻게 흘러가는지 편안히 지켜보라고 한다.

아이들의 휴식 시간, 왜 필요할까?

- 아이들의 뇌에 그날 입력된 정보, 지식, 기술을 처리하기 위해서다. 긴장이 풀리고 편안한 상태에서만 처리가 된다.
- 새로운 정보와 일상 경험들을 완전히 통합하기 위해서다.
- 그날의 기억을 공고히 하고 집중력을 회복하고 학습 의욕을 다시 느끼기 위해서다.
- 자신의 감정을 알아차리고 조절하는 법을 배울 공간과 시간을 주기 위해서다.
- 지루함에 대한 대처법을 배우기 위해서다.

2. 마음 챙김

나는 처음에는 환자들에게 마음 챙김에 대해 아주 간단히 이야기한다. 그저 '순간순간 살아 있는 의미'인데, 이는 자신과 주변 환경에 대해서 날카롭게 인식하고, 오감은 물론 내면의 감정과 사고와도 연결된다는 뜻이라고 설명한다. 그리고 나중이 되면 더 건강하게 생각할 수 있도록 우리의 마음을 회복시킬 거라고 덧붙인다.

아이는 마음 챙김 훈련을 통해 반사를 담당하는 두뇌 부위(생존 시스템)에서 감정과 사고를 담당하는 두뇌 부위(변연계와 전전두엽)로 뇌신경회로를 변경한다.

마음 챙김의 반대는 멀티태스킹인데, 이는 앞서 본 것처럼 주의를 분산시켜 우리에게 스트레스를 유발한다. 우리가 한곳에 집중할 때는 뇌는 우리가 안전하다고 보기 때문에 차분함과 집중력이 더 오래 지속된다. 하지만 주의가 분산되어 산만해지면 뇌는 우리에게 문제가 생긴 것으로 파악해 '투쟁, 도피 또는 경직 반응'을 일으킨다.[47]

연구에 의하면 마음 챙김을 통해 우리는 감정을 조절하고 현재에 머무를 수 있으며, 내적으로 고요해지고 주의력도 높아질 뿐만 아니라 인지능력도 향상된다고 한다. 따라서 집중력 향상, 문제 행동 해결, 불안감 해소에도 도움이 된다. 2013년 연구 논문을 보면, 8주짜리 명상 훈련을 했더니 실험참가자들의 집중력이 향상되었고, ADHD를 앓는 남학생들의 행동이 훨씬 차분해졌다.[48]

마침내 사회 주류문화에서도 마음 챙김의 힘을 깨닫기 시작한 덕분에 전 세계의 학교에서 이를 가르치고 있다. 내가 만들어 밴쿠버와 인도에서 진행하는 '돌고래 아이들' 프로그램에서는 마음 챙김, 호흡, 명상, 관계 맺기 등을 가르치는데, 3살짜리 학생도 와서 수업을 받는다. 일단 해보면 나이에 상관없이 좋아할 수밖에 없다.

3. 명상

명상에 대한 회의론은 아직도 존재하지만, 명상의 효과는 의심할 바 없이 분명하다. 내가 굳이 이를 증명하는 연구를 일일이 나열하지 않아도 이 책의 독자라면 명상이 스트레스, 우울, 불안, 고통, 불면증 완화에 도움이 되는 것쯤은 이미 잘 알고 있을 것이다. 그러나 명상이 아동이나 청소년에게 미치는 구체적인 효과는 별로 들어보지 못했을 텐데, 알려주자면 다음과 같다.

- 2004년 연구를 보면 명상훈련으로 ADHD 아동의 행동은 가라앉고 자아존중감은 높아졌다.[49]
- 2015년 연구에서는 저소득층 가정의 아동 중 83%가 명상훈련을 통해 긴장이 완화되고 더 행복하고 강해진 느낌을 받았다고 보고했다.[50]
- 2007년 연구에서는 잠깐 명상을 한 대학생들이 5일 후에 실시한 집중력 테스트에서 더 높은 점수를 받았다.[51]

흔히 명상훈련이 살면서 시도한 것 중 가장 어려웠다고 말한다. 안타깝게도 나 역시 마찬가지였다. 다른 데 정신을 안 빼앗기고 집중력을 유지하기란 내 삶에서 가장 바꾸기 힘든 습관이었고, 명상훈련을 매일 하는 것은 가장 익히기 힘든 습관이었다. 그러나 내 삶의 건강과 행복에는 일등공신임에 틀림없다.

어느 어두운 겨울날 아침, 지하실에서 혼자 명상을 하는데 갑자기 통증이 사라졌다. 6년 만에 처음으로 아무런 통증이 안 느껴졌고, 통증에 대한 느낌도 전혀 기억나지 않았다. 그야말로 삶의 터닝포인트 같은 순간이었다. 수개월간 매일매일 명상연습을 한 끝에 지금까지 내 머릿속에 자리 잡았던 뇌신경회로를 바꿀 수 있었다. 다시 말해 내가 스스로 엔도르핀을 생산하게 되고 나서야 드디어 생존모드를 끝내고 성장모드로 들어갈 수 있게 된 것이었다.

그로부터 얼마 후 나는 통증 때문에 복용했던 마약성 진통제를 끊겠다고 결심했다. 그리고 내가 마지막 약통에 있던 약을 변기에 버리는 순간을 동영상으로 찍어놓기까지 했다. 그러자 다음 일주일간 금단현상이 나타났다. 구토와 두통에 시달렸고 밤새 땀을 흘렸지만 결국 성공하고야 말았다.

외부에서 비롯되는 고통이 없는 삶을 살기 위해 수년간 지속해온 노력의 결실이었다. 이 경험은 나를 육체적, 정신적으로 크게 변화시켰다. 그 전까지만 해도 나는 그저 의대에서 배운 대로 몸과 마음을 이분법으로 딱 잘라 구분하던 의사였을 뿐이다. 그러나 그 이후부터는 훨씬 더 전체적인 관점을 가지게 되었고, 몸과 마음의 연결성을 환자들에게 이해시키려고 열심히 노력하고 있다.

4. 웃음

웃음은 하루를 시작하는 훌륭한 방법이다. 우리 아이들은 느긋한 주말 아침이면 안방 침대에 올라오는데 가끔은 아이패드도 가져온다. 그리고는 스티븐 콜베어(Stephen Colbert)와 릴리 싱의 영상을 연속 재생해서 본다. 세 녀석이 침대 위를 구르면서 깔깔거리는 모습에 나도 웃음이 덩달아 나온다. 혼자 있을 때보다 누군가와 함께 있을 때 웃을 확률이 30배 높다는 연구도 있다.[52] 하품처럼 주변에 있는 사람들의 뇌의 즐거움이나 쾌감, 긴장 완화와 관련한 수용체가 자극되기 때문이다. 나는 종종 웃음을 '엔도르핀 도미노 게임'으로 비유한다.

딜런 이야기

딜런 힐(Dillon Hill)은 웃음과 친밀감이 가진 치유의 힘을 몸소 체득했다. 미국 캘리포니아의 한 초등학교에 다녔을 때다. 5학년이던 당시 그는 크리스 베탄크루(Chris Betancourt)라는 소년과 가장 친했는데, 안타깝게도 그 친구가 만성 백혈병 4기 진단을 받게 되었다. 처음에 딜런은 그를 보러 병원에 가는 게 너무 이상했다. 이런 큰일을 상상도 못 해본 나이였기 때문에 당연한 반응이었다. 그런데 크리스의 아빠가 아들에게 플레이스테이션2 게임기를 사주자 모든 게 달라졌다. 전처럼 같이 게임을 하며 웃고 장난치며 신나게 놀면서 친구가 아프기 전과 똑같은 상황이 되었기 때문이었다. 게임기 하나로 낯설기만 했던 병원이 마치 익숙한 곳으로 변화했다. 크리스한테는 무서운 현실을 잊게 해주는 참으로 고마운 기기가 되어버렸다. 이로 인해 그 둘의 우정은 더욱 깊어졌다. 크리스는 <유에스에이 투데이(USA Today)>와의 인터뷰에서 이렇게 밝혔다.

"암이 두 5학년짜리 꼬마들의 삶을 바꿨죠. 단순히 같은 반 친구 이상이 되어버렸으니까요."

이 경험을 살려 그들은 고등학교에 진학한 후 '게이머즈 기프트(Gamer's Gift)'라는 비영리 조직도 만들었다. 이 두 친구는 그 후원금으로 병원에 게임 기기와 가상 세계 기기를 기부했으며, 요양시설 등에 있는 환자의 스트레스와 외로움을 달래기 위한 기금으로 사용했다.

5. 음악

인간의 두뇌는 음악과 춤을 통해 진화했다. 음악과 춤은 모든 문화권 공통으로 나타나는데, 몸과 마음의 긴장 완화와 치료효과 및 뇌에 긍정적인 신경전달물질 분비를 촉진한다. 나 역시 여태껏 유지해온 몇 안 되는 취미 중 하나다. 십 대 때는 집중력 향상을 위해 음악을 듣고, 스트레스도 풀고 즐기기 위해 춤을 췄다. 난 의대 입시를 비롯해 거의 모든 시험을 음악을 들으며 준비했다. 의대에 입학한 19살에는 주의력결핍증(ADD)이 더욱 심해지고, 스트레스는 극에 달했다. 그래서 내 헤드폰에서 음악이 흘러나오지 않을 때가 거의 없었다. 냇 킹 콜(Nat King Cole), 아레사 프랭클린(Aretha Franklin), 인도의 발리우드 음악, 보이즈 투 맨(Boys II Men), 조지 마이클(George Michael), 휘트니 휴스턴(Whitney Houston), 프린스(Prince)까지 무수히 많은 음악을 들었고, 음악이 없었다면 의사가 될 수 없었을지도 모를 정도로 그 공이 크다.

몸 상태가 심각해졌던 6년 전, 건강의 중요성을 뼈저리게 느낀 나는 바로 음악의 힘을 떠올렸고, 치유 효과를 톡톡히 본 덕분에 건강을 회복했다. 이렇듯 누구에게나 음악은 삶의 즐거움을 주고, 긴장도 완화하며, 특히 자녀와 함께하면 서로 친밀감도 높아진다. 부엌에서 함께 댄스파티를 하면서 얼마나 신나고 재미있었는지 그 기억이 생생하다.

6. 운동과 잠

운동이나 단잠으로 아이는 행복과 만족감, 나아가 기쁨까지 느낄 수 있다. 또 반대로 수면 부족이 되면 피로하고 짜증이 난다. 잠을 자지 못하면 뇌에서는 위협에 노출된 상황으로 인식하고 스트레스 호르몬을 분비하고 몸과 마음을 마구 공격한다.

하루에 10분이라도 운동을 하는 사람은 운동을 전혀 안 하는 사람보다 더 기분이 좋고 긍정적이라는 연구 결과가 많다.[53] 활동적인 사람은 비활동적인 사람보다 우울이나 불안을 느낄 확률이 훨씬 낮다.[54]

내 병이 앞으로 어떻게 될지 그 예후를 알고 나자 난 매일 충분히 잠을 자고, 운동도 해야겠다고 마음먹었다. 핏빗(Fitbit)을 이용해 걸음을 모두 기록하면서 목표치를 점차 늘려갔다. 또 아이폰으로 마음 챙김 활동, 운동 및 수면 시간 등을 전부 기록하기 시작했다.

7. 감사의 마음

난 11살 때 처음으로 벅찬 감사의 마음을 느껴봤다. 엄마와 황금 사원을 보러 인도를 생전 처음 방문했던 때였다. 사원은 파키스탄과의 국경에 위치해 마구잡이로 뻗어가는 분주한 도시 암리차르(Amritsar)에 위치했다. 시크교의 성지인 황금사원은 신성한 연못 안에 대리석과 황금으로 만든 우아한 종교 유적이었다. 여느 시크교 사원처럼 황금사원에도 현지어로 '랑가(langar)'라고 부르는 부엌이 있어서 방문객들에게 언제든 무료로 음식을 제공했다. 자원봉사로만 400년 이상 운영되어 온 이 부엌에서는 매일 많게는 십만 명의 사람들에게 식사를 나눠준다. 도착 후 내가 한창 엄마를 거들고 있는데, 사원 담장 너머로 깡마른 몸에 누더기를 걸친 맨발의 떠돌이 아이들이 보였다.

죄책감, 공포, 슬픔 등 형언할 수 없는 감정이 순간 휘몰아쳤다. 캐나다에서 태어난 게 다행이란 생각도 들고, 저들에 비해 우리 가족이 얼마나 많이 가지고 누려왔는지 절감하게 되는 순간이었다. 완벽하다는 이야기는 아니다. 우리 부모님은 책임은 크고, 가진 것은 없는 힘든 이민자였다. 고된 몸과 마음으로 가정에 대한 막중한 책임감을 느끼며 사셨다. 그런데 암리차르에 있던 그 순간, 나는 부모님이 우리를 위해 기꺼이 하신 숭고한 희생에 말할 수 없는 감사함이 몰려왔다. 난 이날의 깨달음을 생생히 간직하면서 돌아왔으며, 지금까지도 내 삶의 원동력이 되고 있다.

감사한 마음이 우리의 감정과 행복 전반에 긍정적인 영향을 미치고, 그런 마음을 가진 이들은 전반적인 삶의 행복도도 높고, 스트레스도 적게 받는다는 연구가 무수히 많다.[55] 또한 감사함을 표현하는 것만으로도(심지어 그런 척하는 것일지라도!) 삶의 행복도와 만족도를 높인다고 한다.[56]

매일 감사를 표현하는 연습이 나의 건강 회복에 톡톡히 기여했다. 몇 년 전부터 나는 내 삶에서 일어난 좋은 일을 기록하기 위해 감사 일기장을 적기 시작했다. (종종 진을 빼놓긴 해도) 놀라운 우리 아이들, (가끔은) 인내심 깊은 우리 남편, (엉망진창인) 우리 집 등 수없이 많았다. 물론 화가 나거나 컨디션이 안 좋을 때도 분명 있으니 늘 긍정적일 수만은 없다. 하지만 이렇게 마음이 저조해질 때야말로 가장 감사의 마음이 필요한 때다. 내 통증이 걱정되던 무렵, 나는 자기 전에 유튜브를 통해 감사 확언을 듣기 시작했고, 이는 추후 내 몸 상태에 대한 불안과 슬픔을 가라앉히는 데 도움이 되었다.

최근에 생전 처음 수천 명의 청중 앞에서 강연했다. 무대에 오르기 전에 대기실에서 이 강연을 할 수 있게 되어 감사하다고 몇 초간 속으로 생각했다. 당시 나는 고관절 보조기, 무릎 보호대, 골반 벨트까지 하고 있었다. 검은색 가죽 재킷을 걸쳐서 그런 보조기구의 표시가 덜 나게 했다. 내 병과 장애가 원망스럽고 창피하던 때도 분명 있었다. 하지만 그날 밤 강단에 오르면서 나는 살아 있음을 생생히 느꼈고 감사함과 용기로 가득 찼다.

건강에 적신호가 커지면서 나는 깨어 있는 상태에서의 심호흡, 내면 여행, 휴식, 마음 챙김, 웃음, 잠, 운동, 감사한 마음 등 건강한 삶의 기본을 완전히 잊고 살았음을 깨달았다. 비단 나뿐만이 아니다. 기술의 시대인 21세기에는 스트레스, 번아웃, 외로움, 서구형 만성질환이 급속히 퍼질 것이라 확신한다. 나의 멀티태스킹 습관과 지나친 성취욕 때문에 내 삶은 물론, 내 아이들의 삶까지도 균형을 잃게 했다. 자연스러운 엔도르핀 생성은 멈춰버렸고, 코르티솔이 가득해졌다. 결국, 이로 인해 내 삶은 고통 속에서 허덕이게 되었고, 이를 되돌려 다시 제자리를 찾기 위해 피나는 노력을 해야 했다. 참으로 힘든 시간이었다. 하지만 이를 극복하자 난 내 안에 숨겨져 있던 친절과 관대함에 놀라게 되었다. 우리가 생명을 존중하는 자연스러운 삶을 살면, 보상은 자연스럽게 따라온다. 자신을 알고 사랑하면 치유 능력은 절로 생긴다는 이 중대한 사실을 아이에게 분명히 가르쳐야 한다.

꼭 기억해요!

1. 엔도르핀은 체내에서 분비되는 천연 진통제, 스트레스 완화제이자 행복을 주는 물질로, 우리를 번아웃, 고통, 질병에서 보호한다.

2. 운동하거나 웃을 때, 또는 천천히 심호흡할 때 엔도르핀은 뇌의 오피오이드수용체와 결합해 우리에게 행복감과 쾌락을 전한다.

3. 번아웃은 완전히 탈진한 상태를 말한다. 스트레스와 코르티솔에 장기간 노출되어 생체 시스템이 붕괴했기 때문이다.

4. 기술 발달로 사람들의 주의집중력 분산, 멀티태스킹, 완벽주의 경향은 더 심해져 번아웃 같은 심리적·정신적 문제도 늘었다.

5. 통제소재는 자기 삶을 통제하는 주체, 원인이 어디에 있는가에 관한 심리학적 개념이다. 외부 요인이나 사건에 의지하는 외적 통제소재를 가진 사람은 불행해지기 쉽지만, 내부 요인, 즉 자신의 삶은 자신이 통제한다고 믿는 내적 통제소재를 가진 사람은 행복감을 느끼고 정신적으로 건강할 확률이 더 높다.

6. 성과 중심의 문화 때문에 외적 통제소재를 지닌 아이들이 늘어나고 있다. 이런 아이들은 만족할 줄 모르고 늘 부족하다고 느낀다.

7. 아이가 자기 내면의 세계를 들여다보고 신체 신호에 귀 기울이며 자기 돌봄(운동, 충분한 수면) 등을 실천하면 엔도르핀이 분비되어 동기를 담당하는 두뇌영역이 활성화된다.

8. 한 곳에 집중하지 않고 신체 신호를 무시하며 자기를 돌보지 않을 때 사람은 피로감과 초조함을 느끼게 된다.

9. 마음 챙김, 명상, 웃음, 음악, 감사한 마음을 가지면 사고는 더 건강해지고 스트레스, 우울, 불안, 고통, 불면은 줄어들며 기억력, 문제해결력, 창의력, 전반적인 행복도는 높아진다.

10. 휴식하는 동안 아이들의 뇌에서 활동이나 생산을 멈추는 게 아니다. 마음이 고요해지면 자신이 누구인지 더 잘 알게 되고 자신과 타인과의 관계에 대한 이해도 넓어진다.

솔루션

이 장에서는 엔도르핀의 힘과 자기 돌봄의 중요성을 살펴보았다. 엔도르핀은 휴식하거나 마음을 챙기거나 감사의 마음을 표현하는 등 우리가 속도를 늦추고 자신을 돌볼 때 분비된다. 아이들도 자연스럽게 엔도르핀 분비를 유도할 수 있다. 밖에서 뛰어놀거나 크게 웃거나 명상을 하면 기분을 좋게 하는 이 물질이 분비된다. 이렇듯 내면과 연결되고, 자기 돌봄을 연습하는 아이들은 기운이 솟고, 에너지가 넘치며, 생동감을 느끼게 된다.

이제부터는 자녀에게 자기 돌봄을 가르치는 전략을 간략히 살펴볼 것이다. 이를 통해 갈수록 늘어가는 번아웃 증상은 물론, 완벽주의와 멀티태스킹의 이중고로부터 자녀를 보호할 수 있다. 또한 휴식 시간, 자기 돌봄, 엔도르핀 분비와 관련된 기술의 사용도 적극적으로 권장한다.

핵심 전략

이건 안 돼요!

1. 아이의 일과를 쉴 틈 없이 바쁘게 만들기
2. 아이들이 잘했을 때만 사랑을 표현하기
3. 다른 아이들과 비교하기
4. 친절, 정직, 창의력과 같은 아이의 내적 요소는 무시하고 상, 성적, 운동 실력과 같은 외적 요소에만 관심 가지기
5. 아이들이 우리를 늘 보고 있다는 사실 잊기

이건 꼭 해요!

1. 결과보다 노력 칭찬하기
2. 완벽이 아니라 과정에 집중하기
3. 아이의 있는 모습 그대로를 사랑하기
4. 현실 가능성 있는 목표를 세우도록 도와주기
5. 완벽주의를 추구하지 않도록 자신의 실패담 및 그 실패에서 얻은 교훈을 들려주기
6. 자기 돌봄을 실천하도록 가르치기

이건 피해요!

멀티태스킹은 아주 해로우므로 어떤 경우에도 해서는 안 된다! 기술을 사용할 때 한 번에 하나에만 집중하는 게 중요하다. 아이가 온라인상의 비교와 고립 공포감(포모)에 희생되지 않도록 자녀와의 대화를 계속하자.

이건 제한하고 모니터링해요!

어떤 기술이든 목적 없이 멍하니 그냥 사용한다면 집중력 분산이라는 도피 반응이 일어나서 시간과 에너지가 낭비된다.

아이가 번아웃 상태인지 알아차리는 법

성인의 경우 번아웃 증상은 집이나 직장에서의 과도한 스트레스 또는 장기간 지속된 스트레스와 주로 관련되어 있다. 하지만 아이의 경우에는 스트레스가 계속되거나 휴식이나 재충전의 시간 없이 바쁜 생활을 하면 발생한다. 다음은 아이에게서 주의 깊게 살펴봐야 할 몇몇 징후다. 보다시피 이런 행동 중 상당수가 경직(불안), 투쟁(분노), 도피(자리 회피 또는 집중 안 하기)라는 스트레스 반응을 반영하고 있다.

- 미루기 : 예전에는 학교에 다녀오자마자 숙제를 시작했는데, 이제는 숙제하라는 소리를 되풀이해야 겨우 책상에 앉는다.
- 회피 : 축구와 태권도를 좋아했는데, 이제는 어떻게든 하기 싫어서 온갖 변명을 가져다 댄다.
- 지각 : 늘 제시간에 가던 아이였는데, 이제는 학교에도 지각하고 연습시간에도 늦게 나타난다.
- 집중력 저하 : 집중하지 못하고, 오랫동안 한자리에 가만히 앉아 있지도 못한다.
- 조급함 : 요즘은 별일도 아닌데 매사에 짜증을 낸다.
- 부정적인 태도 : 좋아하던 활동에 대해 계속해서 부정적인 말을

한다.

- 무감각 : 좋아하던 일에 시큰둥한 반응을 보인다. 전에는 체육 수업이 어땠는지를 물으면 그날 배울 것을 조곤조곤 잘 말했는데 이제는 그냥 "괜찮았어요"라는 대답이 전부다.
- 불안과 공포 : 과학과 수학 시험 준비를 늘 힘들어했는데, 갑자기 시험에 대해서 극도로 불안하고 초조해하면서 잠을 못 자거나 악몽을 꾸기도 한다.

아이의 자기 돌봄을 위해

아이의 번아웃을 방지하는 최상의 방법은 자기 돌봄이다. 우리는 앞서 4장에서 휴식, 유대관계, 놀이를 통한 대처법을 살펴보았다. 이런 활동은 단순한 대처법 그 이상이다. 매일 연습하다 보면 자연스럽게 자기 돌봄 연습도 되고, 건강과 활력을 찾고 좋은 성과를 내게 한다. 휴식, 유대관계, 놀이, 이 세 카테고리의 활동 모두를 매일 하면, 아이는 계속 성장모드에 놓이게 되고 동기를 부여받고 자신감과 창의력이 샘솟게 된다. 가능하면 조용한 자신만의 공간을 마련해줘서 아이가 이를 연습할수 있도록 하자. 디지털 기기의 도움을 받아도 좋다. 많이 연습할수록 느는 것은 당연하다.

1. 바이오피드백

심장박동 등의 생리적 기능의 변화를 알려 주는 바이오피드백(biofeedback)을 통해 자신의 신체활동에 대해 잘 알 수 있다. 책상에 앉은 시간, 스크린을 본 시간, 수면 시간, 심호흡하거나 비디오 게임을 할 때 심박수 변화 등 다양한 활동을 체크할 수 있다.

우리 아이들은 '핏빗'과 아이폰의 '건강 앱'을 이용해 걸음 수, 심장 박동수, 수면 시간을 체크한다. 아이폰 '건강 앱'으로는 식사, 생리주기, 신체 치수 등도 기록할 수 있다. 자세, 마음 챙김, 명상과 같은 소중한 바이오피드백을 측정하는 디지털 기기는 다양하다.

2. 호흡

4장에서 말했지만, 심호흡은 최고의 스트레스 대처법이다. 하지만 아이가 단순히 대처하는 데 그치지 않고 잠재력을 최대한 발휘하고 싶어 하면 심호흡 연습을 매일 시켜라. 심호흡하면 우리가 안전하다고 신호를 보내고, 부교감 신경계를 활성화를 담당하는 수용체가 활성화된다.

게다가 호흡을 잘 알게 되면 불가피한 인생의 변화에 대해서 빗대어 이야기하기도 좋다. 아이가 받아들이기 싫어하는 일이 생기면, 우리가 숨을 오래 참을 수 없듯이 살다 보면 어찌할 수 없는 변화가 생기기 마련인데, 이는 거부한다고 해결될 것이 아니라 적응하고 따라야 하는 일이라고 설명해보자.

3. 명상

명상하는 방법은 매우 다양하다. 고대 수행법에 근거를 둔 방법도 있고 현대 과학에 근거를 둔 방법도 있다. 어떤 방법이든 '마음을 차분히 가라앉혀라. 과거나 미래가 아닌 그저 지금 이 순간에 존재하라'는 명상의 핵심은 똑같다.

명상의 기본 이론을 알려주고, 마음 챙기기 훈련법이나 가이드 명상을 제공하는 앱도 무수히 많다. 명상을 처음 시작할 때 이런 앱을 잘 활용하면 좋다. 단, 아이가 당장 명상에 푹 빠질 것이라는 기대는 금물이다. 일단은 첫걸음을 떼는 것이 중요하고, 그다음부터는 매일 조금씩 전진하면 된다. 시간대는 일어난 직후 또는 잠들기 직전을 추천한다. 고요해서 방해받지 않고 명상에 집중할 수 있기 때문이다. 우리의 시선이나 관심을 돌릴 게 없는 편안한 장소가 가장 좋다.

4. 일기

생각과 감정을 글로 표현하면 기분이 좋아지고, 불안과 스트레스가 감소한다는 게 입증되었다. 나를 찾은 아동·청소년들을 보면 글이나 일기 쓰기를 상당히 좋아했다. 혼자서 하는 작업이기 때문에 일단 아이를 데리고 가서 마음에 드는 노트를 직접 고르게 하자. 직접 만드는 수제 노트도 좋다. 노트는 자신만의 것이며, 아무도 읽을 수 없다는 점을 분명히 알려주자.

내 경우는 글을 직접 쓰기만 했던 고전적 방식이 아니라, 스마트폰의 음성 받아쓰기 기능을 이용해서 기록한다. 알아서 텍스트로 전환해서 저장해주니 생각이나 아이디어가 떠오르는 즉시 기록을 할 수 있어 매우 유용하게 쓰고 있다. 나중에 저장된 파일명을 슬쩍 훑어보면 다시 열어보고 싶어질 만큼 의미 있는 제목이 많이 있다.

5. 음악과 웃음

기분이나 활동에 맞는 플레이리스트를 아이에게 만들어보라고 하자. 가령 여행 갈 때 듣는 음악, 공부할 때 듣는 음악, 트램펄린을 하면서 듣는 음악, 긴장 풀 때 듣는 음악 등 다양한 제목의 플레이리스트를 만들 수 있다.

아이에게 웃음을 줄 수 있는 TV 프로그램, 유튜브 영상 등을 점검해서 살펴보고 봐도 좋은 것을 선별해서 알려주자. 반면, 음란물, 인종차별이나 동성애 혐오 조장 등 상대에 대한 적대감을 일으키는 영상은 모조리 금지해야 한다. 디지털 시대이니만큼 아이가 음악과 웃음을 통해 자신을 돌볼 수 있도록 기술을 활용하길 권하자.

6. 감사연습

일단 부모로서 솔선수범하는 것이 최고이니 평소에 고맙다는 말을 자주 써서 아이가 보고 배울 수 있게 하자. 그러려면 불만 표시는 언제 하는지 스스로 잘 살펴보고 이를 최대한 없애도록 하되, 동시에 사소한 것이라도 상대에게 감사 표현을 하는 게 좋다. 작은 것을 소중히 하는 습관을 들이자.

내 경우는 아이들에게 매일 아침저녁으로 그날의 고마운 일에 대해 세 가지씩 말하라고 시킨다. 그리고 매번 같은 내용이 반복되지 않게 다른 것을 선택하라고 권한다. 시켜보니 그냥 시킬 때보다는 양치 시간이나 저녁 식사 시간 등 일상생활과 연관시켜서 할 때 더 잘했다. 일어난 후나 잠들기 전에 그날 칭찬할 만한 아이들의 행동에 대해 구체적으로 말하면서 "엄마 아들(딸)로 태어나서 너무 고마워"라는 식의 표현을 덧붙이면 매우 좋다.

7. 자연, 아이들의 만병통치약

인간은 자연을 떠나서 살 수 없으며, 인체는 밖에 나가기를 당연히 좋아하게끔 만들어졌다. 자연의 풍경과 소리, 냄새를 느끼면 아이의 기분도 좋아지고 집중력도 높아진다. 아침에 눈을 뜨면 커튼을 열어 그날의 첫 햇살을 만끽하게 하자. 그러면 상쾌한 기분도 들고, 에너지도 생길 뿐 아니라 밤에 잠도 잘 온다.

자연에는 물, 미네랄, 에센셜 오일 등 인간을 치료하는 모든 요소가 다 있는데, 우리들 대부분은 이 사실을 잊고 산다. 우리 아이들은 목욕할 때 미네랄 소금과 에센셜 오일을 욕조 속에 넣어서 그날의 피로와 스트레스를 날려버린다.

8. 완벽주의는 금물

자녀에게서 완벽주의적인 행동이 눈에 띈다면 지체 말고 즉시 개입해야 한다. 아이와 대화의 시간을 마련해서 완벽주의의 수많은 단점을 주제로 이야기하자. 완벽주의 때문에 불안하거나 우울해지고, 목표 달성도 실패하게 되는 이 연결고리를 잘 설명해주자. 또 그림을 선 밖으로 튀어나오게 색칠하라거나 모자도 비뚤게 써보라는 등 기존의 규칙을 깨는 색다른 과제를 내주는 것도 좋다. 때로 규칙과 일관성에서 벗어나는 것도 좋은 거라고 설명하고, 아이에게 건강한 유연성을 길러주도록 한다.

9. 멀티태스킹은 No, 마음 챙김은 Yes

마음 챙김은 지금 이 순간을 있는 그대로 온전히 받아들이는 매우 단순한 기법이다. 또한 순간에 집중하면 뇌에서 우리가 안전하다는 신호가 전달되어 불안은 감소하고 행복감은 늘어나는 아주 효과적인 기법이기도 하다.

아이에게 전달한 별도의 지시사항은 거의 없다. 그저 연습만 계속 반복하면 된다. 무슨 활동을 하든 한 번에 하나씩 의식을 가지고 하라고 하자. 가령 나는 어떤 음식을 먹는지도 중요하지만, 어떻게 먹는지도 그에 못지않게 중요하다고 생각한다. 스트레스 상태인데 다른 일까지 동시에 하면서 먹으면, 음식으로 섭취되는 모든 에너지를 생존모드에서 살아남기 위한 연료로 다 써버리게 된다. 따라서 음식을 먹기 전에 일단 심호흡부터 몇 번 하고 집중한 상태에서 음식을 쳐다본 후 의식적으로 먹는 연습을 시키자. 소중한 인체 에너지가 생존모드에서 성장모드에 사용되게 하는 매우 중요한 훈련이다.

이 훈련에 도움 되는 기술도 있다. 한 가지에 집중력을 높이기 위한 목적으로 개발된 확장 프로그램이나 앱도 있는데, 예를 들어 '포레스트(The Forest)' 앱은 스마트폰을 사용하지 않는 시간이 길면 길수록 나무가 자라게 되어 있어 스마트폰을 끄고 해야 할 일에 집중하게 만든다. 이 앱에서는 블랙리스트에 등록된 사이트를 들어가면 기르던 나무가 즉시 죽어 버린다.

마음 챙김에 무엇보다 좋은 방법은 '놀이'다. 7장에 가서 놀이의 과학에 대해 더 깊게 살펴보겠지만, 일단 현재로서는 기기를 사용하지 않는 고전 놀이가 마음 챙김의 일종이라는 것만 아는 것으로 충분하다. 모래성을 쌓고, 상상 게임을 하며, 재주를 넘고, 뒷골목에서 친구들과 농구를 하는 동안, 아이는 그 활동에 완전히 몰두하게 되어 몸에서는 엔도르핀이 분비된다. 그림 그리기나 스케이트보드 연습을 하는 등의 취미 활동을 규칙적으로 하게 되면 그 시간 또한 명상 시간의 일부가 된다.

10. 인성 교육과 훈련

현재 이 시대의 모든 것은 아이들이 번아웃, 완벽주의, 외적 통제소재, 이로 인한 문제점으로 고통받도록 만들어져 있다. 따라서 아이들에게는 자신이 언제든 돌아올 수 있는 분명한 도덕적 기준점이 필요하다. 아이의 도덕성 발달을 위한 방법 몇 가지를 소개하겠다.

가훈이나 가족의 중요한 가치 목록을 만들자

정직, 존중, 사랑, 진실, 겸손, 조직헌신력, 용기, 책임, 시민정신 등 예는 무수히 많다. 온 가족이 모여 즐겁게 가훈을 정하되, 자신의 경험, 또는 역사나 소설 등 이와 관련된 일화를 들려주면서 풍부한 연습을 하자. 우리 집 가훈은 '열심히 일하고, 긍정적으로 생각하고, 더 좋은 세상을 만들며, 즐겁게 살자!'다.

아이가 다니는 학교의 목표와 가치에 귀를 기울이고 강화하도록 돕자

아이의 학교생활은 단순히 공부나 운동 성적으로만 바라봐서는 안 된다. 이보다 인성이 훨씬 더 성공과 직결된 요소다. 나는 아이의 학교생활기록부에서 공감, 노력, 친절, 책임감과 같은 가치에 대한 코멘트 등 인성 요소에 특별히 줄을 그으라고 한다.

운동과 과외활동을 통해서 인성을 함양하자

운동은 협동, 용기, 겸손뿐 아니라 상대방(코치, 팀원, 심판)에 대한 존중을 배울 소중한 기회다. 아이가 이겼다고 자랑하거나 반대로 졌다고 기가 죽는 일이 없도록 교육하자.

6장

유대관계 : 옥시토인과 디지털 기술을 통해 새로운 인간관계 형성하기

THE TECH SOLUTION

CREATING HEALTHY HABITS
FOR KIDS GROWING UP
IN A DIGITAL WORLD

6

"당신이 찾는 것이 당신을 찾고 있다"

- 루미(Rumi)

얼마 전 난 뉴질랜드 전국학교장 회의에서 강연을 하기 위해 출국했다. 그곳에서도 평소처럼 아이폰 페이스타임으로 아이들과 영상통화를 했고, 통화 중간에 할아버지를 바꿔 달라고 했다. 늘 뉴질랜드에 가보고 싶다고 말씀하셨는데, 올해로 87세가 되셨으니 아무래도 어렵겠다는 생각이 들어서였다.

인도에서 나고 자란 아버지는 수학에 천부적 재능이 있으셨고 수학 교사가 꿈이었다. 1940년대 말, 교육대학교 입시가 있던 날 아침이었다. 아버지는 교육대학교에 같이 원서를 낸 친구와 같이 가려고 그의 집에 들렀는데, 친구 아버지가 인도의 튀김빵인 파코라(pakora)를 싸주셨다. 둘은 빵을 받아들고 걸어가면서 먹었다. 그런데 이상하게 아버지의 몸이 심하게 아프기 시작하더니 결국 시험을 완전히 망치고 말았다. 알고 봤더니, 친구 아버지가 아들의 경쟁자인 아버지를 떨어뜨리려고, 아버지에게 준 빵 반죽에만 마리화나를 섞었던 것이었다.

그러나 아버지는 포기하지 않고 캐나다에 이민을 왔다. 그리고 빅토리아 주의 농장에서 일을 시작했다. 추운 겨울에 장갑도 안 끼고 일하느라 아버지의 손가락이 휘고 굽었다. 아버지 손을 보고 있으면, 이민자의 고단한 삶이 고스란히 보이는 것 같다. 아버지는 우리 다섯 형제를 먹여 살리기 위해 낮에는 목재소에서 일하고, 밤에는 택시를 몰았다. 그러던 훗날 가족이 앨버타 주의 에드먼턴 시로 이사를 하고 나자 그제야 오랜 꿈을 향한 발걸음을 옮기셨다. 인도에서 입시를 치른 지 거의 25년 만에 드디어 앨버타 대학교 야간반에 등록해서 수학 교사의 꿈을 이루셨다.

아버지와 영상통화를 한 곳은 뉴질랜드의 사우스아일랜드였다. 영화 〈반지의 제왕〉을 찍은 장소로 유명한 리마커블스 산맥(The Remarkables)이 있는 곳으로, 안개에 둘러싸인 채 뾰족하게 솟아 병풍처럼 펼쳐져 있는 모습을 통화 중에 보여드렸다. 비에 젖은 울창한 숲은 영롱한 에메랄드 색을 띠며 빛난다. 그리고 나중에는 퀸즈타운의 명물인 번개 모양으로 생긴 와카티푸 호수도 아버지께 보여드렸다. 방울새가 지저귀는 소리를 함께 듣고 있으니 마치 같이 여행이라도 온 기분이었다.

솔직히 언제나 스마트폰이 내 집중을 깨고 주의를 앗아가는 방해물 같았는데, 아버지와 연결되었던 그 짧은 순간만큼은 크나큰 선물처럼 느껴졌다. 그날 나는 의학에서 그간 숱한 증거로 보여주었던 '교감'을 강하게 느꼈다. 그랬다. 사람은 원래 서로 교감하게끔 태어난 존재였다. 타인에 대해 연민을 느끼고, 서로 관계를 맺기 위해 우리가 여기 있는 것이었다.

타인과의 관계가 우리 삶의 목적이며, 의미와 기쁨이었다.

아버지는 나와 정반대 방향에 있는 밴쿠버에 계셨는데, 그 순간 나는 너무도 간절히 아버지와 함께 있고 싶었다. 그저 아버지와 같은 공간에서 직접 보고서 아버지의 숭고한 희생 덕분에 내가 지금 여기 있음을 표현하고 싶은 마음뿐이었다. 그런데 이 모든 게 스마트폰 덕분에 가능했다.

아마도 여태껏 우리 부녀가 나눈 가장 흥미로운 대화는 그렇게 1만 1천 킬로미터 떨어진 곳에서 나누었던 그날의 대화가 아니었을까 싶다. 같은 공간이 아니더라도 그렇게 온기와 안도감, 유대감을 느낄 수 있었다. 다시 말해 아이들이 온라인으로 타인과 건강하게 유대관계를 맺는 방법이 수없이 많다는 뜻이다. 새 연구에서도 나왔지만, 이는 결국 아이가 사용하는 미디어의 종류에 달려 있다. 친구의 SNS에 남긴 댓글과 스카이프로 영상통화를 하며, 나누는 의미 있는 대화에는 큰 차이점이 있다.

사랑 호르몬, 옥시토신

내가 그날 아버지와 서로 눈을 맞추고 미소를 띠며 전화를 할 때 우리 몸에서는 옥시토신이 넘쳐흘렀다. 교감에 가장 핵심이 되는 호르몬이자 뇌의 시상하부에서 분비되는 또 다른 행복 호르몬이다.

옥시토신은 '사랑 호르몬', '포옹 호르몬', '도덕 분자'로도 불린다. 할머니를 포옹하거나 강아지를 껴안거나 생일 축하 메시지를 읽을 때 분비되는 이 행복 호르몬 때문에 아이는 유대감과 사랑을 느끼게 된다. 또 친밀하고 건강한 관계를 유지하게 하고 신뢰, 공감, 협동심 같은 덕목의 바탕이 된다고 알려져 있다.

이 호르몬은 출산한 여성들에게서 처음 발견되었다. 출산 후에 옥시토신 수치가 치솟아서 엄마와 아이 사이에 유대감과 애착을 높이게 했다. 또한 혈압과 심장박동수도 낮춰서 긴장을 이완시켰다. 우리가 서로 연결되어 있다는 느낌이 들면 생존모드를 벗어날 확률이 높고, 타인을 돕고 주변 사람들을 돌보고 싶어진다.

새끼를 낳은 적 없는 암컷 쥐에게 옥시토신을 투여했더니 우리 안에 풀어놓은 새끼를 보살폈다. 원래 새끼를 낳지 않은 암컷 쥐는 다른 쥐의 새끼를 공격한다.[57]

옥시토신은 동화 속에 등장하는 사랑의 묘약과 비슷하다. 우리의 공감 능력과 친밀감을 높여주고 마음을 더 넓고 따뜻하게 만든다. 무엇보다 나는 옥시토신의 간단하면서도 강력한 치유 능력에 가장 끌린다. 그저 사랑, 연민, 교감의 순간을 떠올리기만 해도, 단순히 포옹만 해도 발휘되는 대단한 능력이기 때문이다.

연구에 의하면, 부모가 아이에게 미소를 짓거나 포옹을 하거나 놀아주면 부모와 아이 모두 옥시토신이 나란히 증가한다고 한다. 한 개인이 느끼는 기쁨이나 행복의 감정과는 달리 사랑은 대개 상대방과 서로 느끼는 상호 간의 감정이기 때문이다. 두 사람 사이를 가장 강하게 묶어주는 애착이며 교감이다. 과학계에서는 이런 식으로 두 사람의 뇌가 상호작용하면 '거울 뉴런'에 의해 활성화되는 '동시성'이 일어난다고 본다. 거울 뉴런은 다른 사람들의 행동과 감정을 '거울처럼 반영'한다. 자신을 타인의 생각과 감정에 대입해서 보고 느끼고 할 수 있게 하므로 거울 뉴런은 타인에게 공감하고 의도를 알아차리는 역할을 한다.

옥시토신은 단순히 뇌뿐만 아니라 심장에서도 분비된다. 하트매스 연구소(HeartMath Institute)를 포함해 몇몇 기관에서 발견한 이 놀라운 사실 덕분에 고대 문명에서 보이듯이 심장이 단순히 기계적인 펌프작용만 하는 기관이 아님이 증명되었다. 심장에는 약 4만 개의 특수화된 고기능 감각세포가 있는데, 우리가 교감을 느낄 때 이 신경 돌기가 옥시토신과 같은 신경전달물질을 혈액으로 직접 분비한다. 심장에는 심방성 펩티드 호르몬을 합성하고 분비하는 세포도 존재한다. 흥미로운 이 호르몬은 유체와 전해질 균형뿐 아니라 혈관, 신장, 부신 및 뇌의 많은 조절 중추를 조절하기 때문에 현재 '균형 호르몬'으로 불린다. 심방성 펩티드 호르몬이 증가하면 스트레스 호르몬 분비가 억제되고, 면역체계도 강화되는 것 같다. 또 일부 연구에 의하면 동기와 행동에 영향을 준다고 한다.

어쩌면 심장은 우리의 뇌보다 더 크게 감정에 영향을 미칠지도 모른다. 심장이 사회적 교류에 실질적으로 반응하는 점으로 볼 때 교감의 힘에 실로 얼마나 큰 힘이 숨겨져 있는지 절감하게 된다.

관계, 인간의 본능

인지과학, 비교 동물행동학, 진화생물학까지 여러 학계의 무수히 많은 연구가 '인간은 사회적 동물'임을 증명한다. 즉 사람의 DNA는 대인관계 욕구가 내재해 있다는 말이다. 우리는 태생적으로 다른 사람에게 관심이 있고, 관계를 맺고 싶어 하며, 서로 간의 감정과 생각, 비밀까지도 나누고 싶어 한다. 이를 뒤집어 생각해보면 사회적 교류 없이는 고통받는 존재라는 말과 같다.

사회적 교류는 음식을 먹고 잠을 자는 것처럼 기본적인 욕구이기에 아이들은 이를 갈망한다. 사람들과의 관계는 아이들을 성장시키고 삶의 중심축 역할을 한다. 타인과의 교류를 통해 자신이 사랑받고 자신이 중요한 존재라는 인식을 하게 된다. 《사회적 뇌, 인류 성공의 비밀》을 쓴 신경과학자 매튜 리버먼(Matthew Lieberman)은 책에서 소속 공동체에서의 깊은 유대관계가 '인류가 지구상 가장 성공한 종'이 된 원동력이라며 이렇게 말한다.

"타인과의 관계는 우리의 삶을 풍요롭게 하고 우리를 안심하게 만들며 우리가 자기 자신보다 더 큰 무언가에 속한 존재란 걸 깨닫게 한다."

이런 사회적 욕구 덕분에 온라인에서 사람을 연결해주는 사이트나 앱이 큰 인기를 누리고 있다. 사용자가 23억 명에 달하는 페이스북을 종교라고 보면, 신도 수가 21억 명인 기독교, 15억 명인 이슬람교보다 더 많아 신도 수 1위인 종교다.

선사시대 우리 조상들의 삶과 환경은 앞에서 이미 설명했다. 그들에게는 종족 집단에 소속되는 일이 생존을 결정짓는 일이었기에 집단에서 쫓겨나는 것은 사형선고나 다름없었다. 이 종족이란 개념이 현대에서는 직접 만나고 자주 연락하고 안부를 묻는 사람들이라고 할 수 있다. 친한 사람들과의 교감은 행복도를 높여주고, 그러면 자연스럽게 주위에 더 많은 사람이 모여든다. 이 과정을 통해 친사회적 피드백 순환고리가 만들어진다.

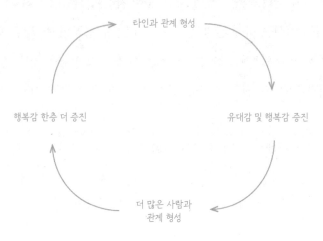

〈옥시토신과 대인관계-행복 순환고리〉

타인과 관계 형성

행복감 한층 더 증진

유대감 및 행복감 증진

더 많은 사람과
관계 형성

소외되면 왜 상처를 받을까?

우리는 구석기 시대의 산물이다. 부족 시대의 냉혹한 현실을 견디기 위해 습득했던 생존 본능이 아직도 우리를 지배하고 있다. 어딘가 소속되기를 원하기 때문에 당연히 집단 밖으로 쫓겨나기를 두려워한다.

좋은 소식을 집단 내부의 사람들에게 공유하면서 자신이 가치를 인정받고 계속 자신을 원하도록 만든다. 거꾸로, 친구에게서 심한 말을 듣거나 연인에게서 거절당하면 마음이 크게 상한다. 어린 시절에 학대나 방치 또는 부모의 죽음 등으로 사랑받지 못하고 큰 데 대한 상처가 있다면, 장기적으로 건강이나 행동 문제가 생길 가능성이 있다.

공동체에 대한 우리의 유대감이 위협을 받거나 손상될 때 우리는 심리학에서 말하는 '사회적 고통'을 느끼는데 종종 '심장(가슴)의 통증'을 동반한다. 이는 언어에서도 잘 반영되어 있어서 거의 모든 문화권에서 신체적 통증에 쓰이는 단어가 심리적 고통에도 사용된다. 예를 들어 불어, 스페인어, 독일어 등에서는 '심장'을 '마음이 아프다'는 표현으로 사용하고 있다.

이뿐만이 아니다. 고대 언어에서도 엿볼 수 있다. 세계 최초의 문명으로 알려진 수메르에서는 사랑의 여신에게 '내 아픈 가슴에 기름을 부어달라'는 속담이 있다. 성서 속의 심리적 고통에 대한 언급은 기원전 1015년으로 거슬러 올라간다. 성서의 시편(69:20)에는 '비방이 나의 마음을 상하게 하여 근심이 충만하니 불쌍히 여길 자를 바라나 없고 긍휼히 여길 자를 바라나 찾지 못하였나이다'라고 나온다. 또, 페르시안 시의 아버지로 널리 알려졌고, 서기 941년에 사망한 시인 루다키(Rudaki)는 이렇게 썼다.

'하늘의 천둥소리가 마음이 갈기갈기 찢긴 연인의 울음소리 같구나.'

사회적 고통은 육체적 고통

뇌과학의 발달로 사회적 고통과 육체적 고통이 동일한 뇌신경회로를 공유한다는 점이 밝혀졌다. 즉 뇌에서는 육체적 고통인지, 심리적 고통인지 구별이 안 된다는 말이다. 놀림이나 거절, 또는 따돌림을 당하면 정말 고통스럽고 괴롭다는 것을 누구나 본능적으로 알고 있다.

집단에서 소외되거나 배제될 때 발생하는 마음의 아픔은 실제 몸이 겪는 통증처럼 괴로울 수 있다. 사회적 배제 실험 연구에서 자주 사용되는 프로그램은 '사이어볼 게임'이라는 세 명이 서로 공을 주고받는 컴퓨터 게임이다. 2000년대 초반, UCLA 사회인지 신경과학 연구소에서 기능적 자기공명영상(fMRI)을 이용해 일련의 실험을 시행해 참가자들이 사이버볼 게임을 하는 동안 두뇌활동을 기록했다.

참가자들은 놀이용 원반던지기와 비슷하게 서로 공을 주고받는 이 게임을 하는 동안 연구진이 자신들의 뇌 활동을 측정하는 것으로 알고 있었다. 참가자들은 다른 참가자들과 함께 게임을 하는 줄 알았지만, 사실 이들은 존재하지 않았다. 대신 연구진이 미리 설정해놓은 대로 컴퓨터가 게임에 참여했다. 처음에는 참가자가 몇 번 공을 주고받을 수 있었지만, 점차 컴퓨터는 참가자를 집단에서 소외시켜 나갔다. 즉 다른 참가자들이 참가자에게 공을 건네지 않고, 자신들끼리만 주고받도록 설정해 참가자가 집단 내에서 거부당하는 느낌을 겪도록 유도했다. 그러자 두뇌의 고통 중추로 알려진 전대상피질이 활성화하는 것으로 나타났다. 참가자는 고통과 불쾌감을 느꼈다.[58]

이 연구를 통해서 공놀이 같은 간단한 게임에서의 무시도 뇌에서는 고통으로 인식된다는 것을 알 수 있다. 후속 연구 역시 같은 결과를 보여주었다. 이전 실험과는 달리, 배제된 사람에게는 금전적 보상이 주어진다고 알려주었을 때도 실제로 거부당하는 당사자는 마찬가지로 상처를 받고 고통을 느꼈다. 이런 연구를 보면 '회초리와 돌은 나의 뼈를 부러뜨려도, 말은 나에게 상처 줄 수 없다'라는 옛말은 이제 '회초리와 돌은 나의 뼈를 부러뜨려도, 말은 나에게 더 깊은 상처를 남긴다'로 바뀌어야 하지 않을까 싶다.

면대면 소통이 귀해진 디지털 시대

사람은 본능적으로 관계가 필요함을 느낀다. 음식을 먹고 잠을 자야만 살 수 있는 것과 똑같다. 하지만 효율성이 강조되고, 셀프 계산대와 전자 도서관이 속속들이 등장하는 디지털 시대에는 그런 직접적인 만남의 기회가 줄어들고 있다. 현대는 인간이 무리와 동떨어져 홀로 사는 것을 선호하고, 그러면서도 얼마든지 잘 살아갈 수 있다는 큰 착각에 빠져 있다. 경제구조도 이에 맞게 바뀌면서 집에 가만히 앉아 넷플릭스로 영화를 보고, 배달 앱으로 밥을 시켜 먹으며, 기본욕구를 충족시키고 있다. 또한 아이들이 주변 환경과 상호작용하는 방식도 함께 변화시키고 있다.

일부는 사회와 완전히 단절된 삶을 선택하기도 한다. 3장에서 이미 자기 방에 틀어박혀 온종일 온라인 게임만 하는 일본의 히키코모리에 대해 살펴보았다. 최근에 나는 이웃의 십 대 소년 안드레아스(Andreas)를 치료하기 시작했는데, 그의 부모는 아들이 갈수록 사람을 직접 안 만나려고 하고, 정신건강도 급속히 나빠지고 있다고 크게 걱정했다. 부모님의 손에 억지로 끌려온 그가 첫 면담에서 이렇게 말했다.

"저는 부모님이 왜 여기에 보내신 건지 이해할 수가 없어요. 그냥 혼자 있는 게 좋다고요. 밤 시간대가 더 편하고 좋아요. 게임을 하니까 그 속에서 사람과 대화도 한다고요. 그 외엔 아무도 필요 없어요. 제가 좋아서 이렇게 산다는데 뭐가 문제예요?"

과연 누구의 말이 맞을까?

물론, 실생활에서 사회적 교류의 양상은 사람마다 매우 다르다. 우리 집만 봐도 셋 중 둘은 조용하고 내성적이며 사색적이지만, 나머지 하나는 하루 내내 큰 소리로 떠들기를 좋아한다. 그러니 이 사이에서 늘 갈등이 빚어지는 것을 보게 된다. 하지만 안드레아스가 옳을까? 혼자서만 지내는 게 정말 아무렇지도 않은 사람도 있을까? 사랑과 유대감이 없어도 사는 데 아무 지장 없는 일회용품 같은 것일까?

그는 나에게 자기는 아무도 필요 없고, 자신을 스스로 위로하는 법을 터득한 것 같다고 주장했다. 하지만 뇌의 감정회로는 실제 친밀감과 유대감이 꼭 있어야 하기에 큰 문제가 생길 수 있다. 사람과 같은 사회적 동물에게는 사회적 배제가 단순히 슬픔으로 끝나지 않는다. 위험에 빠뜨리기 때문이다. 무리에서 떨어뜨려 사육된 원숭이가 심각한 사회적 결함을 보이며, 구석에서 웅크리고 계속 몸을 흔드는 정형행동이나 자해행동까지 보였다는 보고가 무수히 많다. 다른 개체가 있는 공간에 집어넣어도 같이 어울리지도 않고 상호작용도 없었다. 겁에 질리고 돌발행동과 공격행동을 했으며 성욕도 없었다. 갓 태어난 새끼 원숭이를 1년간 어미로부터 격리시키는 실험을 한 미국의 심리학자 해리 할로(Harry Harlow)는 그 원숭이에게서 "어떤 종류의 상호작용도 하지 못하는 완전한 사회성 결여"가 관찰되었다고 보고했다.

물론 인간에게 이런 실험을 직접 해볼 수는 없다. 그런데 공산주의 국가에서 불법 낙태가 많이 자행되었던 1990년대에 이와 유사한 반응이 관찰되었다. 당시 열악한 환경의 루마니아 고아원에서 아이들이 구출되었는데, 대부분은 영양실조에 방치된 상태로 매일 고작 5~6분 정도의 보살핌만 받던 아이들이었다. 그런데 이들에게서 사회성, 인지능력, 행동에 심각한 문제가 나타났다. 충동을 억제하지 못했으며, 학업 성적도 나빴고, 감정조절도 못하는 데다가 자존감도 낮았다. 또한 틱, 떼쓰기, 절도 및 자해 등과 같은 문제 행동도 보였다. 이를 통해서 어린 시절의 사회적 결핍으로 인해 사람의 뇌와 행동에 문제가 생길 수 있음이 인식되기 시작했다. 방치된 아이 중에는 아예 회복할 수 없게 된 아이도 있었다.

스튜어트 그라시안(Stuart Grassian)이 1990년대에 독방 감금 상태로 지낸 수감자들을 조사한 연구가 '고립'에 관해 널리 알려져 있다. 그가 인터뷰한 수감자 중 1/3이 '심각한 정신질환이나 급성 자살 충동, 또는 둘 모두'로 고통을 받았다. 또한 환각, 중증 편집증, 충동 장애, 자해, 과민증도 관찰되었다.[59]

10년에 걸쳐 시카고 대학교에서 실시한 연구에 따르면, 사회적으로 고립된 사람들에게서 과민성, 공격성, 우울증, 수면 장애, 자기중심성이 많이 관찰되었고, 낯선 사람들에게 비호의적인 경향이 있었다. 무시, 거절에 대해 과민반응을 보이고 다른 사람들이 적대적이라고 믿는데, 이는 악순환이 되어 점점 더 심해진다.

한 손에는 스마트폰을 쥐고 어린아이를 보는 엄마나 노트북에 완전히 빠져 있는 아빠를 보면, 그 뇌에 어떤 일이 벌어지고 있는지 궁금해진다. 아니면 컴퓨터 화면에서 거의 눈을 떼지 않는 십 대의 뇌는 또 어떨까? 부모와 자녀 사이에 꼭 필요한 사회적 상호작용도, 바로 앞에 있는 사람과 인사하고 교류할 기회도 그대로 놓치고 있지는 않은가?

외로움의 크나큰 대가

안타깝지만 아이도 외로움을 느끼게 되는 순간이 언젠가는 있을 것이다. 사회적 상호작용에 대한 욕구가 채워지지 않으면 큰 고통을 느끼게 된다. 북적이는 도시에서도, 가까운 친구나 가족과 함께 있어도 외로움은 느껴질 수 있다. 그러나 이런 외로움이 계속되면 만성 고질병이 되어 신체적·정신적 건강을 크게 해칠 수 있다.[60]

예전에는 연세가 많은 환자도 봤는데, 그중 특히 아직도 안 잊히는 사람이 있다. 그 환자는 여생이 얼마 남지 않았기에 병원에서 2주간 외박을 허락했다. 본인도 몸 상태를 잘 알았다. 그녀에게 마지막으로 만나고 싶은 사람이 누구인지 조심스럽게 물었더니 "없다"는 대답이 돌아왔다. 남편도, 아이도, 근처에 사는 직계가족도, 친한 친구도 없었으며, 동부 쪽에 친척이 있었지만 안 만난 지 꽤 되었다고 했다. 생각지 못한 대답에 나는 매우 놀랐고, 그녀의 고립된 생활과 암으로 인한 조기 사망이 어떤 관련이 있지 않을까 하는 의문이 들었다.

과학적으로 볼 때 연관이 있을 확률이 높다. 나는 그녀처럼 친한 친구가 한 명도 없는 수많은 십 대 청소년과 청년들을 만나봤다. 이런 내 경험은 다음의 데이터에서도 잘 나타난다.

- 친한 친구가 몇 명 있냐는 질문에 30년 전에 미국인들이 가장 많이 한 대답은 '3명'인 반면, 지금은 '0명'이다.[61]
- 선진국에서 가장 심각한 문제는 '외로움'으로, 3명 중 1명이 외로움을 느낀다고 보고했다.[62]
- 캐나다인 중 50%가 "종종 외로움을 느낀다"라고 대답했다.[63]
- 미국인 중 50%가 "가까이 지내거나 의미 있는 관계를 맺고 있는 사람이 없다"고 대답했다.[64]
- 영국의 최신 연구에 따르면, 응답자의 60%가 가장 가까운 친구로 반려동물을 꼽았다.[65]

- 일본에서는 40세 미만 인구 중 최소 6개월 동안 집 밖을 안 나갔거나, 아무도 안 만난 사람의 수가 50만 명이 넘었다.[66]

외로움은 단순히 안 좋은 기분만 들게 하는 게 아니라 우울증까지 유발한다. 잠도 자기 어려워지고 조기 사망에 이를 수도 있다. 인간은 사회적 동물이기 때문에 사회적인 관계를 맺지 않는다는 것은 인체에 만성 스트레스를 주는 일이다.

- 외로움은 흡연, 공기 오염, 비만보다 더 수명을 단축하도록 만들 수 있다.[67]
- 만성적 외로움은 심장병에서 치매까지 어떤 질병이든 발생시킬 수 있고 사망에 이르게 할 수도 있다.[68]
- 148건의 연구논문을 분석한 최근 리뷰 논문에 따르면, 외로움은 여성의 사망 위험은 49%, 남성의 사망 위험은 50% 높인다.[69] 사회적 고립을 경험한 아이들은 20년 후에도 건강이 매우 안 좋았다.[70]
- 16~24세인 사람들은 25세 이상의 사람들보다 더 자주 외로움을 느낀다고 보고했다. 이 연령대에서는 외로움과 사회적 고립이 자살 시도의 주원인으로 손꼽힌다.[71]

외로움과 자살은 복잡한 현상이다. 외로움을 느낀다고 모두 자살을 시도하지도 않고, 외로움이 항상 자살 시도의 원인으로 작용하지도 않는다. 하지만 외로움과 자살 사이에 상관관계가 있으며, 외로움을 줄이는 것이 자살 위험을 줄이는 데 큰 역할을 한다는 점은 분명하다. 도움을 요청하는 것이 어려운 일이 아니며, 자신의 말에 귀를 기울이는 사람이 반드시 있음을 모두가 알아야 한다.

전 미국 공중보건국장 비벡 무르티(Vivek Murthy)는 자신이 본 가장 흔한 질병은 "심장병도, 당뇨병도 아닌 외로움"이라고 밝혔다. 실로 미국의 마약성 진통제 위기, 브렉시트, 도널드 트럼프(Donald Trump) 대통령 당선 및 대량 학살까지 무슨 일만 일어나면, 그 원인이 '외로움' 때문이라는 우려의 목소리가 커졌다. 〈L.A. 타임스(Los Angeles Times)〉는 2019년 22명의 사망자를 내며 막을 내린 텍사스 월마트 총기사건의 범인을 가리켜 "지독히 외로운 사람"이라고 표현했다. 2011년 노르웨이에서 77명의 사망자를 낸 테러범 아르네스 브레이비크(Anders Breivik), 일명 유나바머(UnABomber)로 잘 알려진 테드 카진스키(Ted Kaczynski), 2007 버지니아 공대에서 23명의 목숨을 앗아간 조승희 역시 마찬가지다.

외로움이 심각한 사회적 문제로 대두되면서 이를 해결하기 위해 2018년 영국에서는 '외로움 장관'을 임명한 바 있다. 영국의 소방관들은 사회적 고립의 징후가 있는지 집 안을 점검하는 훈련을 받고, 우체국 직원들은 '외로움 타개 캠페인'의 일환으로 노인들이 사는 집을 직접 찾아가 확인하고 있다. 남성들의 사회적 상호작용을 위한 공간을 제공하는 '멘즈 쉐드(Men's Shed)는 영국 전역에 걸쳐 300개나 문을 열어 남성 노인들과 퇴직자들이 모여 자전거를 손보거나 소품을 만들면서 대화를 나누도록 하고 있다.

전 세계, 특히 선진국에서 나날이 심화되고 있는 문제임에도 불구하고 외로움에 대한 언급은 꺼려지고 있다. 외로움 전문가인 존 카치오포(John Cacioppo)는 테드 토크(Tedx Talk)에서 외로움을 느끼는 사람을 "삶의 실패자나 약자와 동의어로 보는 사회적 인식" 때문에 슬프고도 수치스러운 감정이라고 느낀다고 말한 바 있다. 그리고 외롭다는 감정을 부정하는 것은 허기나 갈증을 부정하는 것과 같다고 덧붙였다.

온라인 만남도 좋은가?

인터넷은 건강한 사회의 핵심 요소인 '만남'을 언제 어디서든 가능하게 만드는 세상이라는 거창한 약속을 했다. '커뮤니티를 이루어 모두가 더 가까워지는 세상'을 만들겠다는 페이스북의 사명처럼, SNS 메시지, 채팅을 통해 그런 세상이 이루어졌다. 인터넷 등장 초반에는 누구든 한군데로 모여 가상의 유대감을 느낄 수 있게 하는 인터넷이 외로움 치료제로 보였다. 미국의 저명한 정신과 교수인 앨런 프란시스(Allen Frances)는 2019년 캐나다의 〈내셔널 포스트(The National Post)〉와의 인터뷰에서 이렇게 밝혔다.

"그런 가상의 유대감은 망망대해에 아무것도 없이 홀로 떠 있는 사람들에게는 생명을 살리는 구명조끼가 될 수도 있지만, 사람들을 더 깊은 고립의 세계로 빠뜨리는 늪이 될 수도 있습니다."

자, 이제 한번 자녀의 행동을 떠올려보자. 아이가 친구와 소파에 앉아 있을 때 어떻게 하던가? 서로 쳐다보면서 이야기하던가, 아니면 각자 스마트폰을 보며 채팅하거나 사진 찍느라 바쁘던가? 둘 사이에는 웃음도, 대화도, 하이파이브나 허그 같은 스킨십도 없다. 같은 공간에 함께 있는데도 옥시토신을 분비하게 하는 어떤 교감 행동도 없다. 자녀가 이런 수많은 다른 또래 아이들과 비슷하다면, 분명 끊임없이 소통하는 것 같지만, 사실 진짜 대화는 거의 없을 것이며, 친구들과의 만남의 장소 역시 단체 채팅방일 것이다.

하지만 온라인 만남에는 건강한 방법도 많은데, 특히 미디어의 '종류'가 중요하다. 미국 펜실베니아 주에 있는 라피엣 대학교에 실시한 2016년 연구에 따르면, 영아들이 연구진과 일대일로 페이스타임을 연결하자 연구진의 박수 치는 행동을 그대로 따라 했다. 하지만 미리 녹화한 영상을 틀어주자 가르치는 것을 따라 하지 못했다. 화면을 통해 보이고 들리기는 하지만, 실시간 쌍방향 소통이 안 되었기 때문이다.[72] 즉 기술을 매개체로 사람과 관계를 맺더라도 의미 있는 깊은 만남을 갖게 하려면 '진짜 상호작용'이 필요하다는 말이다.

이 결과는 익히 경험해보았을 것이다. 영상통화로 조카 얼굴을 처음 보거나 오랫동안 못 만난 친구의 얼굴을 보고 아주 설레고 흥분된 경험이 있는가? 나는 출장을 갈 때마다 부모님과 통화로 그날 아이들 소식을 들을 수 있어서 정말 다행이라고 생각한다. 그러나 실제로 출장이 길어져 오래 떨어져 있으면 정말 보고 싶어진다. 그래서 고심 끝에 묘안을 떠올렸다. 호텔에 도착할 때마다 늘 페이스타임을 켜서 아이들에게 먼저 호텔을 소개해주고, 그 도시나 나라에 관해 설명해준다. 실시간으로 아이들의 미소를 보게 되면 그렇게 기분이 좋을 수가 없다. 하루의 피로가 다 날아가는 것 같고 마음이 평온해진다. 그래서 때로는 바쁜 일상 속에서 얼굴을 직접 보며 하던 대화보다 멀리 떨어진 곳에서 훨씬 더 의미 있는 대화를 나눌 수 있었다. 이런 식이면 얼마든지 깊은 교감이 가능하다.

2018년 오리건 보건과학대학교의 앨런 테오(Alan Teo) 정신의학과 교수는 스카이프가 노인 우울증에 도움이 될 수 있는지를 살펴보았더니 그 결과는 놀라웠다. 2년간의 추적 연구 끝에 영상통화를 한 사람들은 이메일,

SNS, 문자로 소통한 사람보다 우울증이 50% 줄었다.[73]

이 연구들을 보면, 순수한 온라인상의 교감은 실시간 영상으로도 가능한데, 특히 연령대가 매우 낮거나 높은 경우에 그러했다. 그러니 결국 아이가 '어떤 종류'의 기술로 소통하는지에 따라 결과가 달라진다.

상당수의 내 동료들은 TV와 게임을 무시하면서 부모들에게 아이들이 사용하지 못하게 하라고 권한다. 하지만 나는 서로 간의 유대감을 높이는 좋은 도구가 될 수 있다고 생각한다. 우리 집에서 두 아들이 게임을 할 때면 웃음소리가 끊이지 않으며 둘 사이도 더 돈독해 보이고, 딸아이는 사촌이 보내온 비디오 영상을 보면서 감동하곤 한다. 또 우리 가족은 추수감사절마다 모두 한 손에는 스마트폰을 쥔 채 TV 앞에 모여 앉아 '일상의 영웅들' 특별 편을 본다. CNN의 간판 앵커인 앤더슨 쿠퍼(Anderson Cooper)가 장기간 타인을 도운 특별한 이들을 두 시간에 걸쳐 소개하는데, 시청자 참여 프로그램이어서 우리 가족들은 이들을 통해 교훈도 얻고, 또 가장 마음에 드는 영웅에게 투표도 한다.

3R 교육...... 친구 관계는?

나는 부모들에게 자녀들의 온라인 친구가 수백 명 있어 봐야 소용없다고 말한다. 아이들에게는 진짜 친구 한두 명과 공동체 의식이 필요하다. 소수의 친구와 맺는 관계가 정말 중요하다. 캐나다 컨커디어 대학교에서 2010년에 '우정의 힘'을 보여주는 놀라운 연구를 시행했다. 연구 결과, 불안하고 내성적인 아이들의 우울증은 친구 한 명이면 없앨 수 있었다.[74]

아이들의 삶도 편하지만은 않다. 어른들과 마찬가지로 온갖 어려움을 겪는다. 부끄럼을 타고 내성적인 아이들은 적응하기가 더 어려울 수 있는데, 이들은 질풍노도의 시기를 더 혹독하게 겪는다. 그런데 컨커디어 대학교의 연구를 보면, 이때 곁에 좋은 친구가 한 명이라도 있으면 충분하다. 친구가 그들의 우울로부터 보호하는 동시에 회복력을 주는 원동력이 되기 때문이다. 심리학 교수이자 저명 작가인 윌리엄 부코스키(William Bukowski)는 부모들이 '친구 관계'를 읽기·쓰기·산수와 같은 기본 소양처럼 중요시해야 한다며 이렇게 주장했다.

"읽기·쓰기·산수라는 가장 기초적인 3R 교육에 '친구 관계'를 더해서 4R이 되어야 합니다."

솔직히 나 역시 마찬가지지만, 아이의 심리적 건강보다는 성적을 최우선 관심사로 둔 부모가 많다. 이 때문에 아이들은 안 그래도 힘든 사춘기를 한층 더 힘들게 보내게 된다. 부모란 자녀가 의미 있고 긍정적인 인간관계를 맺을 수 있도록 가르쳐야 한다. 어릴 때는 다른 사람과의 관계에서 부모의 역할이 필요하다. 노는 시간도 부모끼리 정하고, 단체로 하이킹이나 놀이공원을 갈 때도 부모의 손길이 필요하다. 그러나 아이가 커서 스스로 할 수 있을 때가 되면 부모는 한 발 물러나야 한다. 물론 그렇다고 아예 관여를 하지 말라는 것은 아니다. 친구 관계를 더 발전시킬 수 있도록 건강한 관계를 맺는 법에 대한 팁을 줄 수도 있고, 실제 자신의 친구와의 경험담을 소개하며 우정의 중요성을 역설할 수 있다.

다른 사람과 만나는 일은 즐거운 일이겠지만, 만난다고 해서 무조건 친밀감이 생기고 우정이 싹트는 것은 아니다. SNS에 남긴 댓글은 친밀감이나 우정이라고 결코 말할 수 없다.

이 시대의 공감 능력

최근 친구가 임신한 채 버스로 출퇴근하면서 느낀 점을 들려주었다. 임신 8개월 차에 접어들어 딱 봐도 배가 불러 움직이기도 힘들어 보이는데, 버스에서 자리를 양보해주는 사람이 아무도 없었다. 7년 전과는 완전히 달라진 상황에 친구는 그만큼 사회가 변한 것인지 궁금해졌다. '사람들이 더 이기적으로 변했나? 공감 능력이 줄었나? 스마트폰이랑 SNS 보느라 바빠서 주변의 불편이나 고통을 미처 보지 못했나, 아니면 보고도 못 본 척하는 건가?' 등등 온갖 생각이 다 들었다고 했다.

우리 사회가 점점 각박해지고 서로에게 무관심하며 관계가 단절되어 가고 있다고 생각하는 사람은 내 친구뿐만이 아니다.

- 영국 기반의 글로벌 여론조사 기관인 유고브(YouGov)의 2018년 발표에 따르면, 영국인 중 51%가 공감 능력이 현저히 떨어졌다고 대답했다.[75]
- 2010년, 미시간 대학교에서 20년에 걸쳐 추적한 대학생들의 공감 능력 자가보고 추이분석 연구에 따르면, 대학생들의 공감 능력은 1980년 이후 40%가 감소했는데, 특히 지난 10년간 급격한 감소율을 보였다.[76]
- 이 연구는 또한 대학생들의 같은 기간 '나르시시즘 지수'는 58% 증가했다고 보고했다.

카슨 이야기

2018년 8월, 14세 소년 카슨 크리미니(Carson Crimeni)의 사망 소식을 접한 나는 내 친구와 똑같은 질문을 던졌다. 막 중학교를 졸업하고, 고1이 된 그는 나이가 더 많은 아이들 무리와 밖에 나갔다가 랭글리(Langley) 공원에서 약물 과다복용으로 사망했다.

중증 ADHD를 앓고 있던 카슨은 학교에서 계속 집단따돌림을 당해왔기 때문에 나이 많은 십 대 일행이 같이 나가 놀자고 하자 아주 들떴다. 그러나 일행들이 건넨 약에 취한 그가 정신없이 괴로워하고 있는 동안 그들은 그를 조롱하는 영상을 몇 시간이나 찍었다. 그들 중 카슨을 돕거나 경찰을 불러야 한다고 생각한 아이는 아무도 없었다. 오히려 고통스러워하는 그의 모습으로 '억지 밈'을 만들어서 스냅챗, 인스타그램에 올리고, 사진과 짧은 영상에 웃긴 태그를 달았다.

그날 올린 '엑스터시에 빠진 12살짜리 꼬마'라는 제목의 영상을 보면, 카슨은 엑스터시에 완전히 취한 듯 보인다. 그는 입고 있던 회색 후드티가 다 젖은 채 음악에 맞춰 춤을 추는데, 일행들은 그런 그를 보며 야유를 하고 괴성을 질렀다. 그렇게 몇 시간 내내 집중적으로 카슨을 놀리고 괴롭혔고, 그가 말도 제대로 못하는 데에도 멈추지 않았다. 나중에 카슨이 자신의 이름도 기억하지 못하자 일제히 낄낄대며 조롱했다. 반응에 놀란 그가 겁을 먹고 두 팔로 자신을 감쌌다. 그러다 결국 구급차가 오고 이날의 마지막 사진을 찍었다. 구급차에 누운 카슨 옆에 소년 하나가 기대어 서 있는 모습이었고, 여기에 '거의 죽을 뻔한 카슨 ㅋㅋㅋ'라는 제목을 붙였다. 그리고 몇 분 후 카슨은 결국 죽음을 맞이했다.

매일 약 9시간을 온라인에서 보내는 Z세대들에게는 밈(재미나 비꼬기 위해 문구를 집어넣어 만든 사진이나 영상)의 인기는 하늘을 찌른다. 그러나 팔로워 수, 댓글, '좋아요'만 늘릴 수 있다면 무엇이든지 다 하려고 하는 요즈음, 너무나 충격적인 행위로 인한 법정 소송도 점점 늘고 있다. 카슨의 고모는 <글로브 앤 메일(The Globe and Mail)>과의 인터뷰에서 세상의 모든 것을 스크린을 통해서 접하니 현실과 가상을 구분하지 못하는 아이들에 대해 우려를 표했다.

"이 모든 것을 현실이 아닌 그저 가상 세계라고 느끼는 거죠. 카슨이 죽어가는 영상을 집에 앉아 실시간으로 보면서도 아무도 조치를 취하지 않았어요."

그리고 실제로 조카를 공격한 일행들이나 집에서 구경만 하던 사람 중 공감 능력이 있는 사람 한 명만 있었어도 죽지는 않았을 거라며 슬퍼했다.

동정 vs. 공감

동정과 공감은 종종 혼동되어 사용되는 단어다. 똑같은 말이라고 쓸 때도 많지만, 사실 둘은 연관되어 있으나 서로 다른 감정이다.

'동정'은 다른 사람의 고통이나 불행을 보며 가엾게 여기며 안쓰러워하는 마음이기 때문에, 다른 사람의 괴로움을 알아차리고 마음 아파하는 것이 핵심이다.

반면, '공감'은 심리학자인 알프레드 아들러(Alfred Adler)의 말을 빌리면, "다른 사람의 눈으로 보고, 다른 사람의 귀로 듣고, 다른 사람의 가슴으로 느끼는 것"이기 때문에 다른 사람의 처지에서 이해하는 능력이 핵심이다.

공감 능력, 이렇게 키우자

동정심은 아이들 대부분이 가지고 있지만, 공감 능력은 일부에게만 있다. 공감 능력이 유전적으로 타고나는 특징이긴 하지만, 후천적인 교육으로도 습득할 수 있다. 아이들은 일대일 상호작용을 통해서 가장 잘 학습하기 때문에, 누군가가 아이들 가까이서 직접 공감 능력을 보여줘야 가장 효과적으로 배우게 된다.

자신을 타인의 입장에 놓을 줄 아는 공감 능력이 뛰어난 아이들은 폭력에 맞서고 필요한 대응책을 세우며 더 나은 세상을 만든다. 또 다른 사람들을 존중하고 이해하며 측은한 마음을 느끼는 원만한 성격의 성인으로 성장할 가능성이 크다. 거꾸로, 공감 능력이 결여된 아이들은 폭력, 사기, 낮은 도덕적 추론 능력, 불안 장애과 우울증 등의 정신건강 문제를 보인다. 상대방의 생각이나 감정을 무시하기 때문에 상대에게 상처를 주는 행동을 하게 된다.

공감 능력 발달에는 직간접 경험이 최고이기 때문에, 부모들의 역할이 그만큼 중요하다.

공감행동의 감소에 대한 원인으로 스크린 타임과 SNS 사용 증가, 부모의 과잉 육아, 과도하게 발달한 유명인 문화, 시험 중심의 학교 교육, 놀이시간 감소를 들 수 있다. UCLA에서 실시한 2014년 연구에서 6학년 학생들에게 스크린 및 디지털 기기 사용을 5일간 못하게 하자 이들은 스크린과 디지털 기기를 계속 사용한 학생들보다 상대의 표정과 감정을 훨씬 더 잘 읽게 되었다.[77] 심리학자인 미셸 보바(Michelle Borba)는 "타인의 감정을 읽지 못하면 그들의 상황을 이해하고 공감하기 대단히 어렵다"고 설명했다. 정서지능은 이모티콘, 밈, 트윗 같은 것으로 배울 수 있는 게 아니다. 스탠포드의 신경과학자인 자밀 자키(Jamil Zaki)는 "요즈음에는 다른 사람을 주로 온라인상에서 무리 속에 숨은 익명의 상태로 만나기 때문에 공감 능력이 생길 수가 없다"라고 주장한 바 있다.

뉴욕 대학교 윌리엄 브래디(William Brady) 심리학 교수팀은 총기사용, 동성결혼, 기후변화 등 찬반이 분명히 나뉘는 주제에 대한 50만 개의 트윗을 분석했다. 계속 리트윗되는 것과 아닌 것 사이의 차이를 알아내기 위해서였다. 그 결과, 트윗 내용에 '도덕 감정', 즉 '분노' 표현이 많을수록 리트윗 횟수가 늘었다. 다시 말해 SNS가 단순히 분노에 찬 세상을 있는 그대로 반영하기만 하는 공간이 아니라, 분노의 생산과 확산에 기여하는 공간이라는 말이다.[78]

하지만 디지털 기기의 화면을 보는 '스크린 타임'이라 해서 무조건 타인에 대한 공감과 이해력을 떨어뜨리지는 않는다. 여러 순기능이 있기 때문이다. 수많은 협업도, 사람들의 의식 고취도, 기부금 모금도 소셜 미디어 덕분에 가능한 게 많다. 예를 들어, 지난 2018년에 선수 15명의 목숨을 앗아갔던 캐나다 훔볼트 브롱코스 하키팀 버스 충돌 사고는 '고펀드미(GoFundMe)'라는 기부 사이트를 통해서 무려 1,500만 달러가 모금되었다. 또 앞에 나왔던 카슨 크리미니의 유가족들을 위해서 사건 후 이 사이트를 통해 기부금을 받기 시작해 총 4만 달러의 기부금이 모금되었다. 기술이 제대로만 사용하면 의미 있고 긍정적인 관계를 맺을 수 있듯 공감 능력에 대해서도 마찬가지다. 바람직하게 활용하면 기술도 공감 능력 발달에 일조할 수 있다.

꼭 기억해요!

1. 모든 인간은 사회적 동물이다. 따라서 대인관계 욕구가 자녀의 DNA에는 내재되어 있다.

2. 아이들에게는 개인 정체성과 집단 정체성이 모두 필요하다. 아이들은 어딘가에 소속되고 싶어 하며 그 집단에서 인정받기를 원한다. 소속의 욕구는 사람의 기본적인 욕구이기에 집단으로부터의 거절과 거부를 두려워한다.

3. 우리는 태생적으로 다른 사람에게 관심이 있고 관계를 맺고 싶어 하며 서로 간의 감정과 생각, 비밀까지도 나누고 싶어 한다.

4. 음식과 수면이 필요한 것처럼 우리는 본능적으로 사람과의 만남이 필요하다.

5. '포옹 호르몬'이라고도 불리는 옥시토신은 사랑, 유대감, 신뢰감과 관련된 신경전달물질이다. 아이가 할머니와 포옹하거나 강아지를 껴안거나 생일 축하 메시지를 읽을 때 옥시토신이 분비되어 사랑과 행복감을 느끼게 한다.

6. 외로움은 흡연, 공기 오염, 비만보다 더 수명을 단축시킬 수 있다.

7. 공감 능력은 학습되고 길러질 수 있다.

8. 부모와 교사의 가장 기본적인 역할은 아이들이 공감 능력을 기르고 건강한 사회적 관계를 맺게 하는 것이다.

9. 심리 테스트 결과를 보면 스마트폰 세대의 공감 능력이 크게 떨어졌는데, '스크린 타임'이 그 원인 중 하나로 지목된다.

10. '스크린 타임'이라 해서 무조건 타인에 대한 공감과 이해를 떨어뜨리지는 않는다. 사람들의 얼굴을 보고 대화할 수 있는 영상통화는 오히려 도움이 되는 좋은 도구다.

솔루션

이 장에서는 인류의 사회성에 대해 살펴보았다. 아이들은 사회적 동물이기 때문에 유대감과 사랑을 느끼게 되면, 옥시토신의 분비를 통해서 안전함을 느끼고 에너지가 솟고 의욕이 생긴다. 반면, 고립과 외로움은 위험할 수 있기에 타인과의 직접적인 만남의 기회가 제한된 디지털 시대에서는 아이들이 온라인이 아닌 실생활에서 의미 있는 만남을 많이 하도록 적극적으로 권장해야 한다.

이제부터는 아이들이 위험한 관계를 피하고, 건강한 관계를 형성하는 법, 또 건강한 관계 속에서 자신의 주장을 펼치는 법을 전한다. 내가 제안하는 훈련을 통해서 소통, 협업, 조직헌신력이라는 미래를 위한 의식능력(CQ)을 높일 수 있다. 이어 부모들이 건강한 인간관계를 망치는 주범으로 꼽는 사이버 폭력과 섹스팅 방지법에 대해서도 살펴본다.

핵심 전략

이건 안 돼요!

1. 온라인 연결이 의미 있다고 가정하기
2. 아동과 청소년들의 외로움 문제 무시하기
3. 아이들이 관계를 맺을 시간이 없을 만큼 바쁘게 만들기
4. 스마트폰을 보면서 아이에게 말하기

이건 꼭 해요!

1. 아이가 자신과 건강한 관계를 맺을 수 있도록 안내하기
2. 아이에게 좋은 친구를 찾고 또 자신도 좋은 친구가 되는 법 가르치기
3. 아이의 공감 능력을 살펴보고 길러주기
4. 건강하게 자신을 주장하는 법을 가르치고 보여주고 훈련하도록 하기
5. 갈등, 못된 행동, 폭력 사이의 차이점 설명하기

이건 피해요!

모든 종류의 부정적인 온라인 관계를 피한다. 예를 들어 사기, 아동 성범죄, 온라인 논쟁, 사이버 폭력, 나쁜 친구, 건강하지 않은 관계, 고립 공포감(포모)이나 비교를 유발하는 미디어 등이 있다.

이건 제한하고 모니터링해요!

스냅챗이나 밈 등 피상적이고 의미 없는 관계

이건 추천해요!

의미 있는 관계를 가르치자. 영상통화, 긍정적인 이메일, 웨비나, 문자 메시지, 일부 SNS 등이 그 예다.

건강한 관계형성법

읽기나 산수 능력처럼 대인관계 능력도 천천히 개발할 수 있다. 타인과 건강한 관계를 맺기 위해서는 일단 자신과 건강한 관계를 맺어야 한다. 그래서 나는 부모들에게 이런 질문을 자주 던진다.

"당신 스스로를 사랑하지 않는데, 다른 사람 보고 자신을 사랑해달라고요? 자신과도 관계를 못 맺는 사람이 타인과 관계를 맺고 싶다고요?"

삶에서 '자기 내면과의 관계'보다 더 중요한 관계는 없다.

아이가 혼자만의 시간을 갖고 자신을 알게 되면서부터 자신감과 자기신뢰가 싹트기 시작한다. 이를 위해서 몇 가지 팁을 알려주면 이렇다.

- 아이가 '자기연민'을 갖도록 가르치자. 실수를 저질렀을 때 자신을 용서하는 법을 알려야 한다. 실수란 당연하고 자연스러운 것이며, 실수를 통해 성장한다는 사실을 설명하자. 후회와 자기비판을 멀리하되, 실수로부터 배울 점을 파악해서 다음번에 똑같은 상황이 생겼을 때 대처하는 법도 알려주자.
- 자신의 성격을 파악하고 긍정적인 부분은 발전시키되 그렇지 않은 부분은 바꿀 수 있도록 하자. 가령 친구에게 버럭 화부터 냈다가 나중에 후회한다면, 왜 그런 행동이 나왔는지 설명하고 다르게 의사소통하는 방법을 알려주자.
- 자기 돌봄과 긍정적인 변화에 대한 아이들의 노력과 작은 성취에 대해 칭찬하자. 예를 들어, 건강하지 않은 친구 관계가 있다면 그런 관계에서 멀어진다던가, 운동하던 중에 다쳤다면 곧장 경기로 복귀하는 것을 거절하는 등 자기를 돌보는 행동을 할 때 긍정적 피드백을 주자.

좋은 친구 찾기 & 좋은 친구 되기

아이가 건강한 관계와 그렇지 않은 관계를 구별할 줄 아는 것이 중요하다. 아이들한테 설명할 때 나는 돌고래, 상어, 해파리에 비유한다. 양육 스타일에서도 그랬지만, 친구 관계에서도 '돌고래형'이 가장 이상적이다. 상어형과 해파리형 친구 관계는 피해야 한다. 이 세 동물에 비유를 이용해서 아이들에게 건강한 관계를 이해시키고, 어떤 친구가 되고, 어떤 관계를 맺고 싶은지 스스로 결정하게 하자.

돌고래형 친구는 돌고래 몸처럼 확고하면서도 유연성이 있다.

- 정직, 존중, 도덕성, 측은지심 등의 확고한 핵심 가치를 가지고 있다.
- 어느 식당에서 밥을 먹을지, 어떤 게임을 할지 등 삶의 사소한 것에 대해서는 유연하다.
- 소통과 협업을 중시한다.
- 핵심 가치를 손상시키지 않는 한 '타협'을 건강한 것으로 본다.
- 다양한 사람들과 의견에 대해 열린 태도를 보인다.
- 삶의 여러 변화에 잘 적응한다. 가령 친구가 생일파티에 참석하지 못한 경우에도 무조건 화부터 내기보다는 왜 그런 것인지 먼저 이해하려고 한다.
- 다른 사람들을 돕고 긍정적인 영향을 미치려고 노력한다.
- 자기 주변의 공동체를 중시하고 참여하며 새로이 조직하려 한다.

해파리형 친구는 무척추 동물인 해파리가 바다 위를 떠다니듯 중심이 없이 표류한다.

- 자신의 의견이나 생각에 대해 목소리를 높이지 않는다.
- 지나치게 허용적이며 다른 사람이 자신의 선을 침범해도 그냥 둔다.
- 독립적이지 않고 의존적이다.

- 자신이 중시하는 가치를 쉽게 저버린다.
- 갈등 상황이 안 생기게끔 하는데, 이런 태도 때문에 다른 사람들에게 질질 끌려다닐 수 있다. 상대방에 무조건 맞춰 주면서 심한 경우 괴롭힘까지 당하게 된다.

상어형 친구는 주로 단독생활을 하는 상어처럼 공격적이며 독단적이다.

- 지나치게 밀어붙이거나 간섭하면서 고압적인 태도를 보인다.
- 자기중심적이다.
- 비판적이다.
- 제멋대로 협상하려고 한다.
- 단기적으로는 자신이 원하는 것을 얻을 수는 있겠지만 바람직하지 않은 관계가 만들어진다.

사람을 사귀는 데 있어 아이의 유형이 꼭 셋 중 한 가지로 한정되지는 않는다. 시기에 따라 달라질 수도 있고, 상대방이나 주제에 따라 스타일은 달라질 수 있다. 그러나 행동이란 자고로 내면의 반영이란 점을 꼭 기억해서, 아이가 감정과 스트레스를 조절할 줄 알면서 자기 돌봄의 중요성을 아는 친구를 만나도록 해야 한다. 이런 친구는 상어나 해파리형이 될 가능성이 낮고, 아이와 긍정적 관계를 형성할 수 있는 돌고래형 친구다.

1. 돌고래형 주장 기법

물론, 최고의 친구와도 긴장은 있을 수 있다. 따라서 아이에게 우정을 더욱 공고히 해줄 건강한 소통법과 긍정적인 주장법을 가르쳐야 한다. 돌고래 몸의 특징에서 착안한 이 기법은 타인과의 의사소통에서도 확고함과 유연함을 모두 바탕으로 한다. 가령 게임을 하고 싶은 친구가 자녀에게 같이 하자면서 자기주장을 심하게 한다고 해보자. 이처럼 친구가 상어 유형의 모습을 보이면 그럴 때는 다음과 같이 대응하라고 하자.

- 강경한 태도 : "난 안 할래. 지금은 게임하고 싶지 않아."
- 유연한 태도 : "게임 말고 농구나 트램펄린은 어때? 게임은 다음에 하자."

2. 샌드위치식 소통법

방금 설명한 돌고래형 주장 기법을 확장해, 자신이 진짜 하고 싶은 말 앞뒤로 긍정적인 말을 넣는 것이다. 그러면 전체적으로 긍정적인 톤은 유지하면서도 상대에게 하고 싶은 말을 분명히 전달할 수 있게 된다.

예를 들어, 자녀의 친구가 자녀와 함께 나온 사진을 SNS에 게시했는데, 자녀는 그 사진이 마음에 안 들었다고 해보자. 그럴 때는 자신의 마음을 이렇게 전달하면 된다.

- 긍정적인 말 : 어젯밤 파티에 초대해줘서 정말 고마워!
- 하고 싶은 말 : 네가 SNS에 올린 파티 사진 봤어. 그런데 그 사진에 내가 좀 이상하게 나온 것 같아서 내려주면 좋겠어.
- 긍정적인 말 : 다음에 또 만나서 재미있게 놀자!

공감 능력 향상을 위한 팁

아이의 공감 능력은 저절로 생기지 않으며, 특히 빠른 속도로 변화하는 기술 시대에는 더더욱 힘들다. 따라서 자녀의 공감 능력 발달에 부모의 책임이 더욱 막중해지기에 다음과 같은 팁을 활용하면 좋다.

- 대화할 때 항상 상대의 눈을 마주치도록 한다.

- 수많은 다양한 사람들과 직간접적으로 접할 수 있게 한다.

- 폭력 사건에 대해서 같이 이야기한다.

- 갈등이 있은 다음에는 관계된 모든 사람의 생각과 감정에 관해 이야기한다.

- 자신과 다른 사람에게도 존중하는 태도를 부모가 직접 보인다.

공동체에 기여하는 아이로 키우기

인간은 사회적 동물이기 때문에 자신의 공동체에 기여하고 싶은 욕구가 내재해 있으며, 그 욕구 충족으로 인한 만족감을 느끼고 싶어 한다. 가장 상위의 인간 동기는 사회에 긍정적인 영향을 미치고 싶은 '사명감'이다. 이처럼 타인을 돕고, 공동체에 기여하는 이타적 행위를 하면 엔도르핀이 다량으로 분비되어 기쁨과 행복감을 느끼게 되는데, 이를 '헬퍼스 하이(helper's high)'라고 부른다.

타인을 돕고 공동체에 기여하는 것은 꼭 봉사활동으로만 가능한 것은 아니다. 학업, 운동, 놀이 등 무언가를 잘하면, 그 자체가 주변에 좋은 영향을 끼친다고 설명하자. 그래서 만일 아이가 운동을 잘하면 팀의 우승에 직접 기여할 수도 있지만, 아이들의 노력, 끈기 등을 다른 사람이 본받게 만들 수도 있다. 아이가 가족, 친구, 지역 커뮤니티, 나아가 지구촌 전체와 강한 연대감을 느끼도록 교육하면, 이는 아이의 삶에 평생 지속되는 강한 동기가 될 수 있다.

오프라인에서든, 온라인에서든 상대에게 조그만 친절을 베풀도록 교육시키는 것을 첫 발걸음으로 활용하길 권한다.

- 아이에게 선의의 댓글, '선플'의 중요성을 깨닫게 하자. 온라인에서 긍정적인 말과 응원의 메시지를 주고받도록 가르치되, 특히, 누군가가 남긴 악플을 보게 된 경우에 그 밑에 좋은 댓글을 달도록 하면 좋다.
- 온라인 모임 활동에 참여하게 하자. '고펀드미'처럼 개별적인 사안이나 재해 및 재난 구호 등 국제적인 사안 등 다양한 주제로 활동이 펼쳐지고 있는데 무엇이든 좋다. 흔히 '참여'하면 '기부금'을 떠올리지만, 참여 방법에는 여러 가지가 있다. 그 주제에 대해 친구에게 메시지를 보내어 알리거나, 해당 게시물에 '좋아요'를 누른다거나, 응원 댓글을 남기는 것도 좋은 방법이다.
- 친구나 가족 중에 응원이 필요한 사람이 있다면, '힘내라'는 문자나 이모티콘 또는 따뜻한 음성메시지를 보내게 해보자. 또 굳이 응원이 아니더라도 주변에 긍정의 에너지를 전파하는 것도 훌륭한 방법이다.
- '좋아요'나 친구 추가를 관심의 표현으로 받아들이고, 요청에 긍정적인 방식으로 응하는 법을 가르치자. 아이가 다른 사람의 칭찬을 받아들일 줄 알고, 친절을 주고받을 수 있도록 가르치는 것이 중요하다. "칭찬에 감사합니다. 저에게는 큰 힘이 됩니다"라는 말을 하도록 연습시키자(이 말은 칭찬에 대한 '갈구'와는 매우 다르다. 기분이 좋아지기 위해서 칭찬을 '필요'로 하는 습성이 들면, 처음에는 효과가 있을지

몰라도 오래가지 않는다. 결국에는 불안감을 유발하는 악순환의 고리가 만들어진다). 이런 것을 가르치면 아이는 '좋아요'를 자아팽창의 도구가 아니라, 타인과 사회를 위해 더 많은 활동을 하라는 응원의 메시지로 받아들일 수 있을 것이다.

사이버 폭력 예방법

아이가 건강한 소통 방식을 배우고, 공감 능력을 기르고 있다 하더라도 얼마든지 상어형인 사람을 만날 수 있다.

사이버 폭력은 악성 메시지를 보낸다거나 SNS에 모욕적인 사진을 올리는 등 사이버 공간에서 다양한 형태로 타인에게 가해지는 괴롭힘을 일컫는다.

십 대 중 무려 87%가 이런 사이버 폭력을 목격했다고 한다. 따라서 아이에게 온라인상에서 사이버 폭력이나 바람직하지 않은 행동, 또는 다른 갈등을 목격했거나 겪고 있는지 자주 물어보고, 아이가 불편함을 느끼는 일이 발생하는 즉시 부모에게 와서 알리게 하는 습관을 만들어주자. 이는 대화 한두 번으로 끝낼 일이 결코 아니며, 아이가 커가면서 더욱 복잡한 양상으로 발전할 수 있기에 지속적인 대화가 필요하다. 사이버 폭력 문제는 다음과 같은 다양한 방식으로 접근할 수 있다.

- 당신이 읽거나 접한 이야기나 뉴스를 아이에게 먼저 말하고 대화한다.
- '사이버 폭력이 왜 나쁘다고 생각하니?', '이런 걸 직접 겪었거나 겪는 친구를 본 적 있니?' 등 열린 질문을 건넨다.
- 이런 질문은 부모에게는 아이의 행복이 가장 중요하기 때문에 던

진다는 것을 분명히 전한다. 화난 상태로 다짜고짜 상대나 그 부모에게 따지고 항의하거나, 무조건 기기를 못 쓰게 빼앗아버리거나 당장 다른 학교로 전학시키려는 게 아니라고 잘 설명한다.

- 자녀가 이런 사이버 폭력을 당하게 되었을 때 어떤 식으로 대처할 것인지 논의한다.

아이가 사이버 폭력 피해자일 때 부모가 해야 할 일

- 무슨 일이 있었든지 아이는 지금 이곳이 안전하며, 부모는 자신에게 늘 변함없이 사랑하고 지지를 보낸다는 점을 확신시킨다.
- 상황은 바꿀 수 있으며 언젠가는 끝난다고 말한다.
- 어른에게 알리는 것은 고자질이 아니며, 자신을 위해 맞서는 일이고, 동시에 가해자에게도 결국 도움이 되는 일임을 분명히 알린다.
- 스마트폰이든, 컴퓨터든 전자기기를 끄고 휴식을 취한다. 특히 혼자 있을 때 보지 않게 한다. 그러나 다른 사람들이 자신에 대해 뭐라고 하는지 아이가 꼭 알아야겠다고 고집하면, 부모가 아이 대신 찾아보거나 신뢰할 만한 다른 사람에게 대신 봐달라고 부탁한다.
- 아이가 오프라인에서 진짜 친구와 만나는 시간을 갖도록 한다. 사이버 폭력의 충격을 완화시키고, 자신이 믿을 수 있는 친구가 있음을 아이가 깨닫는 좋은 기회가 되기 때문이다.
- 학교나 경찰에게 연락하는 것도 고려해본다. 혐오물, 아동음란물 등이 포함된 콘텐츠는 보는 즉시 신고한다.
- 아이가 사이버 폭력의 피해자 또는 가해자라면 관련한 상대 아이의 부모에게 연락한다.
- 아이가 후회할 만한 내용의 게시물을 올렸다면, 게시물을 내리고

사과하며 책임지게끔 가르친다.

- 감정적으로 흔들릴 때는 반응하지 않도록 가르친다. 나중에 후회할 만한 말을 순간적으로 내뱉을 수 있기 때문이다.
- 책임감 있는 성인과 상황에 관해 대화하기 전까지는 가해자와 무조건 엮이지 말라고 가르친다. 폭력 가해자들은 상대의 반응을 기다리기 때문에 무반응으로 대응해야 한다.
- 악의적 콘텐츠를 보내는 사람의 스마트폰 번호, 계정, 이메일을 차단한다.
- 증거가 필요할 경우를 대비해 화면을 캡처하고 보내온 메시지를 저장하고 출력한다.

섹스팅

최근에야 등장하기 시작한 섹스팅은 복잡한 주제이자 계속 발전하고 있는 심각한 주제다. 성적인 호기심은 십 대 때 일어나는 자연스러운 현상이지만, 섹스팅은 매우 큰 폐해를 낳는다.

섹스팅(sexting)은 섹스(sex)와 문자(texting)의 합성어로, 노골적인 글, 사진, 영상 등 음란물을 주고받는 행위를 말한다. 대개는 사귀는 중이거나 서로 관심 있는 이성들 사이에 일어나지만, 친구끼리 또는 어떤 단체에서든 일어날 수 있다. 그 내용은 성적인 글에서 나체 사진, 포르노까지 다양하다.

부모들은 아이들의 욕구에 대해 이해해야 한다. 2015년 미시간 주립대학교의 연구에 따르면, 십 대의 24%가 친구(잘 아는 사람, 지인)라고 여겼던 사람에게서 성희롱을 당한 적이 있다고 대답했다.[79] 이런 콘텐츠를 공유하는 많은 십 대들은 나중에 자신의 행위를 부끄러워하거나 후회했다. 이 연구는 또한 실제 파트너와 심리적으로 안정적인 관계인 사람보다 파트너로부터 부정적인 평가를 받을까 두려워하는 사람들이 섹스팅을 더 많이 하는 것으로 밝혀졌다.[80]

섹스팅에 대한 부모의 대응법

- 부모는 자녀에게 안전한 섹스팅을 교육할 의무가 있다고 말한다.
- 사건이 일어난 후 뒤늦게 대응하는 일이 없도록 미연에 방지한다. 평소에 먼저 "섹스팅이란 말을 들어본 적 있니?"라고 물어보자. 어쩌면 상상외로 긴 대답이 돌아올지도 모른다. 아이와의 대화를 통해 이런 주제를 꺼내도 된다는 확신을 얻을 수 있다.
- 섹스팅에 대한 아이들의 질문에 솔직하게 대답한다. 물론 그렇다고 굳이 상세하게 온갖 것을 다 알려줄 필요는 없다. 아이가 성장하는 내내 계속 대화해야 하는 주제이기 때문이다.
- 미성년 섹스팅은 범죄로 취급되는 곳이 많다는 사실을 알려준다.
- 받은 사진이나 영상 등은 즉시 삭제하게 한다.
- 상대에게 성적인 사진이나 영상을 어떤 경우에도 요청하지 말라고 단단히 교육한다.
- 일단 전송되고 나면 결코 회수될 수 없다. 아이에게 "네가 보낸 노출 사진을 조부모, 교사, 코치, 또는 친척 등이 보게 된다면 어떨까?"라고 물어보며 주의하라고 한다.
- 선정적인 사진을 보내거나 받고 싶은 강한 욕구가 들 수도 있지만, 조금만 더 생각해보면 그로 인해 얼마나 큰 피해가 생기는지 알 수 있고, 따라서 무조건 피하는 게 최선의 방책임을 설명한다.

7장

창의력 : 세로토닌으로
아이들의 미래에 날개를 달아주자!

THE TECH SOLUTION

CREATING HEALTHY HABITS
FOR KIDS GROWING UP
IN A DIGITAL WORLD

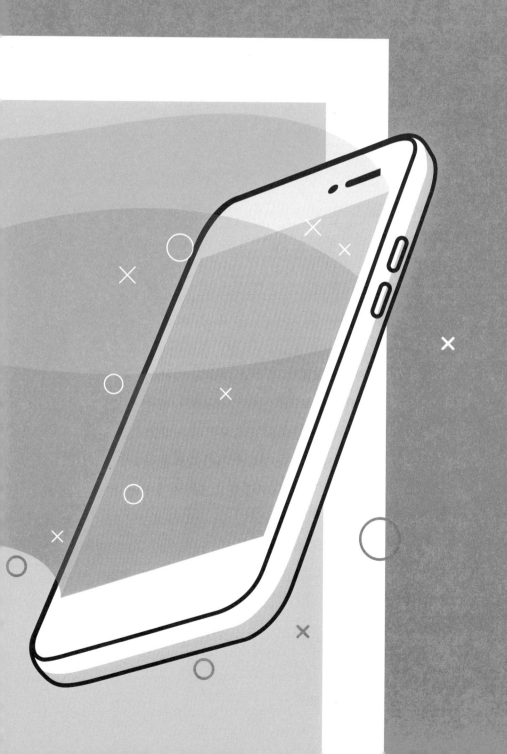

7

"삶은 정말로 단순한 것이지만, 우리는 그 삶을
복잡하게 만들려고 애를 쓰고 있다."

- 공자

릴리 싱은 혜성처럼 등장했다. 2019년 가을에는 31세의 나이에 NBC
에서 자신의 이름을 딴 심야 토크쇼 방송도 시작했다. 영화나 TV 같은 기
존 미디어가 아닌 유튜버로 이름을 알렸고, 후에 기존 방송에 진출한 이례
적인 경우다. 음악, 콩트 등 다양한 영상을 직접 찍고 편집해서 유튜브에
올리는 것으로 시작했지만, 이제는 전체 영상 조회 수가 10억 뷰를 넘은
유튜브 대스타로 등극했다.

캐나다 토론토 교외 지역에서 자란 그녀는 '더 록(The Rock)'이란 애칭
으로 잘 알려진 드웨인 존슨(Dwayne Johnson)의 팬으로 힙합 가수가 되고
싶어 했지만, 부모의 반대에 부딪혔다. 안정적인 직업을 원하는 부모의 뜻
에 따라 토론토에 있는 요크 대학교에서 심리학을 전공했던 이 22살의 어

린 여학생은 심한 우울증에 걸렸다.

"부모님이 시키는 대로만 사는 기계적인 삶의 반복이었어요. 매일 똑같았어요."

처음에는 그저 기분을 전환할 목적으로 틈틈이 재미있는 유튜브 영상을 보기 시작했을 뿐이었다. 그러던 어느 날 갑자기 무슨 바람이 불었는지 자신도 한번 올려보자 싶어서 시 낭송 영상을 찍어 올렸다. 잠깐 정신이 나가서 저지른 일 같은 후회감으로 나중에 영상을 내렸지만, 그사이에 조회수가 '70회'가 기록된 것을 보자 갑자기 스타가 된 듯한 흥분감에 들떴다.

"계속 생각했어요. 대체 누가 그 영상을 어떻게 보게 된 거지?"

그녀는 미국 엔터테인먼트 잡지인 〈할리우드 리포터(Hollywood Reporter)〉와의 인터뷰에서 설명했다 '정말 누굴까? 이 영상은 왜 본 걸까?' 이 질문이 떠나질 않았어요. 그리고 이 단순한 의문은 그녀의 내면에 잠자고 있던 열정에 불을 붙인 출발점이 되었다.

"학교에서 그 많은 강의를 듣고 프로젝트를 했는데, 이제야 제가 좋아하는 걸 찾은 거죠."

2019년 〈뉴욕(New York)〉에서 밝힌 고백이었다.

그렇게 즉흥적이고 어설펐던 첫 영상을 시작으로 두 번째, 세 번째 영상이 이어졌다. 세일해서 장만한 캐논사의 T3i DSLR 카메라 앞에 서는 일도 점점 더 익숙해지면서, 조명, 각도, 영상편집 등에 관해서도 공부해나갔다. 그리고 '십 대', '인도계'라는 자신의 정체성을 중심으로 재치 있는 코미디 영상을 만들며 자신의 유튜브 채널을 정착시키기 시작했다. 얼마 후부터 그녀는 '슈퍼우먼'이라는 닉네임으로 일주일에 두 번 영상을 올렸다. 2017년이 되자 릴리 싱은 〈포브스〉 선정 '세계에서 제일 수입이 많은 여성 유튜버' 1위, '세계에서 가장 수익이 많은 유튜버' 3위를 차지하는 기록을 세웠다.

화려한 색상을 좋아하고 거꾸로 야구모자 쓰기를 좋아하는 그녀는 유튜브의 'DIY 정신'을 잘 보여주는 대표적인 성공사례다. 2019년에는 NBC에서는 카슨 데일리(Carson Daly)가 진행하던 기존의 방송 프로그램을 폐지하고, 그녀의 이름을 딴 새로운 심야 프로그램을 신설했다. 카슨이 라디오 DJ로 시작해서 MTV의 VJ라는 전통적인 수순으로 TV 스타가 된 데 반해, 릴리 싱은 직접 대본을 만들어 영상을 찍고 편집해서 올리는 등 전 과정을 스스로 하는, 디지털 시대에 걸맞은 방법으로 스타 대열에 합류했다.

아이들은 선천적인 크리에이터

이렇듯 창의력을 이용해 전 세계에 이름을 알리는 릴리 싱처럼 아이들은 누구나 창의력을 갖고 태어난다. 즉 모든 아이는 DNA 속에 창의력이 있는 태생적인 창작자, 크리에이터인 셈이다. 사람들은 무언가를 만들 때 자기 자신에게 가장 진실하다. '창의성'이라는 단어가 늘 정확한 정의 없이 애매하게 쓰이고는 있지만, 무언가 새로운 것을 떠올리거나 만들어 내는 게 창의성에서 핵심이다. 만들어 내는 대상은 아이디어, 디자인, 아이디어 사이의 연결, 문제해결법 등 다양하다. '창조적'이라는 영어 단어 'creative'는 '만들다'라는 뜻의 라틴어 'creare'로부터 나왔다. 창의성은 결코 신동이나 천재들만의 영역이 아니라, 모든 이들에게 내재한 인간 고유의 특징이다.

토마스 홉스(Thomas Hobbes)와 존 로크(John Locke)와 같은 계몽주의

학자들이 인류 발전의 원동력으로 인간의 상상력과 창의력을 꼽았듯, 실로 창의력은 인류의 진화와 발달의 크나큰 기폭제가 되었다. 사람을 사람답게 만드는 이 특징을 이용해 사람들은 벽화부터 치료제, 가상현실 스포츠까지 무엇이든 일단 머릿속으로 상상하고 현실화시켰다. '슬기로운 사람'이란 뜻의 '호모 사피엔스'가 그전의 유인원 조상과 다른 점도 바로 여기에 있다.

나는 인간의 마음을 지문에 종종 비유한다. 사람의 뇌 구조와 사고패턴은 지문처럼 사람마다 다르다. 유전적 요소와 자기 삶의 경험이 한데 어우러져서 나오기 때문에 완전히 고유한 개인적 특징이다. 아이들은 내면에 잠재하는 무한한 창의력의 세계로 뛰어들어가 자신의 정체성과 열정 및 재능을 찾는 법을 배워야 한다. 아이들의 진정한 자율성, 숙달된 능력, 공동체 의식은 오로지 자신의 내면에서만 비롯될 수 있다. 부모를 포함해 외부의 어떤 사람도 억지로 부여해줄 수 없는 능력이다. 이 장에서는 아이들이 자신의 열정을 발견하고, 창의력을 발휘하며, 삶의 진정한 목적을 찾는 데 기술을 어떻게 활용할 수 있는지에 대해 살펴본다.

세로토닌

사람은 누구나 중요한 사람이 되고 싶어 한다. 세상에 아무런 흔적도 남기지 않고 사라지고 싶은 사람은 없다. 인간의 두뇌는 타인으로부터 존중과 존경을 받기를 원하도록 진화했다. 그래서 다른 이들의 존경을 받거나 책임 있는 위치에 올랐을 때 우리는 기분이 좋아진다. 여기에 핵심적으로 작용하는 신경전달물질이 세로토닌이다. 세로토닌 때문에 우리는 사회적 지위와 명성을 원하고, 그로 인해 안정감, 만족감, 자신감을 느끼게 된다. 또, 자존감, 창의성, 자존심을 높이고 불안감을 줄여주는 역할도 한다.

자부심이 느껴졌던 순간을 떠올려보자. 분명, 개인적으로 중요한 목표를 달성했거나 동료들로부터 인정을 받았던 때였을 것이다. 뇌에서 세로토닌이 분비된 덕분에 우리는 자신감과 에너지로 차오르게 된다. 세로토닌은 창의력을 유지해주는 데에도 관여한다. 그래서 우리의 창의력을 자극하거나 세상을 보는 시각을 넓혀주는 앱이나 사이트를 이용할 때, 또는 그런 게임을 할 때 분비된다. 글쓰기, 그림 그리기, 악기 연주 등 아이들이 배우고 상상하고 협동하고 무언가를 만들거나 열정을 불태울 때 창의력과 관련한 인지적·생리학적 통로가 활성화된다. 그러면 세로토닌 수치가 올라가서 희열감, 자신감, 만족감이 느껴진다. 세로토닌은 우리가 햇볕을 쬐거나 운동을 할 때, 또, 대인관계를 맺을 때도 분비되는 것으로 알려져 있다.

세로토닌 수치가 낮아지면 아이들은 우울해지고, 쉽게 짜증을 내며, 충동적으로 변할 수 있다. 실제로 세로토닌 결함은 우울·불안을 유발하는 것으로 알려져 있다. 세로토닌을 분비하는 유전자가 제거된 쥐로 실험하니, 두뇌가 급속히 발달하는 성장기에 세로토닌이 분비되지 않으면 다 큰 후에 불안 행동을 보였다. 스트레스도 창의력 저하의 원인으로 꼽는다. 스트레스를 받은 영장류는 새로운 영역을 개척하거나 새로운 친구를 사귀지 않고 익숙한 것에 집착하는 경향을 보인다.

프로작(플루옥세틴), 셀렉사(시탈로프람), 졸로푸트(설트랄린)와 같은 항우울제는 세로토닌을 높여주는 작용을 한다. '선택적 세로토닌 재흡수 억제제(SSRI)' 계열인 이 약물들은 세로토닌이 재흡수되는 것을 막아 뇌 속에 더 오래 머물도록 한다.

창의력을 증진하는 6가지 기술 사용법

인간은 창의성을 갖도록 진화했고, 기술의 발달 덕분에 그 어느 때보다 더 큰 꿈을 꿀 수 있는 시대에 살고 있다. 기술은 우리가 다른 시각으로 세상을 보고, 언제든 필요한 정보를 찾아보게 하며, 새로운 열정과 아이디어를 떠올리는 게 하는 고마운 존재다. 그렇다면 기술이 어떻게 창의력을 높이는 데 쓰일 수 있는지 6가지 방법을 살펴보자.

1. 정보 : 정보는 창의성에서 가장 중요한 요소다. 인터넷은 정보 공유의 장이기에 아이들은 원하는 어떤 주제든 쉽게 정보를 찾을 수 있다.

2. 효율성 : 기술 덕분에 창의력 발휘가 더 쉽고 간단해졌다. 글쓰기만 해도 컴퓨터와 워드 프로그램을 이용해 예전보다 훨씬 쉽게 쓰고 편집할 수 있다. 물론, 닐 게이먼(Neil Gaiman), 조이스 캐롤 오츠(Joyce Carol Oates), 스티븐 킹(Stephen King) 등 몇몇 작가들은 여전히 직접 손으로 쓰는 것을 선호한다고 한다지만 이는 극히 일부에 불과하다.

3. 접근성 : 스마트폰만 있으면 누구든 사진과 영상을 찍을 수 있다. 일반인들도 편집 도구와 팟캐스팅 입문용 장비를 쉽게 마련할 수 있기 때문에 아이들도 예전과는 비교도 안 될 정도로 쉽게 뭔가를 만들 수 있다.

4. 협업 : 마음이 맞는 사람과의 협업이나 전 세계에 있는 다양한 사람들과 협업하기도 훨씬 쉬워졌다. 혁신은 사람들이 협업하고 아이디어를 주고받는 과정을 통해 나온다.

5. 온라인 학습 : 온라인 강의를 제공하는 교육 콘텐츠 플랫폼 덕분에 글쓰기, 보고서 쓰기, 대본 쓰기, 연출, 연기, 요리 등 창의성이 바탕이 되는 수많은 분야에서 아이들도 쉽게 기본기를 익힐 수 있다.

6. 새로운 도구 : 3D 프린팅, 스토리텔링 도구, 영상 만들기 도구 등 아이들이 자신을 표현하기 위해 선택할 방법과 매체가 다양해졌다.

경이로운 보조재활 기술

유튜브가 릴리 싱의 부모님은 상상도 할 수 없었던 방법으로 딸에게 미래를 열어주었듯 기술은 내 아들 조쉬의 미래도 활짝 열어주었다. 맏이인 조쉬는 9살 때 손으로 글씨를 쓰는 데 어려움을 보이는 '난필증' 진단을 받았다. 즉 자기 생각을 종이에 표현하기 힘들고, 억지로 쓴다고 하더라도 필체를 알아보기가 매우 힘들다는 말이다. 게다가 나중에는 ADHD 진단도 받아서 주의력 결핍, 충동성, 과잉행동까지 나타났다. 조쉬는 정리는 꽝인 데다 걸핏하면 잊어먹어 스케줄 관리도 어려웠다. 곧, 학교생활에서 문제가 생겨서 생활기록부에는 '게으르고 정리도 할 줄 모르는 멍청이'라는 평가가 적힐지도 모를 일이었다. 통계적으로 보면 사실 조쉬는 고등학교도 제대로 졸업하기 힘들어 보였다. 이렇게 되면 아이의 자존감도 무너지고, 직업 선택 범위도 좁아지며, 삶의 행복까지도 제한될 것 같았는데, 너무도 다행히 발달한 보조재활 기술 덕에 완전히 새로운 미래를 열 수 있었다.

난필증 때문에 조쉬는 숙제나 에세이 쓰기는 물론, 시험까지도 키보드로 치거나 음성 받아쓰기 프로그램을 이용해야 했다. ADHD까지 있으니 집중력을 높여야 했기에 노이즈캔슬링 헤드폰을 낀 채 수업도 받고 시험도 쳤다. 또 시간 관리를 위해서 스케줄 관리 앱과 전자수첩 앱을 사용했다. 이런 디지털 도구 없이는 학교 수업을 따라가기가 솔직히 불가능했을지도 모른다.

조쉬는 긍정적이고, 사랑스러운 성격에 자신감 넘치는 십 대 소년으로 성장했다. 기억력도 좋고, 발도 빠르며, 사교적이고, 카리스마도 있다. 또, 연설에도 재능이 있어서 국제 대회에도 출전했는데, 12살 때는 500명의 성인들 앞에서 인종 간의 불평등을 주제로 연설을 해서 기립박수까지 받았다. 못 하는 것도 분명 있지만, 다른 사람보다 잘하는 분야도 있는 것을 기억력, 대인관계 기술 및 말하기 능력 덕분에 조쉬 스스로 인정할 수 있었다. 대중 연설에 특히 관심이 매우 많은 그는 자신의 미래에 대해서도 긍정적이다. 10년만 일찍 태어났어도 꿈도 못 꿨을 삶을 누리고 있는 셈이다.

학습, 표현, 창의력에 새로운 기술을 접목한 보조재활 덕분에 ADHD, 언어장애, 시각장애, 자폐, 난독증 등 신체적·심리적 장애가 있는 다양한 아이들에게 더욱 평등한 교육 기회가 제공되고 있다.

캠브리지 대학교의 스티븐 호킹(Stephen Hawking) 교수야말로 단연코 이 분야의 개척자라 할 수 있다. 대학원에 재학 중이던 그는 21세의 나이에 근육이 위축되는 루게릭병 진단을 받은 후, 지난 2018년 76세의 일기로 사망하기까지 재활기술의 무궁무진한 잠재력을 누구보다 여실히 보여주었다. 또한, 기술이 없었으면 사장되고 말았을 개인의 능력이 기술을 통해 인류의 지식과 문화에 얼마나 크게 기여할 수 있는지를 증명한 기술 발달의 산증인이기도 하다.

문화의 아이콘이 된 호킹은 세계에서 가장 유명한 과학 전파자가 되었다. 그는 날카롭고 위트 넘치는 우주 소개서인 《시간의 역사》를 써서 영국 런던 〈더 선데이 타임스(The London Sunday Times)〉의 베스트셀러 목록에 237주 동안 오르는 대기록을 세웠다. 전문 과학용어는 피하면서 사실에 기반해서 객관적으로 쓰되 가장 쉽게 읽히도록 노력했으며, 일반인들도 "가장 지적이고 철학적인 질문에서 소외되지 않도록 느끼게 하려고" 책을 썼다고 밝혔다. 그는 생전에 수십 권의 과학 논문, 사설, 아동서를 출판하고, 루게릭병으로 점점 마비되어가면서도 전 세계를 다니며 강연을 펼쳤다.

나중에 병세가 악화해 입으로 말을 할 수 없게 되자 키보드에 부착한 스위치를 통해서 글을 쓰고 음성합성기를 통해 '말'을 했다. 사망 전 몇 년 동안은 손가락을 움직일 힘조차 없어서 단어 예측 알고리즘을 이용해서 소통했다. 뺨에 있는 미세한 근육을 움직이고 오른쪽 눈을 깜빡거려서 컴퓨터를 작동시켰다.

호킹은 아인슈타인 이후 우주 초창기와 블랙홀 연구에서 인류에 막대한 공헌을 했지만, 재활기술이 없었다면 사실상 그의 지식은 세상의 빛을 못 보고 그의 머릿속에만 머물렀을 것이다.

중국의 학교 교육에서 얻은 교훈

그렇다면 이제 정규교육 과정에서의 창의력 교육에 대해서 살펴보자. 전 세계는 3년마다 실시하는 국제학업성취도평가(Program for International Student Assessment, PISA)를 통해 각국의 교육제도에 대해서 논의한다. PISA는 만 15세 학생들의 학업성취도를 국제비교적인 관점에서 평가하기 위해 경제협력개발기구(Organization for Economic Cooperation and Development, OECD)에서 주관하는 학업성취도 평가다. 만 15세 학생의 읽기, 수학, 과학 성취 수준을 3년 주기로 평가하는데, 그간 중국과 홍콩이 계속 최상위권을 유지했다. 2009년에 중국과 홍콩이 각각 1위와 2위를 차지한 가운데 미국이 24위를 기록하자 미국의 교육부 장관은 "미국의 교육이 시대에 뒤떨어졌다는 경종을 울리는 가혹한 진실"이라며 실망감을 드러냈다.

이 결과를 통해 서구의 매체, 정치인, 정책담당자들은 '중국의 높은 성적 = 교육적 성공 = 모방해야 할 제도'라는 메시지로 해석했다. 곧이어 서구 각국에서는 앞다투어 방학과 체육관을 없애고 시험 횟수는 늘리며 아이들에게 더 많은 요구를 하는 '중국식' 제도를 도입하기 시작했다. 하지만 중국은 정반대의 결정을 내렸다. 학교에서 단순 암기와 기억을 중시하고, 긴 수업 시간과 많은 숙제량을 자랑하던 기존의 방식에서 탈피하고자 했다. 중국의 학교 교육이 시험에서 대단한 성과를 거둔 것은 분명하지만, 단점까지도 분명히 알고 있었기 때문이다.

기존의 주입식 학교 교육을 받고 사회로 진출한 학생들은 '창조적 파괴'가 세계 경제를 이끄는 이 시대에 적합한 인재가 아니라는 판단에서였다. 나는 《돌고래형 부모》를 쓰던 기간에 상하이의 푸단 대학교를 방문했는데, 방문 당시 중국의 교육제도를 새로운 방향을 설정하는 두뇌집단과 면담했더니 중국 정부는 이를 증명할 데이터가 있으며, 그에 기반해서 내린 판단이라고 밝혔다.

중국에서는 대학교 입학을 희망하는 학생들은 모두 가오카오라는 중국의 수능 시험을 치러야 한다. 지난 50년간 중국 정부는 이 시험에 대한 수천만 건의 데이터를 수집했다. 면담에서 나는 수능에서 수석을 했던 학생들이 이후 어떻게 되었을지 예상해보란 질문을 받았다. 놀랍게도 수능 수석이 끝이었다. 새로운 특허를 내지도 새 기술이나 치료제를 개발하지도 못한 채 대학교 졸업과 동시에 말 그대로 '사라져버린' 존재가 되었다.

중국의 교육 정책담당자들도 중국의 부호 마윈(Jack Ma)이 수능에서 삼수를 통해 겨우 대학교에 들어갔으며, 수능 수리영역에서 120점 만점 중

1점을 맞은 적도 있다는 사실을 익히 알고 있었다. 그래도 어쨌든 그는 영문학을 전공해 중간 정도의 성적으로 대학교 졸업장을 땄다. 그리고 1999년, 그는 자신이 살던 아파트에서 세계 최대의 온라인 플랫폼인 알리바바를 창업했다.

"저는 아들에게 반에서 3등 안에 안 들어도 된다고 말합니다. 중간쯤 해도 괜찮습니다. 그런 학생만이 다른 기술을 배울 시간이 충분하거든요."

마윈이 연설 중에 한 말이다. 중국의 상위 IT 기업의 경영진 중에는 마윈처럼 학교 성적이 중간 정도였던 사람이 많다.

중국 정부는 더욱 혁신적인 인재를 길러내기 위해 과감한 변화를 꾀하면서 학교 시험의 횟수도 줄이고 반영 비중도 낮췄다. 또, 학생들의 숙제량도 제한하고, 방과 후 및 방학 동안에 학교에서 받는 과외활동도 금지하는 제도를 도입하고 있다. 또한, 기존의 과목에서 확장시켜 창조력, 비판적 사고, 의사소통, 협업력, 조직헌신력으로 구성된 의식지수(CQ)를 더 강조하고 있다. 사회성 교육, 놀이기반 학습, 도덕성 교육, 예술 교육 강조, 학생들 스스로 생각하고 탐색하며 창의성을 발휘하는 기회 증대 등도 이런 새로운 교육 방향에 포함된다.

CQ로 성공하기

나는 우리 대학교의 의학전문대학원 지원자 면접을 통해서 이런 CQ 능력의 중요성을 더욱 절감하게 되었다. 지원자들은 북미 전역의 대학교를 졸업한 최상위권 학부생, 피아니스트, 올림픽 수준의 운동선수 등 다들

내로라하는 우수한 학생들이었다. 지원서를 보면 머리도 좋은 데다 그간 열심히 노력하며 살아온 흔적이 역력했지만, 다음 세대의 의사가 되려면 그 이상이 필요했다.

그래서 심층 면접에서 이들의 CQ 능력을 파악하는 문제가 나간다. 예를 들면, 학생들에게 그림이나 짧은 토막 문구 또는 시를 1분 동안 잘 보라고 한 다음, 면접 심사위원들이 있는 방으로 가서 방금 본 것이 자신에게 의미하는 바와 그 이유를 설명하는 문제를 준다. 지원자들한테는 피가 마르는 7분의 제한 시간이 주어진다.

이러한 것은 학생들의 창의성, 다시 말해 즉석에서 사고력과 대응능력을 평가하기 위한 문제다. 따로 대비할 수 있는 문제도 아니어서 완전히 망치는 지원자들도 생긴다. 너무 당황한 나머지 우는 여학생도 있었고, 화가 나서 문제의 공평성에 의문을 제기한 남학생도 있었다. 이들은 장애물을 마주치는 순간 부러지는 일명 '유리멘탈'인 학생들이어서, 위험은 회피하려 하고 스트레스에는 취약해서 쉽게 번아웃되고 유연성도 없다. 의사에게는 완전 정반대의 자질이 요구되기에 부적격일 수밖에 없다.

이런 문제에 잘 대처한 지원자들은 빛이 났다. 재치 있는 발상에 전달방식도 효과적이고 훌륭했다. 눈을 쳐다보며 미소를 짓고 열정적이며 설득력 있는 태도를 보이면서, 자신의 경험과 연관시키고 자신의 가치관이 드러나게끔 잘 전달했다. 그런 모습을 보고 있노라면, 엄마라면 누구나 자기 아이들을 맡기고 싶을 소아과 의사라고 평가하게 되는 것이 당연했다.

다른 전공도 그렇지만, 의대에서도 더는 강의 시간 내내 방대한 지식만 나열하지 않는다. 그 대신 생각하는 법, 제대로 질문하는 법, 공감하며 가족과 환자를 대하는 법, 앞장서서 솔선수범하는 법, 예상치 못한 문제에 대한 창의적 해결법, 실제 스트레스에 대처하는 법 등을 훨씬 강조한다. 그리고 이 주제에 대해서는 내가 누구보다 제격이라고 믿는다.

놀이의 힘

놀이는 인간의 본성이다. 포식자로부터 언제 어디서 잡아먹힐지 모르는 자연환경 속에서 살면서도 모든 포유동물은 따로 놀이시간을 갖는다. 어떤 연령대든지 상관없이 놀이는 뇌의 전전두엽이 발달하는 것과 직결되어 있다. 뇌의 앞부분, 이마 아래 안구 뒤쪽에 위치하는 전전두엽은 고등 사고 및 기능을 담당한다.

놀이의 시간은 소뇌의 비율, 크기, 발달과도 직결된다. '작은 뇌'라는 뜻의 소뇌는 뇌간 바로 위에 위치하며 균형 및 조절과 같은 운동 기능 등을 포함해 다양한 기능을 수행한다.

놀이는 신경세포의 성장도 촉진한다. 떨어져 있는 두 영역 사이를 연결하는 새로운 신경세포가 자라나게 하기 때문이다. 연구를 보면 놀이가 추상적 사고, 감정조절, 문제해결 및 전략 세우기와 관련한 신경회로를 자극한다고 한다.

놀이는 우리의 도전 정신과 적응력을 키워준다. 영장류에게는 놀이가 유대관계 형성과 관계회복에 도움이 된다. 예를 들어, 싸우고 난 후 침팬지는 서로의 손바닥을 간지럽히는 행동을 한다. 이렇게 상대에 대한 애정과 친밀함을 표현하는 행동은 둘 사이의 관계를 다시 좋게 만든다.

놀이는 크게 보면 자유 놀이와 구조적 놀이로 구분되는데, 서로 다음과 같은 차이점이 있다.

자유 놀이는 창의적이고 즉흥적인 놀이 형태로, 아이의 회복탄력성 등 심리적 성장에 좋다. 문제해결, 갈등해소는 물론, 협동능력을 기르는 데에도 도움이 된다. 인형 놀이나 모래 놀이는 창의력과 상상력을 키우고 감정을 건강하게 표현하도록 한다. 상상 놀이는 아이가 새로운 상황에 놓이게 하고, 다른 사람의 관점에서 삶을 바라보는 기회를 준다.

구조적 놀이는 목적이 있는 놀이로, 놀이의 규칙을 알아야 목적을 달성할 수 있다. 설명서가 있는 레고 조립, 모형자동차, 우주선 키트 만들기나 축구, 하키 같은 단체 운동이 여기에 속한다.

두 종류의 놀이 모두 아이들의 정신적 건강을 증진시키며, 학습과 성장에 도움이 된다. 하지만 소프트웨어 프로그램에 내장된 고도로 조직화된 게임은 문제가 있다. 게임 플레이어가 '집행 기능'을 전혀 발휘하지 않고, 그저 수동적으로 따르게만 하기 때문이다. 다시 말해, 아이가 그런 종류의 놀이를 하는 동안 주체적으로 스스로 계획을 세우고 계획을 집행할 필요가 없다는 말이다. 이와 반대로 자유 놀이는 하면 할수록 집행 능력이 더 발전하게 된다.

자유 놀이 시간은 지난 수십 년간 계속 감소해왔는데, 여기에는 기술이 큰 요인으로 작용했다. 아이들은 자유 놀이를 많이 해야 하는데, 오히려 감소 중인 추세에는 큰 우려를 하지 않을 수 없다.

2019년 천 명의 영국 보육교사들을 대상으로 설문조사를 하자 72%가 요즘 아이들이 5년 전 아이들보다 '상상 속 친구'가 적은데, 63%가 그 원인으로 디지털 기기 사용 증가를 꼽았다.[81] 상당수의 부모들이 '디지털 놀이'도 '놀이'라고 생각하는데 실상은 그렇지 않다. 많은 경우에 디지털 놀이는 게임과 앱의 소프트웨어 프로그램을 따르는 수동적인 구조적 놀이이기 때문이다. 이런 경우, 그런 기기로 인해 무언가를 상상하고 만들고 변화시킬 기회를 빼앗기기 때문에 창의력이 길러질 수 없다. 또, 아이들이 상상력과 관련된 신경세포 사이에 연결을 시키지 않으면 해당하는 뇌영역은 발달하지 않는다.

그러나 디지털 놀이라고 해서 전부가 그런 것은 아니다. 아이들이 자유 놀이를 하게끔 만든 앱과 게임도 있다. MIT에서 개발한 스크래치주니어(ScratchJr)는 아이들이 자신만의 이야기나 만화, 또는 게임을 만들도록 한 코딩교육 플랫폼이다. 넓게 보면 게임도 자유 놀이이자 동시에 구조적인 놀이에 속한다고 할 수 있다. 가령, 1인용 슈팅 게임은 이미 만들어진 세계에서 정해진 역할을 해야 하게끔 되어 있지만, 마인크래프트에서는 아이들이 자신만의 세계를 마음껏 만들 수 있다.

중요한 점은 자유 놀이를 통해 아이들은 어느 상황에서든 적용할 수 있는 인지적 구조와 유연한 사고를 배울 수 있다는 것이다. 아이들은 부모에게 디지털 기기를 갖고 '놀고' 싶다는 말을 달고 산다. 하지만 부모는 아이가 어떤 종류의 놀이를 하는 것인지 구분할 줄 알아야 하고 자유 놀이를 많이 하도록 장려해야 한다. 나는 부모들에게 가능하면 아이가 기기에서는 손 떼고 밖에 나가 놀게 하라고 적극적으로 권한다. 그렇게 해서 규칙이나 구조 없이 그저 아이들이 하고 싶은 대로 놀게 하는 게 솔직히 가장 좋다.

창의력과 회복탄력성을 길러주는 놀이

창의력과 회복탄력성은 동전의 양면과 같다. 창의적인 아이들이 대체로 회복탄력성이 높고, 회복탄력성이 높은 아이들이 대체로 창의력도 높다. 창의력이란 새로운 아이디어를 떠올리고 새로운 시행 방법을 찾는 능력이므로, 결국은 문제를 해결하는 회복탄력성의 한 형태가 된다.

창의적이고 회복탄력성이 높은 아이들은 똑똑하고 행복하며 강하다. 문제를 곰곰이 생각하고 최상의 해법을 찾아낼 줄 알며, 때로는 완전히 새로운 해결법을 찾기도 한다. 이미 수없이 성공한 경험이 있으므로 문제의 이면까지도 볼 수 있다는 자신감이 있으며, 불확실이나 실패를 두려워하지 않는다. 변화나 예상치 못한 일이 생겨도 그때그때 맞춰 대응하고 문제가 생기면 참을 줄도 알며, 장애물이 있으면 극복할 줄도 안다. 비구조적 놀이를 하면 아이들에게 이 모든 능력이 길러진다.

창의력은 습성이기도 하고, 마음의 상태이기도 하다. 창의력을 통해 아이들은 문제의 핵심을 꿰뚫어 보게 되거나 상황을 새로운 시각으로 보게 된다. 그 결과, 서로 무관해 보이는 일 사이의 연관성을 파악하게 되고 새로운 관점을 터득한다.

고도로 집중할 때 나타나는 '몰입', 또는 '무아지경'의 상태에 빠져본 적 있는가? 무언가에 집중해서 시간 가는 줄 몰랐던 경험이 있다면 그게 바로 몰입의 상태다. 운동선수와 예술가들은 항상 이 상태를 유지하고자 노력한다. 심장박동은 느려지고 불안은 사라지며 고양된 감정으로 창의력이 샘솟기 때문이다.

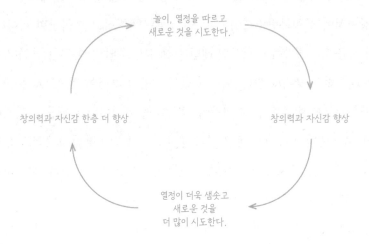

〈세라토닌과 놀이-창의성-자신감 순환고리〉

놀이, 열정을 따르고
새로운 것을 시도한다.

창의력과 자신감 한층 더 향상

창의력과 자신감 향상

열정이 더욱 샘솟고
새로운 것을
더 많이 시도한다.

　　많은 사람이 창의성을 선천적 재능이라고만 생각해서, 자녀를 볼 때도 창의성의 유무, 즉 그 재능이 있는지, 없는지만 파악하려고 한다. 물론 앞에서 밝혔듯 아이들은 태생적 창조자다. 그러나 동시에 부모와 교사를 통해 길러지는 후천적 능력이기도 하다. 따라서 창의력 향상에 도움을 되는 기술을 사용할 때는, 그 기술을 통해 아이가 세상을 다른 시각으로 보고 언제, 어디서든 정보를 찾을 수 있게 하며, 새로운 열정과 아이디어를 찾고 개발할 수 있도록 하자.

꼭 기억해요!

1. 모든 아이의 내면에는 무한한 창의력이 잠재되어 있다.

2. 사람의 뇌 구조와 사고패턴은 지문처럼 사람마다 다르다. 유전적 요소와 자기 삶의 경험이 한데 어우러져서 나오기 때문에 완전히 고유한 개인적 특징이다.

3. 미래를 개척하는 것은 자신만의 고유한 능력과 재능 및 열정을 이해하고 표현하는 것이다.

4. 세로토닌은 안정감, 만족감, 자신감을 느끼게 해주는 신경전달물질이다. 또, 자존감, 창의성, 자존심을 높이고 불안감을 줄여주는 데에도 도움이 된다.

5. 세로토닌은 우리가 놀이할 때, 자신의 창의적 열정을 따를 때, 좋아하는 일을 할 때, 공동체에 관계를 맺고 기여할 때, 운동할 때, 햇볕을 쬘 때 분비된다.

6. 아동과 청소년들은 창의력을 증진하는 6가지 방법을 통해 기술 사용법을 지도받아야 한다.

7. 다른 전공도 그렇지만 의대에서도 더는 강의시간 내내 방대한 지식만 나열하지 않는다. 그 대신 생각하는 법, 제대로 질문하는 법, 공감하며 가족과 환자를 대하는 법, 앞장서서 솔선수범하는 법, 예상치 못한 문제에 대한 창의적 해결법, 실제 스트레스에 대처하는 법 등을 훨씬 강조한다.

8. 고도의 무리생활을 하는 초경쟁사회이자 기술 기반의 현대사회에서 성공하려면 컴퓨터가 할 수 없는 무언가를 아이들이 갖춰야 한다. 협동, 소통, 조직헌신력, 창의력, 비판적 사고인데, 이를 일컬어 CQ의 5대 요소라 한다.

9. 자유 놀이가 구조적 놀이보다 창의력을 더 증진한다. 추상적 사고, 감정조절, 문제해결 및 전략 세우기와 관련한 신경회로를 자극하기 때문이다.

솔루션

　이 장에서는 아이들이 선천적인 창조자이며, 기술의 발달 덕분에 그 어느 때보다 더 큰 꿈을 꿀 수 있는 시대에 살고 있고, 기술 덕분에 우리는 다른 시각으로 세상을 보고 언제든 필요한 정보를 찾아볼 수 있으며, 새로운 열정과 아이디어를 떠올리는 데에도 도움이 된다는 점을 살펴보았다. 아이들이 정체성과 재능을 발전시키는 과정에서 뇌에서는 세로토닌이라는 신경전달물질이 분비되는데, 이 '행복 호르몬' 덕분에 아이들은 자존감, 자존심 및 만족감을 느끼게 된다. 이제부터는 아이들이 어떻게 하면 자신의 재능을 계발하고 삶의 열정을 찾을 수 있는지, 또, 기술을 어떻게 활용하면 아이들의 창의력과 비판적 사고를 향상하고 자신만의 개성을 탐색하고 발전시키는 데에 쓰일 수 있는지 제안해보겠다.

핵심 전략

이건 안 돼요!

1. 아이들을 대신해서 문제를 해결하거나 위험을 감수하는 일 못하게 막기
2. 아이들이 노는 동안 주변에 있으면서 창의력 관리하기
3. 지나치게 구조화된 놀이 많이 시키기
4. 지나치게 칭찬하고 보상하면서, 실수와 실패를 거쳐 무언가를 만드는 데서 오는 내적 기쁨을 못 느끼게 하기
5. 하루 일정을 빡빡하게 짜서 지루할 틈 없애기

이건 꼭 해요!

1. 자유 놀이를 적극적으로 권하고 자유 시간 많이 주기
2. 간섭하지 말고 스스로 문제를 해결하고 창의력을 발휘하도록 도와주기
3. 숙제를 어떤 식으로 할 것인지, 또는 저녁으로 뭘 먹을 것인지 등 간단한 사안은 스스로 결정 내리게 하기
4. 창의력에 관해서 이야기하기. "오늘은 좀 다른 식으로 생각하는데 그런 계기가 있을까?", "오늘 실수를 통해서 어떤 걸 배웠니?" 등의 질문하기
5. 아이가 다양한 놀이를 할 수 있도록 안내하기
6. 재미있게 학습하도록 하고 건강한 방법으로 위험을 감수하게 하기
7. 질문하고 관찰하는 연습을 하게 하기

이건 피해요!

어떤 기술이든 중독, 스트레스, 불안, 우울, 번아웃, 완벽주의, 외로움을 늘리는 것은 전부 피하자. 아이가 자신만의 개성, 정체성 및 열정을 잃어버릴 수 있기 때문이다.

이건 제한하고 모니터링해요!

지나치게 구조적인 놀이는 아이가 다른 사람의 발명품이나 창의성을 그저 수동적인 자세로 따르게만 하도록 만들기 때문에 피해야 한다. 게임 중에

그런 게 많다.

놀이 방식 길러주는 법

놀이 방식이 있는 사람은 새로운 방법을 편안하게 탐색하며, 실수와 위험 감수를 주저하지 않으며 시행착오를 통해 학습한다. 모든 동물은 시행착오를 통해서 세상에 대해 배운다. 하지만 부모가 아이에게 새로운 것을 시도해보라는 신호를 보낼 때도 종종 실수와 실패의 신호까지 같이 전달될 경우가 많다. 따라서 시도하는 것도 물론 중요하지만, 실수도 중요하며 실패를 학습의 일부라고 생각하고 받아들이는 아이들이 나중에 학교와 직장 생활 등 삶에서 더 좋은 성과를 낸다는 것을 잊지 말아야 한다.

이런 태도는 적응, 숙달, 창의력, 혁신의 근본 바탕이 된다. 아이들은 놀이와 탐색을 통해서 이 모든 것을 발달시킨다. 놀이에는 최소 6가지 하부 유형이 있는데, 각각이 발달시키는 뇌의 영역이 다르다. 따라서 이 모든 6가지 유형의 놀이를 주기적으로 하면, 서로 다른 인지능력을 발달시키게 되어 자신의 잠재력을 더 많이 발휘하게 된다. 또, 그 과정에서 서로에게서 배우고 영감을 받기 때문에 열정과 재능을 더 다양하게 탐색하고 발전시킬 수 있게 된다.

1. 스토리텔링 놀이

아이들은 선천적인 이야기꾼이다. 수렵·채집 시대부터 '구전 이야기'는 인류문화에서 빼놓을 수 없을 중요한 요소다. 이야기를 통해서 세상을 이해하고 삶의 교훈을 얻으며 잊지 않고 기억할 수 있기 때문이다.

디지털 기술을 활용하면, 아이들의 스토리텔링 능력을 연습하고 향상되도록 이끌 수 있다. 짧은 광고, 영상, 글 등 아이들은 기기에 접속만 하면, 온라인 속의 무궁무진한 스토리텔링 세계에 노출된다. 하지만 아이가 직접 스토리텔링을 할 수 있도록 만든 앱이나 프로그램도 있다. 이를 이용하면 그림, 음악, 동영상, 그래픽 등을 넣어서 자신만의 책이나 영화를 만들 수 있다. 부모도 아이가 직접 찾은 것이나 만들어 낸 이야기를 공유할 수 있게끔 도와주면 좋다. 내가 만든 '돌핀 키즈' 캠프에서는 아이들이 이야기를 만들어 다른 사람들 앞에서 이야기하도록 하는 테드* 스타일의 말하기 프로그램을 하고 있는데 인기가 매우 좋다.

2. 신체 움직임 놀이

몸을 움직일 때는 머리도 같이 써야 한다. 그래서 점프하기, 뛰어내리기, 달리기, 돌기, 던지기, 잡기 등을 하면 '몸으로 생각'하게 된다. 서로 밀고 당기는 신체의 움직임을 통해서 정서적, 사회적 기술도 같이 발달한다. 레슬링에서 고전적인 트위스터 게임까지 몸으로 하는 이런 놀이를 하는 아이들은 폭력의 가해자나 피해자가 될 확률이 낮다. 이런 게임을 통해서 아이들은 누군가 다치지 않는 범위 내에서 어떻게 대처해야 하는지, 언제 물러서고 언제 공격해야 하는지, 언제 미안하다고 말해야 하는지 등 삶에서 중요한 사회적 기술을 이해하는 신경회로를 발달시키게 된다.

* 테드(TED) : 재능기부 형태로 지식, 경험을 공유하는 강연회다. – 역자 주.

아이가 디지털 기술을 사용해 스포츠, 댄스, 무술, 요가 등 다양한 흥미에 노출되도록 유도하고 자신의 능력을 개발시키도록 이끌자. 닌텐도 위 같은 활동적인 기술을 고르게 하자. 색다른 방식으로 자신의 몸을 움직이면 IQ, EQ, CQ를 전반적으로 발달시킬 수 있는 복잡한 신경회로가 자극된다.

3. 축하·의식 놀이

이 유형은 사람들이 스마트폰 등 디지털 기기를 통해 늘 하는 놀이다. 흔히 SNS를 통해 '세계 여성의 날', '밸런타인데이' 등 다양한 날들을 기념하는데, 이렇게 하면 사람들 사이의 유대관계도 강화되고, 정해진 날을 특정한 방식으로 기념하므로 삶의 예측성도 높아진다. 매년 새해를 맞을 때 어떻게 하는지 생각해보자. 아는 사람들에게 새해 축하 메시지나 밈, 또는 영상 등을 보내거나, 옛 습관은 버리고 희망과 영감 속에서 새해를 맞이하기 위한 사진, 문구 등 여러 가지 방식으로 새해를 기념하고 축하하고 있지 않은가? 이러한 축하·의식 놀이는 우리의 정체성과 공동체 의식을 강화시키고, 사회적으로 중요한 일이 더욱 두드러지도록 하는 역할을 한다.

나는 SNS 피드를 활용해 이런 종류의 놀이를 한다. 요일마다 나만의 방식으로 표시를 해놓는데, '월요일은 동기부여의 날, 화요일은 디지털 기술의 날, 수요일은 행복의 날' 등 이름을 붙이고, 그에 맞는 정보를 올리려고 한다. 또, 현충일에는 감사한 마음을, 세계 정신건강의 날에는 자기 돌봄에 대해 강조하면서 기념일마다 의미를 되새긴다. 아이들에게 기념일이나 자신에게 중요한 날을 이런 식으로 축하하거나 의미를 되짚어보는 데 디지털 기술을 활용하도록 장려해보자.

4. 사물 놀이

인간의 진화는 뇌의 발달과 떼려야 뗄 수가 없다. 인간은 손을 이용해 주변의 물리적인 환경을 탐색함으로써 생각을 하게 되었다. 점토, 도자기, 돌 조각상, 모래성, 비디오 게임 콘솔에 이르기까지 사물을 직접 손으로 만지는 과정을 통해 아이는 그 대상을 알아가고 안전성을 파악하며, 다른 도구가 필요한지 판단하는 두뇌회로를 발달시킨다. 로봇이나 드론, 또는 유튜브의 DIY 동영상과 같은 디지털 기술을 활용해 아이에게 새로운 것을 해보라고 권하는 것도 좋다.

5. 교육적 놀이

읽기, 쓰기, 시행착오, 게임, 순수한 재미 등 구체적인 학습과 관련한 놀이를 일컫는다. 조직 놀이에 속하기도 하는데, 그 이유는 배움의 목표가 있고 그 목표가 달성되었는지, 즉 아이가 관련된 능력을 습득했는지로 나타나는 경우가 많기 때문이다.

이런 놀이를 할 때는 아이에게 교육의 진짜 목적, 다시 말해, 아이가 재미도 느끼고 창조하고 발전하며 긍정적인 영향을 미칠 수 있는 무언가를 배우는 것임을 분명히 알려주는 게 중요하다. 결코 다른 사람을 이기거나 상이나 칭찬을 받기 위한 목적으로 배워서 시험을 치는 게 아니며, 학교를 다니는 궁극적인 이유도 이런 순수한 배움, 교육에 있음을 잘 이해시키자.

아이들에게 쓰기, 읽기, 셈하기 등을 익히게 하고, 세상에 나가기 위한 능력을 향상하도록 하는 디지털 기술은 생활의 균형을 무너뜨리지 않는 한 건강한 기술로 평가된다.

6. 상상 놀이

상상 놀이는 모든 놀이 중에서 가장 강력한 유형이다. 아이가 머릿속으로 마음껏 생각해보는 과정은 새로운 가능성, 새로운 뇌회로에 대한 탐색이자 시도다. 상상 놀이는 창의력, 공감 능력, IQ와 연관된다.

나는 우리 아이들에게 항상 모든 감각을 사용해서 상상하라고 한다. 그 아이디어는 어떻게 보이고 들리고 느껴지냐고 물어본다. 상상을 통해서 아이들은 매번 가능성과 현실 사이를 연결하는 연습을 하게 된다.

나는 유치원 입학을 걱정하던 딸아이가 자연스럽게 상상 놀이로 연습하는 모습을 보았다. 혼자 자기 방에서 자신을 선생님으로, 방은 교실로 상상하고서는 자기소개를 하더니 상상의 학생들에게 '가르치며' 노는 것이었다. 그리고 모든 상황에서 이 연습을 반복해서 적용했다. 첫 다이빙, 초등학교 전학 첫날, 합창단 시험 등 처음 하거나 어려운 일이 생기면 그때마다 매번 미리 상황을 떠올리며 연습했다. 그렇게 해서 새로운 뇌회로를 형성해 상상을 현실로 만드는 가능성을 높였다.

시각화

커가면서 아이들은 상상 놀이를 그만두는 경우가 많은데, 사실 전혀 그럴 필요가 없다. 나는 십 대들에게 시각화를 이용해서 상상 놀이를 계속하도록 많이 권한다.

시각화는 스트레스를 푸는 강력한 방법이다. 코르티솔 수치를 낮추고 엔도르핀을 분비하며 세로토닌을 통해 새로운 자신감과 창의력이 증진되도록 돕기 때문이다. 또한, 구체적이고 실제적인 계획을 세우고 실천하는 데에도 활용하면 효과 만점이다.

우리가 느끼는 불안감은 불확실성이나 경험의 부족에서 기인하는 경우가 많다. 앞서 보았듯이 인간의 뇌는 상상과 현실을 구분하지 못하기 때문에 시각화 훈련을 통해 아이들이 낯선 활동에 익숙해지고, 자신감을 쌓아 색다른 것을 시도하게끔 도울 수 있다. 어릴 때 우리 아들은 높은 곳을 무서워했다. 그래서 공포심도 줄이고 가족들과 함께할 짚라인(야외 레포츠) 여행에 대비하게 할 겸 시각화 훈련을 직접 시킨 적이 있다.

원하는 목표가 있다면 그 목표를 이루는 순간의 장면, 소리, 냄새, 느낌 등을 분명하고 구체적으로 그려보는 연습을 하면, 그 상상 속의 긍정적 '기억'을 통해 현실의 자신감과 성공으로 이루어지게 만들 수 있다. 새로운 무언가를 배울 때 시각화를 활용하면 큰 도움이 되는데, 우리 아이들의 경우 농구 3점 슛을 던지는 데 이를 활용해서 농구 실력을 늘렸다.

아이에게 시각화 훈련 시키는 법

1. 아이에게 몇 분간 심호흡하게 해서 몸과 마음의 긴장을 풀라고 하자.
2. 시각화할 목표를 분명히 하도록 정하자. 많은 청중 앞에서 연설해야 하는 경우라면 '대중 연설 성공적으로 마치기'라고 정하면 된다.
3. 아이에게 그 장면을 최대한 구체적으로 상상하게 하면서 실제처럼 느껴지도록 모든 감각을 다 사용하라고 하자. 그렇게 하면 마음속에 생생한 '기억'으로 남는다. 대중 연설이 예정된 경우라면 "사람들 앞에 서 있는 모습을 떠올려봐. 너를 집중적으로 비추는 환한 조명이 느껴지지? 네 손에는 마이크가 쥐어져 있어" 등 오감을 활용해 아주 구체적인 상상을 할 수 있도록 안내한다.
4. 기쁨, 감사, 사랑, 자부심을 느꼈던 과거의 순간을 떠올리거나, 또

는 미래의 순간을 상상해서 긍정적인 감정을 일으키라고 하자. 그렇게 하면 도파민, 엔도르핀, 옥시토신, 세로토닌이 분비되어 그 회로가 더 강화된다. 아이가 앞에서 연설해야 할 경우 상상을 더 확장할 수 있도록 안내하는 말을 한다.

"자, 이제 연설하는 중에 네 몸에는 느껴지는 느낌을 한번 그려봐. 기다렸던 이 순간 얼마나 가슴이 설레겠니? 지난 몇 주 동안 열심히 원고를 쓰고 연설 연습을 했고, 이제 그 노력을 보여주기 위해서 이 무대 앞에 선 거야. 몸도 마음도 아주 편안해. 이제 네가 아는 지식을 청중들과 함께 나누는 거야. 네 말을 집중해서 듣는 모습과 만족해서 입가에 번지는 미소를 떠올려봐. 넌 지금 이 순간을 당당히 즐길 권리가 있어. 최선을 다해 준비해서 여기까지 온 거니까. 정말 잘 해낼 거야!"

구체적으로 묘사할수록 스트레스도 더 많이 감소하며, 그 활동에 대해 편안하고 좋은 기분이 들기 시작하니, 최대한 구체적이고 생생하게 상상할 수 있도록 도와준다.

5. 최상의 결과를 위해 연습, 또 연습하자!

재미있는 학습

부모는 아이들에게 놀지 말라고 하는 경우가 많다. 때로는 어지럽히지 말라는 이유를 들기도 하지만, 대개는 공부나 운동 등 평가받는 무언가를 더 하란 이유에서다. 그런데 만일 거꾸로 생각해서 놀라움, 자부심, 기쁨과 같은 긍정적인 감정과 일을 서로 연합시킬 수 있으면, 그 일은 엔도르핀, 세로토닌 등 강력한 신경전달물질 분비가 촉진되는 '즐거운' 일이 된다. 21세기는 평생학습이 요구되는 시대다. 자녀가 스스로 동기를 부여하고, 자발적으로 학습하기를 원한다면 부모는 배움을 재미 등 긍정적인 감정과 반드시 연결할 수 있게끔 도와줘야 한다.

학습을 재미있게 받아들이려면 일상생활 속에서 아이의 내적 동기가 유발되어야 한다. 그 작은 활동이 삶의 모든 측면으로 분명 확대될 것이기 때문에, 미래를 결정할 디지털 기술을 배우는 데에도 호기심을 가지고 적극적으로 임하게 될 것이다.

다행히 '재미있는 학습'은 아이들의 천성에 꼭 맞다. 놀이의 일부이기 때문에 재미있게 배우기 위한 특별한 훈련이 필요 없다. 그냥 하다 보면 자연스럽게 창의력, 비판적 사고, 소통, 협업, 조직헌신력을 키워 주기 때문에, 나는 이를 가리켜 'CQ 개발자'라고 부른다. 그중 특히 내가 강조하는 것은 다음의 3가지다.

1. 관찰과 질문 장려하기

아이들은 질문하고 관찰하는 데 타고난 선수라서 쉬지 않고 물어본다. "하늘은 왜 파랗죠?", "해는 왜 이쪽에서 떠서 저쪽으로 져요?", "일은 왜 하는 거예요?", "사람들은 왜 죽나요?" 등등 끝도 없다. '왜, 왜, 왜'라고 의문을 가지면서 아이들은 비판적인 사고를 하고, 현 상황에 이의를 제기하며 자신의 한계를 뛰어넘으려고 노력하게 된다.

그러니 아주 어릴 때부터 아이의 호기심을 자극할 수 있도록 의식적으로 노력해야 한다. '제발 그만 좀 물어봐'라고 하고 싶을 정도로 귀찮게 할 수도 있지만, 참고 또 참아야 한다. 비판적 사고력을 키워주기 때문에 나중에 효과를 톡톡히 발휘한다. 그러니 아이들의 눈으로 세상을 보고 '왜'라는 질문을 하루에 100번을 할지라도 매번 열정적이고 흥미로운 태도로 임하자.

아이가 성장함에 따라 주변을 넘어서 온라인 세계에 대한 탐색도 당연히 시작된다. 공간은 새로운 세계로 옮겨지지만, 부모의 역할은 전과 똑같다. 그 새로운 세상을 관찰하고 의문을 가지도록 아이를 안내하면 된다. 가령, "그 영상이나 밈의 핵심은 뭐라고 생각하니?", "아이디어나 개념을 표현하는 데 디지털 기술을 어떻게 활용할 수 있을까?" 이런 질문들을 먼저 해보자. 그러면 비판적 사고와 창의력뿐 아니라, 현명한 판단력과 빠른 결정력도 길러지기 때문에 아이의 능력은 더 향상되고, 따라서 자신을 더 지킬 수 있게 된다. 어렸을 때 아이의 질문에 귀찮아하지 않고 언제든 귀 기울여주었다면 뇌에서 신경회로가 생겨 습관화되었기 때문에 새로운 온라인 세계에 대해서도 궁금한 점이 생기면, 즉시 부모에게 와서 물어보게 될 것이다. 그리고 이를 처음뿐만 아니라 계속 유지하고 싶으면, 부모는 아이들에게 질문을 던져 먼저 안내하고 의문이 들면, 즉시 찾아오도록 자주 알려주고 연습시켜야 한다.

2. 부모의 개입 전에 스스로 먼저 시도해보라고 장려하기

어떤 지시나 조언을 내리기 전에 아이가 자발적으로 해보는 것도 좋다. 맞고 틀린 방법이 정해져 있지 않으니 하고 싶은 대로 해보라고 적극적으로 권하자. 이렇게 열린 자세로 세상을 탐색하게 하면 불확실한 상황, 추상적 사고, 문제해결, 직접 해보는 체험학습에 대한 거부감 없이 편안히 받아들일 수 있는 신경회로가 형성된다.

예를 들어, 자녀가 온라인에 접속하는 시간이 너무 길다면, 균형 있게 기기를 사용할 방법을 스스로 생각하고 그대로 해보라고 하자. 그런 다음 그 방법의 효과에 대해 함께 의논하고 더 나은 방법이 있는지 함께 모색해본 후 다시 해보라고 권한다. 그 문제가 완전히 해결될 때까지 이 과정을 계속 반복하자.

사실 디지털 기기에 대해서는 아이들이 부모보다 더 잘 알 수도 있으니 예상을 뛰어넘는 대답을 할 가능성이 크다. 나는 딸아이가 9살 무렵 아무 목적 없이 그냥 유튜브 틀어놓고 보는 시간이 많다는 것을 관찰했다. 그래서 창의성을 더 키울 수 있는 다른 플랫폼 활용법이 있는지 물어봤다. 그러자 자신이 직접 영화, 영상, 모자이크 벽화, 립글로스를 만들 수 있는 흥미진진한 방법 4가지를 가지고 와서 깜짝 놀랐다.

아이가 다른 사람에게 물어보기보다는 자신이 먼저 생각하고 판단해서 자발적으로 하게 되면, 건강한 공부 습관에도 크나큰 도움이 된다. 딸아이는 학교에서 숙제를 받아오면 직접 찾아보기도 전에 나한테 먼저 어떤 사이트를 가면 좋은지 물어보곤 했다. 그래서 나는 선생님이 단순히 답을 찾아오라거나 어른들이 시키는 대로 하라고 숙제를 내준 게 아니라, 자기가 알고 있는 게 뭔지, 또 어떤 걸 더 배워야 하는지를 스스로 알아보라고 내준 거라고 설명해주고 이해시켰다.

그러니 문제의 정답을 그냥 던지지 말고 과정을 하나씩 분리해라. 예를 들어, 아이가 특정 문제를 못 풀어서 좌절하고 있을 때, 문제 풀이를 바로 보여주기보다는 아이가 푼 방법을 설명하라고 하고, 어디서 왜 막혔는지를 물어보자. 그런 다음 문제를 단계별로 하나씩 쪼개어보라고 해서 막히면, 그 단계에서 필요한 힌트를 줘서 다음 단계로 넘어가는 것을 도와주는 게 좋다. 혼자 잘하고 있으면 "거의 다 풀었네. 잘하고 있어. 조금 더 힘내자"라고 말하고, 막혀서 고민하고 있으면 "어디 보자. 여기서 엄마가 조금 도와주면 좋겠네"라고 말해보자. 이런 과정을 통해서 아이들은 비판적 사고력, 적응력, 혁신력과 관련한 뇌회로가 활성화되고 리더로 성장할 가능성도 더 키워준다.

3. 건강한 도전 장려하기

아이들이 새로운 것을 호기심을 갖고 시도하거나 위험을 감수하도록 권하자. 물론, 그 대상이 새로운 디지털 기기라면 경고부터 해야 한다. 온라인상에서는 뭔가 새로운 게 나와도 그냥 하면 안 되고, 반드시 조심해야 한다고 일러두자. 예를 들어, 손으로 일기를 쓰다가 블로그에 글을 쓰거나 웹사이트를 만드는 새로운 방법을 배운 거라면 문제없겠지만, 아주 사적인 이야기나 파티 사진 등 나중에 보면 창피할 수 있을 만한 것을 즉각 게시하는 것은 별로 좋은 생각이 아니다.

　무모한 도전 정신이 샘솟는 십 대들이지만, 온라인 무대에서만큼은 도전 정신 발휘가 금물이라고 이야기한다. 두고두고 후회하게 될 무언가가 영원히 남을 수 있기 때문이다. 대신에 새로운 스포츠, 취미 또는 드라마나 연극 등의 예술 같은 분야에서 찾아보라고 권하자. 아니면 놀이동산을 가서 아찔한 놀이기구를 타보거나 극장에서 공포 영화를 보는 식으로 자신의 도전 정신을 시험해볼 수도 있다.

온라인 세계에서의 추천사항과 금지사항

추천사항

· 자신이 대접받고 싶은 대로 남을 대접하라는 황금률을 따르자.

· 게시하기 전에 나중 일이 어떻게 될지를 미리 생각해보자. 온라인 세계는 무엇이든 순식간에 변경되고 무차별적으로 퍼질 수 있는, 완전 삭제란 존재하지 않는 공간이기 때문이다.

· SNS 계정의 개인 정보 설정을 할 때 아이와 함께하자. 자신이 올린 게시물과 메시지를 보는 사람을 제한하는 법을 보여주고 그렇게 설정하는 이유를 설명하자.

· 아이가 잘못을 저지른 경우에도 부모의 사랑은 변함없으며 혼내려고 해서가 아니라 일단 이야기를 해보려고 한다는 것을 분명히 알리자.

금지사항

· 온라인상에서 비밀번호 등 개인정보 공유하기
· 모르는 사람의 이메일, 문자, 메시지 회신하기
· 현재 내 위치 공유하기
· 모르는 사람이 보내온 링크, 첨부 파일을 열거나 선물 수락하기
· 온라인으로 만난 사람과 실제로 만나기
· 가짜 생년월일을 이용해서 앱에 가입하기. 미국의 '아동 온라인 개인
  정보보호법(COPPA)'은 온라인상에서 수집·이용·공개되는 13세 미만
  아동의 개인정보에 대해 부모에게 통제 권한을 부여해서 아동을 보
  호하고 있다.

휴식 시간

왕관의 진위 문제를 놓고 며칠을 씨름하던 중 목욕탕을 찾은 유명한
고대 그리스의 아르키메데스(Archimedes)의 일화를 떠올려보자. 그는
물이 가득한 욕조에 몸을 담그고 욕조 밖으로 넘쳐흐르는 물을 보았다.
그 순간 해답이 떠오른 그는 너무 기쁜 나머지 알몸으로 뛰어나가 "유
레카!"라고 외쳤다. 욕조에 물을 담그면 그 부피만큼 물이 넘치는 '부력
의 원리'는 이런 예상치 못한 우연으로 발견되었다.

역사는 이런 우연의 순간들로 넘쳐난다. 그늘에 앉아 쉬고 있던 뉴
턴(Isaac Newton)은 떨어지는 사과를 통해 중력을 발견했고, 아인슈타인
(Albert Einstein)은 친구와 수다를 떠는 중에 상대성 원리의 핵심이 되는
통찰력을 얻었다고 알려져 있다.

캘리포니아 대학교 샌타바버라캠퍼스(UCSB)의 조너선 스쿨러 (Jonathan Schooler) 교수는 이처럼 영감이 샘솟는 순간은 우리가 뇌에 자유를 주었을 때만 나타난다고 한다.[82] 즉 뇌가 마음껏 자유 놀이를 할 수 있는 시간을 준 덕에 전혀 예상치 못한 신경세포의 연결이 일어났다는 말이다.

그래서 나는 종종 아이들한테 그 역사적인 날에 아르키메데스가 욕조에 들어가서 스마트폰으로 SNS를 열심히 스크롤하고 있었다면 어떻게 되었을지 한번 상상해보라는 말을 슬쩍 던지곤 한다.

8장

직관 : 가족에게 건강한
디지털 기술 다이어트 안내하기

THE TECH SOLUTION

CREATING HEALTHY HABITS
FOR KIDS GROWING UP
IN A DIGITAL WORLD

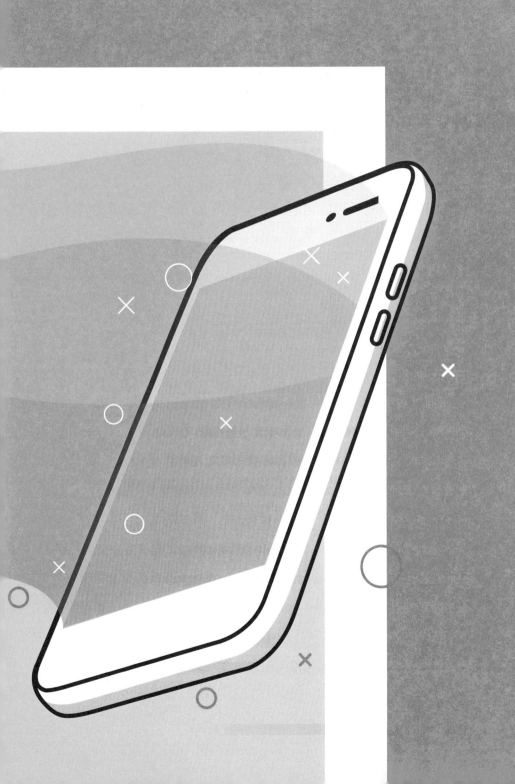

8

"당신이 무얼 먹는지 알려주면
난 당신이 어떤 사람인지 말해줄 수 있다."
- 앙텔름 브리야 사바랭(Anthelme Brillat-Savarin)

82세의 할머니가 된 우리 엄마는 지난 수십 년간 다섯 명의 아이를 키우면서 요리사, 청소부, 공장 노동자로 일하셨다. 펀자브 지방의 작은 마을에서 태어나 일곱 형제와 자랐는데 똑똑하고 재빠른 분이셨지만, 가정 형편상 학교에 다닐 수가 없었다. 살면서 수많은 역경에 부딪혔어도 언제나 품위를 잃지 않고 희망과 감사의 마음을 유지하신다. 엄마는 우주가 자신을 돌봐주며 모든 것은 예정된 순리대로 흘러간다고 믿으며, 시크교의 3대 원칙인 '열심히 일하라, 남들과 나누라, 신의 이름으로 명상하라'를 실천하고 계신다.

일요일 예배가 끝나면, 우리 형제는 엄마를 도와 점심을 준비하고 설거지하는 봉사활동을 했다. 과제나 시험을 앞두고 스트레스를 받을 때도 엄마는 봉사활동을 빠지는 것을 절대 허락하지 않으셨다. 나를 기다리는 사람들이 있다고 늘 강조하셨다. 헌신과 신뢰를 가훈으로 하는 우리 집에서 나는 이 활동을 통해서 내 일의 중요성을 깨닫고, 공동체에 대해 더 깊게 이해할 수 있었다. 내가 어려운 수학 시험에서 좋은 성적을 받아 한달음에 집으로 달려와서는 엄마한테 기쁜 소식을 전하면 되레 이렇게 물어보셨다.

"잘했네. 그런데 오늘 뭐 했니? 어떤 사람을 도와줬지?"

그렇다. 학교 성적이나 물질적 성공보다 삶에 더 중요한 것이 있다는 것을 가르치셨던 우리 엄마만의 교육 방식이었다.

우리 집은 물질적 풍요와는 거리가 멀었다. 하지만 그럭저럭 밥만 먹고살 때도 부모님은 우리에게 다른 사람들과 나눌 게 충분히 있음을 몸소 보여주셨다. 아버지가 택시 운전사로 일하시던 어느 날, 공항에 막 도착한 이민자 한 명을 만나셨는데, 당장 오갈 데 없는 그 남성을 우리 집으로 초대하셨고, 그는 그 뒤로 꼬박 2년을 우리 집에서 생활했다. 아버지는 우리에게 고난이 닥치면 함께 나눌 줄 아는 공동체 의식이 가장 강한 집단만이 살아남고, 우리 삶의 목적은 친절, 연민, 신뢰, 공동체를 바탕으로 만들어진다고 가르치셨다.

엄마는 특별한 조바심 없이 우리를 키우셨다. 육아 전문가들을 그다지 신뢰하지 않으셨던 엄마는 자신만의 상식으로 우리를 기르셨다. 그래서 우리에 대한 기대는 높으셨지만 스스로 알아서 성공하기를 바라셨고, 규칙은 있었으나 일일이 간섭은 안 하셨다. 숙제 검사는 굳이 안 하시면서 학교에서 최선을 다하기를 바라셨다. 간단히 말해 진정한 '돌고래형 부모'였던 셈이다.

돌고래형 부모는 아이에게 '신뢰'의 메시지를 전달한다. 그래서 넘어져도 괜찮고, 좀 못 해도 괜찮으니 아이가 계속 시도하게 옆에서 도와준다. 사실 아이에게는 이런 시행착오를 통한 직접 배움이 최고의 학습법이다. 가령, 아이 방이 어지럽혀져 있어도 먼저 치워주지 않는다. 대신, 아이가 혼자 먼저 정리 정돈하도록 기다린 후에 도와준다. 그리고 부모의 도움 없이 혼자 전부 할 수 있도록 차차 가르쳐준다. 이런 식으로 아이의 독립심을 키워준다. 또한, 이런 부모는 자기 돌봄, 연결성, 적응력, 공동체 및 자율성의 개념을 중시한다.

우리 엄마는 양육을 그냥 직관에 맡기셨다. 어디서 배우지 않았어도 건강한 삶은 신뢰, 긍정적 사고, 조직헌신력, 균형 잡힌 생활 방식이 핵심이란 것을 그냥 아셨다. 나는 스트레스 넘치는 오늘날의 초연결사회에서 우리에게 가장 필요한 것은 이런 간단한 진리라고 믿는다. 물론 육아는 수동적 행위가 아니다. 아이가 '언젠가 스스로 알게 되겠지' 하는 마음으로 아이폰이나 태블릿을 사줘서 온라인 세계에 언제든 무한 접속할 수 있게 하는 것은 부모로서 결코 좋은 태도가 못 된다. 자고로 부모의 역할이란 쉴 때가 없기에 아이들이 자신의 잠재력을 최대한 발휘하도록 끊임없이 안내해야 하는 점이 무엇보다 가장 힘들다.

이 장에서는 어떻게 하면 아이가 디지털 기기와 관련해 더 바람직한 결정을 내릴 수 있을지 가르치기 위한 직접적인 방법을 살펴본다. 지금까지 디지털 기술을 사용할 때 뇌의 변화, 기술이 아이들의 현재와 미래에 미치는 영향, IT 업계에서 아이들을 유혹하기 위해 사용한 속임수에 대해 여러 각도로 고찰했다. 또한, 건강하게 기술을 사용했을 때 장점, 즉 유대감을 강화하고 창의력을 발휘하며 여러 방면으로 더 풍부한 삶을 살 수 있는 점도 충분히 설명했다.

가족의 균형 있는 기술 사용을 위한 '6주 6단계 훈련'을 설명하기 전에, 먼저 우리의 결정을 도와주는 직관 이야기로 다시 돌아가보자.

직관의 아름다움

최근 식탁에서나 TV 앞에서 혼자 정크 푸드를 마구 먹던 때를 떠올려보자. 음식을 입안에 넣을 때 쾌감이 느껴졌을 것이다. 도파민의 작용 때문이다. 그런데 다 먹고 난 후에는 사실 대개는 기분도 조금 안 좋아지고, 괜히 먹었다는 후회도 들고, 속도 별로 안 좋아진다. 도파민 금단 증세와 코르티솔의 합작품으로 생긴 결과다. 반대로, 건강한 식재료로 직접 요리를 만들었을 때나 가족과 함께 건강한 한 끼를 먹었던 때를 떠올려보자. 다 먹고 난 후 느꼈던 기분은 정크 푸드를 먹었을 때와 전혀 달랐을 것이다. 죄책감이나 실망감은커녕, 잘 먹었다는 만족감이 여운으로 남고, 사람들과 관계도 더 좋아지고, 의욕도 더 생겼을 것이다. 엔도르핀, 옥시토신, 세로토닌 덕분에 느껴진 감정이다.

몸은 늘 우리에게 뭔가를 전달하고 소통하려 한다. 술 한잔을 마시고 나서 취기가 올라오고 말이 느려진다거나, 초콜릿 케이크 두 조각을 먹고 나서 속이 안 좋다면 '이제 그만 먹으라'는 몸의 신호다.

이런 신호를 이해하는 데는 책도, 전문가도 다 필요 없다. 이완된 상태라면 몸의 신호를 즉각 알아들을 수 있다. 이런 것을 '직관'이라고 한다. 스트레스를 받은 상황에서는 몸이 경직-투쟁-도피 반응을 일으켜 그저 불안·초조하고 산만해지면서 몸의 신호를 알아챌 여유가 없어진다. 그래서 스트레스 상황에서는 몸이 어떤 말을 하던 못 듣는다. 쓸데없는 소음으로만 들리고 잡생각만 더 늘어날 뿐이다. 직관과 소통할 틈 없이 그저 생존 본능에 따라 자극에 반응만 하기 때문이다.

나는 '직관'을 '상식'의 동의어라고 생각한다. 이미 설명했듯이 상식이란 신경화학 시스템과 뇌가소성에 바탕을 둔, 우리가 모두와 공유하고 있는 지식이다. 긴장을 풀고 완전히 이완된 상태에서 사람은 직관을 가장 잘 느끼고 답이나 해결책이 명확하게 떠오른다.

기술은 우리가 먹는 음식과 비슷하다. 실로 일어나는 생물학적 반응도 유사하고, 음식처럼 우리의 심신을 성장시키는 기술이 있는가 하면 해를 끼치는 기술도 있다. 그러니 아이들이 기술을 어떻게 사용하는지 주의 깊게 살펴보고, 아이들도 자신의 기술 사용을 스스로 잘 살펴보는 습관을 만들어주자. 그렇게 하면 기술 사용에 대한 직관이 발달하고, 나중에는 스스로 조절하며 사용하는 법도 터득하게 된다.

건강한 디지털 기술 다이어트란?

아이들의 자기조절력에는 교육이 매우 중요한데, 아이들이 기술을 음식처럼 여길 수 있도록 가르치면 좋다. 심신에 미치는 영향은 결국 비슷하기 때문이다. 해로운 음식은 피하고, 정크 푸드는 제한하며, 건강한 음식을 먹으라고 가르치듯, 해로운 기술은 피하고, 정크 기술은 제한하며, 건강한 기술 사용이 균형 잡힌 삶의 일부로 몸에 배게끔 가르쳐야 한다. 이런 건강한 기술 사용 습관을 통해서 결국 아이는 자기조절력을 습득하게 되고, 연어, 견과류, 베리류 같은 뇌에 좋은 음식처럼 뇌발달에도 도움을 준다.

이처럼 '음식'이라는 아주 친숙한 패러다임으로 시작해서 서서히 쌓아가는 이런 종류의 교육은 평생 남는다. 기술을 음식에 빗대어 가르치면 기술 사용을 건강한 식습관처럼 중요시하게 된다.

그런데 문제는 음식이 분류하기 만만치 않다는 데 있다. 예를 들어, 그래놀라 바가 건강식품으로 보이지만, 사실은 많은 가공과정을 거친 고당분 음식이다. 기술도 마찬가지다. 이 책에서 기술을 단순히 좋고 나쁜 이분법으로 보지 않고 그 안에 담긴 내용, 그로 인해 분비되는 신경전달물질 및 아이들의 변화에 초점을 맞추는 이유도 그 때문이다. 가령, 아이가 한밤중에 온라인 접속을 했다고 해보자. 그러면 당연히 제대로 못 자고, 몸에 좋지도 않거니와 또 딱히 스트레스나 불안이 심해서 덜 느껴보려고 선택한 것도 아니다. 그래서 아이의 이런 행동에 관해 대화를 나눌 필요가 있다. 기술이 자신의 감정과 행동에 미치는 영향에 대해 더 잘 이해하고, 나아가 더 바람직한 선택을 하도록 자녀를 이끌어줘야 한다.

이러한 '신경교육'은 다양한 우리의 경험을 더 통찰력 있게 이해하는 훌륭한 출발점이 된다. 아이는 자신의 생각, 감정, 행동이 먹는 음식과 사용하는 기술뿐 아니라, 사람들과의 관계와 자신의 활동에 의해서도 영향을 받는다는 사실을 이해하기 시작할 것이다.

1. 건강한 기술

건강한 기술은 아이의 뇌에서 엔도르핀, 옥시토닌, 세로토닌 등의 신경전달물질을 분비하도록 한다. 달리 표현하면, 이런 기술을 통해서 아이들이 자기 돌봄, 대인관계, 창의력이라는 일명 '3C(self-care, connection, creation)'를 배우게 된다. 아이가 이런 건강한 기술을 선택하는 경우라면 사용에 대해 유연해져도 좋으므로 실생활에서의 다른 건강한 습관과 균형만 유지한다면 계속하도록 허락해줘도 괜찮다(p.58~59, '스크린 타임 설정하기' 참고). 내 경우에는 아이들에게 자신을 위해, 타인과의 관계를 위해, 또, 창의력 발휘를 위해 디지털 기술을 활용하라고 권한다. 그리고 몸에 좋은 과일, 채소, 단백질을 섭취하는 것과 똑같이 기술도 이렇게 쓸 때 우리에게 득이 된다고 설명한다.

자기 돌봄, 대인관계, 창의력의 핵심 요소에 대해 다시 살펴보면 다음과 같다.

엔도르핀은 신체의 천연 진통제이자 쾌락감과 행복감을 주는 신경전달물질이다. 마음 챙김, 감사한 마음, 심혈관 운동 등의 자기 돌봄과 관련 있는 기술은 엔도르핀 시스템을 활성화한다.

옥시토신은 우리가 의미 있는 관계를 맺고 친밀감을 형성할 때 따뜻하고 포근한 감정을 느끼도록 하는 물질이다. 예를 들어, 가족이나 친구와 영상통화를 할 때, 긍정적인 메시지를 받을 때, 온라인 지지활동이나 모금 등 공동체를 위한 활동을 할 때 분비된다. 이때 분비되는 옥시토신은 대체로 바람직하다. 단, 마케팅 전문가 일당들이 홍보 및 소비가 촉진되도록 교묘하게 조작했을 경우는 예외다. 따라서 온라인상의 교감이나 신뢰감을 무조건 긍정적으로 가정하는 실수를 범해서는 안 되며, 아이들에게 이런 교묘한 조작을 의식하고 비판적인 시각으로 볼 수 있도록 가르칠 수 있어야 한다.

세로토닌은 창의력, 행복, 자신감과 관련된 물질로, 기술을 활용해서 무언가를 만들고 혁신시키며 관심 분야에 대한 자신의 능력을 향상하려고 할 때 분비된다. 예를 들어, 아이가 예술작품, 그래픽, 웹사이트를 만들거나 책을 읽고 산수를 하는 법을 배울 때 기술을 사용한다면 아주 큰 효과를 볼 수 있다. 또, 창의적 사고, 문제해결력, 리더십 향상과 관련된 기술도 건강한 기술이다.

2. 정크 기술

도파민은 보상과 관련된 신경전달물질로 우리가 수렵·채집을 하고, 단시간에 타인과 관계를 맺도록 한다. 어떤 활동이 생활 속에 균형을 해치지 않으면서 옥시토신, 세로토닌, 엔도르핀 시스템을 활성화한다면, 그 활동으로 인해 분비된 도파민은 바람직하다. 앞서 말한 3C가 정확히 이런 활동에 속한다. 하지만 도파민은 설탕과 매우 유사해서, 생존을 위해 필요하기는 하지만, 너무 많이 섭취하면 중독을 포함해 여러 가지 문제를 일으킨다.

하루 내내 스냅챗을 하거나 SNS에서 스크롤을 내리면서 '좋아요'를 눌러서 만드는 피상적인 사회관계는 정크 기술의 좋은 예다. 도파민은 헤일로(채집)나 캔디 크러쉬 사가(수집) 같은 게임을 하는 동안 분비되는데, 특히 아이가 혼자서 하는 경우라면 더욱 그렇다. 아이가 정크 기술을 한다는 것은 과자나 사탕을 먹는 것과 똑같다. 도파민은 수렵·채집 및 대인관계 활동을 통해서도 분비되지만, 게임기나 아이패드를 빼앗긴 아이가 어떻게든 기기를 다시 손에 넣으려고 애쓰게 되는 원인이 될 수도 있다. 되찾아야 도파민이 분비되는 게임 등의 활동을 할 수 있기 때문이다. 그래서 정크 기술이 해롭거나, 중독성 있거나, 또는 스트레스를 주는 기술로 변했을 때 정크 기술-도파민 사이에 피드백 순환고리가 만들어질 수 있다. 하지만 도파민의 단기적·장기적인 영향에 대해 잘 이해하고 기술을 활용한다면 아이의 자기조절력, 판단력, 건강한 습관 형성에 매우 큰 도움이 될 수도 있다.

나는 정크 기술을 달콤한 사탕 정도로 생각하고 이용한다. 최소한의 선만 지키면 아이에게 해가 되지는 않을 것이다. 우리 집의 경우, 금요일 저녁마다 피자를 시켜 먹고 과자나 아이스크림을 디저트로 먹은 다음 한 시간 동안 딸아이는 자기가 좋아하는 유튜브 영상을, 아들 둘은 온라인상에서 친척들과 만나 NBA 라이브나 FIFA 게임을 즐긴다. 일주일에 한 번 정도이니 괜찮다 싶어 허락하지만, 매일 그러고 있으면 건강에 심각한 문제가 생길 것이다.

다음과 같은 두 가지 경우로 변하면 정크 기술은 우리에게 해가 된다.

1. 자신이 사용을 컨트롤 할 수 없고 중독이 된 경우 : 이렇게 만드는 기술은 무엇이든 해롭다. 사용을 제한하거나 치료가 필요할 수도 있고, 심하면 사용 제한과 치료를 병행해야 한다.
2. 3C를 방해하는 경우 : 아이가 게임이나 SNS에 중독되지는 않았어도 3C에 쓸 시간을 뺏어서 한다면 해롭다.

정크 기술을 완전히 피하는 것은 비현실적이기 때문에, 스스로 사용 시간을 조절할 수 있을 때까지 아이와 계속 대화하고 사용을 제한하고 모니터링해야 한다. 정크 푸드와 마찬가지이니 집에는 되도록 없을수록, 또 아이의 노출은 줄일수록 좋다.

3. 해로운 기술

코르티솔이 분비되도록 하는 기술은 전부 해로운 기술이다. 코르티솔은 스트레스에 관여하는 신경전달물질이면서, 바쁘고 외롭고 정신없는 현대사회를 단적으로 보여주는 물질이다. 사람들과 멀어지게 하고, 수면이나 식욕 등의 기본적 바이오리듬도 교란하며, 사고기능도 제대로 발휘하지 못하게 막는 물질이기 때문이다. 어떤 기술이든 코르티솔을 분비되도록 한다면 무조건 해로운 기술이므로, 절대 가까이 가서는 안 된다.

해로운 기술의 예로는 사이버 폭력과 온라인 갈등과 관련된 기술이나 고립 공포감(포모)과 타인과의 비교를 유발하는 소셜 미디어 등을 들 수 있다. 트위터, 스냅챗, 인스타그램, 버즈피드, 팟캐스팅, 채팅 등을 동시에 하는 멀티태스킹 또한 해롭다는 것도 잊어서는 안 된다. 기술을 생산성이나 효율성 향상이라는 분명한 목적 없이 사용하면, 한곳에 집중하지 못하고 산만한 태도가 버릇된다는 것을 아이에게 가르쳐야 한다. 그렇게 되면 스트레스도 생기고, 당연히 자기 돌봄도 제대로 수행할 수 없다.

부모는 해로운 기술을 막아야 한다. 사주지도 말고, 사용하는 것도 절대 허락해서는 안 된다. 우리 집은 도박, 포르노 사이트는 전부 막아 놓았다. 또, 아이들과 기술 사용에 대해 종종 체크하고, 고립 공포감(포모), 타인과 비교, 멀티태스킹의 유해성에 대해 자주 이야기한다.

또, 건강한 기술이라고 해도 타인과 눈을 마주치기 힘들어지거나 수면 방해, 또는 나쁜 자세로 오래 앉아 있게 하고, 외로움을 느끼게 만들면 신체에서 스트레스 반응이 나타날 수 있는데, 이 점을 꼭 명심해야 한다. 기술은 건강하고 균형 잡힌 삶에 도움이 되는 게 좋지만, 혹시 도움이 안 된다 해도 최소한 방해물이 되어서는 안 된다. 건강한 기술과 관련된 활동은 옥시토신(의미 있는 관계를 맺을 때), 엔도르핀(자기 돌봄을 연습할 때), 세로토닌(창의력을 발휘할 때)의 분비를 촉진한다.

건강한 디지털 기술 다이어트 하기

나는 간단한 표를 만들어 서로 다른 기술 사용 유형을 분류해보았다(하지만 건강하거나 재미있던 기술이 정크 기술이나 해로운 기술로 바뀌었는지는 항상 직관에 믿고 맡기자).

핵심 신경 전달물질	해로운 기술 피하기	정크 기술을 제한하고 모니터링하기	건강한 기술을 균형 있게 즐기기

도파민	· 도박, 포르노
	
	중독적 사용
	
	· 비디오 게임
	· 소셜 미디어
	· 쇼핑
		· '설득형 디자인'이 포함된
		  게임
		·아무 목적 없이 그냥 하는 것
		  (예 : 스크롤)
		·피상적인 소셜 미디어 활동
		  (예 : 스냅챗, '좋아요' 수집)	

코르티솔	다음을 유도하는 기술 · 사회적 비교 · 고립 공포감(포모) · 사회적 갈등 · 사이버 폭력 · 멀티태스킹 · 수면 방해 · 시선회피 · 외로움 · 좌식 생활 · 나쁜 자세		

엔도르핀			실생활 활동의 균형이 유지되는 선에
			서 자기 돌봄으로 이끄는 기술
			
			(예) · 운동
			     · 마음 챙김
			     · 감사연습
			     · 명상
			     · 수면

핵심 신경 전달물질	해로운 기술 피하기	정크 기술을 제한하고 모니터링하기	건강한 기술을 균형 있게 즐기기
옥시토신	아이의 신뢰와 교감을 조작하고 악용한 기술 (예) · 나쁜 친구 · 가해자 · 사기꾼 · 정치적 극단주의자		실생활 활동의 균형이 유지되는 선에서 관계 형성으로 이끄는 기술 (예) · 가족이나 친구와의 영상통화 · 긍정적인 소셜 미디어 대화 · 공동체 형성 · 사회운동 모금활동
세로토닌			실생활 활동의 균형이 유지되는 선에서 창의력과 자신감으로 이끄는 기술 (예) · 읽기나 산수 등을 배울 수 있는 교육 사이트 · 그림 그리기, 웹사이트 만들기, 영상, 그래픽 디자인을 배울 수 있는 예술 기반 사이트 · 게임이나 앱 등을 코딩하거나 제작하는 사이트 · 유용한 정보를 제공하는 온라 인 수업이나 웨비나

요약하면, 건강한 디지털 기술 다이어트는 대략 이런 그림으로 그려진다.

〈건강한 디지털 기술 다이어트〉

정크 기술 제한하고
모니터링 하기

무분별한
엔터테인먼트

게임
소셜 미디어

자기 돌봄

운동
수면
명상

해로운 기술 금지
중독
고립 공포감(포모)
비교
폭력
숨겨진 스트레스

창의력

그래픽 디자인,
사진, 음악,
코딩과 같은 혁신

연결

가족, 친구,
공동체와
의미 있는 관계

건강한 기술 최대화시키기

건강한 디지털 기술 다이어트 가르치기

뭐니 뭐니 해도 '돌고래형 부모'가 되는 게 가장 좋은 방법이다. 즉 단호하면서도 동시에 유연한 부모가 되어야 한다(p.45). 건강한 기술이라 할지라도 사용 습관을 잘 보고 혹시라도 아이가 지나치게 빠지지는 않는지 지켜보아야 하며, 중독되기 쉬운 특징을 가진 아이들의 경우는 더 유심히 관찰해야 한다. 아이에게 디지털 기기를 사용할 때 기분이 어떻게 변하는지 스스로 잘 느껴보라고 하면서 자신의 '직관을 믿도록' 가르쳐야 한다. 그러면 언제 기기를 끄고 그만해야 하는지를 자연스럽게 알게 된다. 아이들한테 사용을 허락하는 주체도 부모며, 사용을 제한하고 관리하는 주체도 부모라는 것을 잊어서는 안 된다.

물론 실수는 있을 수 있다. 식단표를 짰다가도 바꿔야만 하는 상황이 생기듯, 기술 사용 계획에도 수정이 필요할 수도 있다. 우리 집에서는 아이가 주중에 게임을 더 하고 싶다거나 TV를 더 보고 싶을 때는 언제든 엄마한테 먼저 물어보라고 한다. 맛있는 디저트가 더 먹고 싶을 때 "하나 더 먹으면 안 돼요?" 하며 물어보는 것과 똑같다. 간혹 안 물어보고 그냥 한입먹는 경우도 생기는데, 그렇게 몰래 기기를 썼다가 걸리면 일단 나란히 앉아 대화부터 한다. 그리고 게임기를 치워버리거나 TV를 못 보게도 한 적도 있고, 엑스박스 콘솔이나 아이패드를 안방에다 옮겨 놓은 적도 있다. 또 때로는 집에 있는 정크 푸드 전체에 똑같은 방법을 적용하기도 했다.

정크 푸드나 술을 허락하는 시기를 최대한 늦추는 것처럼, 정크 기술도 가능하면 미루는 게 좋다. 굳이 안 마시고 싶어 하는데 술을 권할 필요도 없고, 또 게임기나 아이패드를 사달라고 조르지도 않는데 사줄 필요도 전혀 없다. 이 부분에서 서두를 이유가 전혀 없고, 디지털 기기를 일찍 사용하는 게 좋다는 증거는 여태껏 나온 적도 없다. 하루에 먹어도 되는 사탕 개수를 정해놓았듯, 기술도 사용에 제한이 있다고 아이에게 설명하자.

그러나 연휴나 다른 특별한 상황에서는 약간의 유연성을 발휘하는 게 좋다. 5살짜리와 비행기를 탔으면 아이패드나 쿠키가 평소보다 더 필요하다는 것은 두말하면 잔소리니까.

건강한 디지털 기술 다이어트 : 6주 6단계 훈련

　나는 가족 전원이 참여하는 '6주 6단계 훈련법'으로 건강한 디지털 기술 다이어트 방법을 소개하고자 한다. '문제'가 있는 한 사람을 골라서 그 사람만 훈련하는 방법이 아니다. 혼자가 아니라 다 함께해야 효과가 크기 때문에 꼭 가족 구성원 전체가 서로 지지하고 동기를 부여하며 자극을 줘야 한다.

　이 훈련법은 내가 지난 20년간 조사하고 가르치며 실제로 환자들에게 적용한 방법들을 기초로 해서 만들었다. 동기 면담, 인지행동 치료법 및 일반적인 상식에 기반했으며, 수많은 아동과 십 대 청소년, 성인들에게 시도하고 테스트해서 세심히 조율했다. 일부는 매우 심각한 중독이었다. 간단한 훈련법이란 생각이 들 수도 있지만 그렇지 않다. 자고로 육아에는 '지속적인 관심'이 필수이기 때문이다. 어쨌든 꾸준히 실행하면 효과는 분명히 장담한다. 다만 걸리는 시간은 개인마다 다를 수 있으니 너무 조바심 내지 말고, 훈련법을 이해해서 아이와 함께 매 단계를 같이 해나가는 데 최선을 다하도록 하자. 8장의 계획표와 그림 이미지를 포함한 안내문을 매주 이메일로 받아보고 싶다면 우리 웹사이트 (www.dolphinekids.ca/techsolution)에 가입하면 된다.

변화의 단계

흔히 '변화는 결과가 아닌 과정'이라고 말하는데, 여기에는 사실 많은 의미가 담겨 있다. 저명한 심리학자 제임스 프로차스카(James Prochaska)와 카를로 디클레멘테(Carlo Diclemente)는 1980년대에 '변화 단계모델'을 개발했다. '변화'에 '단계'라는 개념을 도입한 이 모델은 보다 건강한 삶을 살고 싶은 사람의 자기 변화를 위한 핵심적 모델로 여겨져 왔다. 나 역시 이를 '디지털 기술 다이어트'의 기본 틀로 활용할 것이다.

가족 구성원 각자가 처한 어려움을 이해하고, 그들의 태도나 행동 이면을 꿰뚫어 볼 수 있는 통찰력이 있어야, 내가 제시하는 디지털 기술 다이어트 기간 내내 개인에 적합한 동기부여를 해 결국 목표에 달성할 수 있다. 6주가 되기도 전에 목표를 달성하는 가족도 있겠지만, 한 단계를 하는 데 1주일 이상이 소요되는 가족도 있을 수 있다. 어떤 경우든 다 괜찮다. 중요한 점은 한 번에 한 단계씩 차례로 하되 아이들이 길을 잃지 않도록 무사히 다음 단계로 안내하는 것이다. 인내심을 가지고 아이의 생각과 감정을 잘 헤아려서 과정을 계속 미세하게 조정해 나가자. 그리고 조그만 변화가 눈에 띄는 즉시 바로 칭찬과 축하의 말을 건네도록 하자. 게임 1주일 안 하기, 소셜 미디어에 대한 나쁜 습관 고쳐가기 등 그 어떤 변화가 되었든지 간에 단계가 끝날 때까지 기다리지 말고 좀 달라졌다 싶으면 즉각 칭찬하는 게 중요하다.

6주 6단계 훈련법에 들어가기 전에 일단 더 효과적인 개별 맞춤 지원을 위해 가족 구성원 각자가 어떤 단계에 속하는지부터 알아보자.

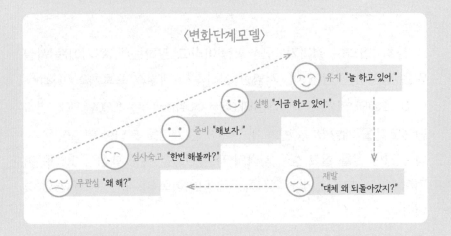

<변화단계모델>

유지 "늘 하고 있어."

실행 "지금 하고 있어."

준비 "해보자."

심사숙고 "한번 해볼까?"

무관심 "왜 해?"

재발 "대체 왜 되돌아갔지?"

금연, 자전거로 출퇴근하기 등 여태껏 살면서 한번 바꿔보려고 시도했던 경험을 돌이켜보면 이 모델이 충분히 이해될 것이다.

예를 들어, 그때 당시 '생각'만 하다가 결국 '실천'에 옮기기까지 얼마나 걸렸는지 떠올려보자. 만일 기술 사용 습관으로 온 가족을 모아놓고 이야기를 한 적 있다면, 당신은 이미 '실행' 단계일 가능성이 크다. 다만 혼자서 문제점을 인식하고, 혼자 배경지식을 알고 있고, 혼자 뛰어들 준비가 되었다는 게 문제다. 다른 가족은 전혀 준비가 안 되어 있기 때문에 '무관심' 또는 '심사숙고' 단계일 가능성이 크다.

책임 있는 부모이자 이 책을 통해 이미 기술 습관을 바꿀 준비가 된 당신은 다른 구성원들의 단계를 파악하고 변화의 길로 안내할 수 있어야 한다.

디지털 기술 다이어트를 시작하기 전에 미리 어떤 일이 생길지 한번 상상해보자. 가령, 십 대인 딸아이가 SNS를 하는 시간을 줄이기를 실천하기까지는 각 단계에 따라 마음속에는 이런 생각이 올라올 것이다.

무관심 단계에서는 '디지털 기술 다이어트라고? 그게 뭐야? 그런 걸 대체 왜 해? 난 안 해. 아니 못해. 난 밥은 안 먹어도 인스타그램은 해야

하고, 스냅챗 없는 세상은 상상도 못 한다고!'

심사숙고 단계에서는 '아, 인스타그램 안 열어보려니 정말 미치겠네. 그사이에 피드에 얼마나 많이 새 소식이 올라왔겠어? 그런데 한 번 열었다가는 이 과제도 못 끝내고, 그러면 결국 낙제할 게 너무 뻔하잖아.'

그러다가 시간이 지나서 결심/준비 단계가 되는데, 대개 새로운 정보가 나타나서 이 단계에 들어가게 된다. '지난번 과제 점수 엉망으로 받았잖아. 이번 것도 제때 시작 안 하면 진짜 낙제야. SNS 시간 안 줄이면 인생 완전 망할 거라고.'

그다음은 실행 및 유지 단계로, 이때쯤이면 딸아이도 아마도 한 달 정도는 학교 과제에도 충실하고 SNS도 멀리하며 지내게 된다.

그런데 잘 나가는 듯 보이다가 갑자기 과속방지턱을 만나는 것처럼 실행에 제동이 걸릴 수도 있다. 그렇게 했는데도 낮은 점수를 받았다거나, 친구들 사이에 한창 유행하는 밈이나 조크, 대화 주제를 놓치고 있다는 불안감이 드는 등 여러 가지 동기로 심경에 변화가 생길 수 있다. 그렇게 되면 재발 단계에 들어간다. '어차피 낙제할 텐데 뭐하러 해? 그동안 잘했으면 잠깐 쉴 수도 있는 거잖아. 잠깐인데 뭐 어때? 머리도 식히고 기분 전환도 할 겸 들어가 봐야겠어.' 이러면서 다시 SNS 세계에 접속한다.

물론 가족 구성원 전원이 유지 단계를 편안한 마음으로 지속할 수 있다면 가장 좋지만, 재발도 변화단계모델의 한 단계를 차지할 만큼 자연스럽게 나타나는 현상이니 너무 걱정할 필요는 없다. 가족 중 누구든 6주 훈련법을 연습하는 과정에서 한 번 이상 재발 단계에 빠질 수 있는데, 이는 지극히 정상이다.

재발이 나타난다고 해도 개인마다 재발 단계에서 소요하는 시간이 다르다는 점을 유념해야 한다. 가령 어른들은 짧게 끝내고 금세 실행 단계로 되돌아갈 수 있지만, 아이는 잃어버린 목표지점을 다시 찾는데 시간이 더 필요할 수 있다. 아이들이 기존의 습관을 버리고 새 습관을 어느 정도 유지하는 단계에서 계속 머무르게 하려면 무엇보다 부모의 관심이 중요하다. 아이의 말에 더 귀 기울이며 깊은 관심을 주고 더 적극적인 지지를 보내야 한다. 그래야 비로소 과거의 습관, 과거의 신경회로가 새로운 것으로 대체되기 시작해 결국에는 성공적인 자기변화를 끌어낼 수 있다.

1주 : 동기 부여하기

기술 사용 습관에 있어서 아이들 대부분은 사실 무관심 단계다. 문제가 있다는 사실도 인정하지 않기 때문에 자신의 행동을 바꿀 필요성을 못 느끼는 것은 당연하다. 따라서 가족 모두가 기술이 자신의 삶에 미치는 영향을 진지하게 생각하게 만드는 게 첫째 주의 목표다.

이를 위해 다음을 해보자.

- 스크린 타임에 대해서 아이들과 솔직한 마음을 터놓고 대화를 하자. 디지털 기기 사용에 있어 아이들이 긍정적으로 생각하는 점과 부정적으로 생각하는 점을 알아보자.
- 게임이나 소셜 미디어를 하는 시간을 줄이는 데 대해 어떻게 생각하는지 물어보자.
- 건강한 디지털 기술 다이어트에 관해 소개하자. 디지털 기기 사용으로 뇌에서 분비되는 신경전달물질과 이로 인해 행동과 감정에 어떤 영향이 생기는지 설명하자.
- 현재의 사용 습관에 대해서 평가하라고 권하자. 사용을 줄이면 어떤 장단점이 있는지 서로 논의해보고, 비판적인 태도가 아닌

공감하는 태도를 보이자.
- 아이들에게 이런 변화를 시도해볼 생각이 있는지 물어보자.
- 솔선수범이 되도록 당신 자신의 기술 사용부터 줄이자.
- 가족의 기술 사용에 대한 당신의 목표를 명확히 설정하자.

일단 이런 대화를 한 다음에는 가족이 디지털 기술 다이어트를 원하는 이유에 대해 평가하는 시간을 갖는다. 무엇보다 아이들은 독립적인 개체이며, 그들의 말에 더 귀를 기울이며 다가갈수록 아이에 더 적합한 계획을 세울 수 있음을 유념한다. 현재 당신 자신이 얼마의 시간을 소비하는지, 또 얼마를 줄이고 싶은지 명확히 정하자. 부모가 있는 그대로 솔직히 대답할수록 아이들도 더 진실한 대답을 해줄 것이다. 아이들이 디지털 기술 다이어트의 동기가 약해질 때마다 이때 한 그들의 대답을 기준점으로 삼아 돌아오면 된다.

그러면, 다음에 나오는 '동기부여 워크시트'를 활용해 가족이 디지털 기술 다이어트를 원하는 이유를 알아보자. 새로운 변화에 대한 기대감과 거부감도 같이 들 수도 있는데, 이는 아주 당연한 반응이다. 기술에 대한 찬반론은 아이들이 자신의 기술 사용법을 점검해보고, 대화할 좋은 기회다.

가령, 아이에게 게임의 장점이 무엇인지 물어보면, 문제해결력도 키워주고 동심도 키울 수 있다며 두어 가지 대답을 하는데, 게임의 단점에 대해서도 물어보면 놀랄 정도로 많이 늘어놓을 수도 있다. 이런 과정이 아이의 진짜 생각을 알 수 있는 첫 출발점이며, 부모는 이를 상세히 알고 있어야 아이의 눈높이에 맞는 효과적인 디지털 기술 다이어트 방법을 제대로 안내해줄 수 있다.

'동기부여 워크시트'를 디지털 기술 다이어트에 관해 이야기하는 첫 자리에서 소개하고, 첫 주 마지막 날에 다 같이 앉아 채워야 한다고 설명해보자. 독자들에게 예시를 보여주려고 내가 우리 가족들과 주고받은 것을 그대로 옮겨보았다.

동기부여 워크시트

현재 가족들의 기술 사용 습관에 대해 알아보자. 잘되고 있는 점과 그렇지 않은 점은 무엇인가? 어떤 종류의 기술을 쓰는지 단순히 나열하지 말고, 다음의 카테고리별로 구체적인 장단점을 명확히 적어보자.

신체적 건강

장점

- 음악을 틀어서 몸을 움직이고 재미있는 시간을 보낼 수 있다. 특히, 우리 가족들의 주방 댄스파티 시간에 없으면 안 된다.
- 유튜브를 통해서 엄마는 요가를, 둘째인 재버는 순환 운동을 한다. 막내 지아는 매일 피트니스 트래커(fitness tracker)로 몸의 변화를 관찰하고, 아빠는 스마트워치로 운동하면서 걸음 수와 심박수를 체크한다. 그러니 기술은 우리가 몸을 움직이고 활동하는 데 확실히 도움이 된다.
- 조쉬와 재버는 코치 선생님이 시합 준비에 참고하라고 보내시는 경기 영상을 보고 배운다.

단점

- 앉아 있는 시간이 너무 길다. 게임, TV, 스마트폰, 컴퓨터 때문에 자세는 구부정해지고 목과 허리는 뻐근한 데도 꼼짝없이 앉아 있다. 이렇게 되면 정크 푸드도 더 자주 먹게 된다.
- 엄마나 조쉬처럼 야행성인 사람들은 밤에 숙제나 일 또는 그냥 심심해서 스마트폰이나 태블릿을 틀면 시간 가는 줄 모른다. 계속

보다가 나중에야 겨우 잠이 드니 아침에 눈을 뜨는 순간부터 온종일 몽롱하고 피곤할 수밖에 없다.

정신적 건강

장점

- 아이튠이나 스파크 앱을 통해 가이드 명상을 할 수 있다. 아들 두 녀석은 뮤즈를 사용해 명상하기도 한다.
- 아이들의 인격 형성에 도움이 되는 영화를 골라서 본 후, 아이들과 도덕성, 공동체, 회복탄력성에 대해 이야기할 기회를 얻는다.
- 가끔은 코미디 영화나 TV 프로그램을 다 같이 보며 함께 웃고 그 속에서 즐거움과 행복을 느낀다.

단점

- 뉴스 사이트나 소셜 미디어를 통해서 전 세계에서 일어난 온갖 안 좋은 소식에 대해서 듣는 것 자체가 스트레스다.
- 고립 공포감(포모)을 느끼는 가족이 있는데, 특히 다른 친구들이 즐겁게 노는 사진이나 영상을 온라인으로 볼 때 그렇다. 며칠째 비가 쏟아지는데 해가 쨍쨍한 화창한 곳에 사는 사람들의 모습을 보면 왠지 더 우울해질 때가 있다. 온라인 속의 찬란한 모습을 우리의 삶과 비교하지 않으려고 노력한다. 꾸며진 가짜 세계라는 것을 알고 보는데도 여전히 기분이 안 좋아지는 것은 어쩔 수 없는 사실이다.

사회적 건강

장점

- 친척, 친구 등 단체 채팅방에 있으면 정말 재미있다. 사회관계로 만들어진 단체 채팅방이 수없이 많아도 계속 관계를 맺고 연락할 수

있게 된다.

- 엄마는 인도의 사업 파트너와 계속 연락하고, 인도 아이들의 활동 모습을 전달받을 수 있다. 우리 가족 모두 왓츠앱을 통해서 전 세계 각국의 친구들과 계속 연락을 주고받는다.
- 할아버지랑 할머니에게 스마트폰이나 컴퓨터 사용법을 가르치다 보면 예상치 못한 웃을 일이 정말 많다.

단점

- 스마트폰, 게임기 사용 때문에 갈등이 많이 생긴다. 특히, 평소와 생활 패턴이 달라지는 연휴나 방학이면 더 심해지며 이는 가족 전체에 영향을 미친다.
- 가끔은 다들 각자 방에 들어가 컴퓨터를 한다. 그래서 다른 가족의 일상이나 중요한 일을 놓치게 되고 서로 얼굴을 보며 대화하는 시간이 줄어든다.
- 온라인으로 친구와 가족들과 대화하는 시간이 너무 많으며 때로 스트레스다. 마치 24시간 언제든 연락 가능한 상대가 된 느낌이다.

2주 : 실행 준비하기

2주째는 디지털 기술 다이어트를 할 수 있도록 가족 전체를 준비시키는 게 목표다. 이때쯤이면 아이들도 '한번 바꿔볼까?' 싶은 생각이 들 수도 있다. 하지만 여전히 내적갈등 중이어서 실제로 그렇게 할 준비는 사실 안 되어 있다고 봐야 한다. 그래서 이런 반응을 보일지도 모른다.

"게임을 엄청나게 하는 것도 알고, 공부나 운동경기에도 문제가 있는 건 알고 있는데요. 그래도 줄이긴 싫어요."

실행 준비를 시키기 위해서 이렇게 하면 좋다.

지지하기

- 더 건강한 디지털 기술 다이어트를 통해 생기는 장단점에 대해 더 깊게 생각해보라고 격려한다.
- 새로운 디지털 기술 다이어트의 장점에 대해 알려준다.
- 바꾸는 방법에 대한 아이디어를 같이 낸다.
- 생길지도 모르는 어려움에 대해 잘 생각할 수 있도록 도와준다.

질문하기

- 게임을 안 줄이면 네 공부나 운동은 어떻게 되겠니?
- 작년 여름 방학 때 할머니 댁에서 지낼 때 SNS 시간 잘 조절했니?
- 어떻게 게임을 이렇게 계속하는데 수업이나 운동에 문제가 없지?

동기부여 눈금자[83]

디지털 기술 다이어트 실행에 점점 다가가려 하는데, 어쩌면 아이들은 해야겠다는 마음이 타오르다 말았을 수도 있다. 걱정할 필요 없다. 아이들의 동기를 평가하고, 왜 그렇게 되었는지 이해하면 다시금 마음의 불을 지필 수 있다.

과학자들은 동기 감소의 이유를 주로 다음 두 가지로 꼽는다.

1. 변화가 중요하지 않다고 여긴다.

2. 바꿀 수 있다는 자신감이 부족하다.

동기부여 눈금자를 통해서 아이 스스로 디지털 기술 다이어트가 자신에게 얼마나 중요한지, 또 그 변화를 일으키는 데 자신감이 얼마나 있다고 생각하는지를 가늠해볼 수 있다.

아이에게 다음의 눈금자 위에 자신의 점수를 표시해보라고 하자. 변화할 수 있다는 자신감이 부족한가, 아니면 변화 자체가 아직 그렇게 중요하다고 생각하지 못하는 것인가?

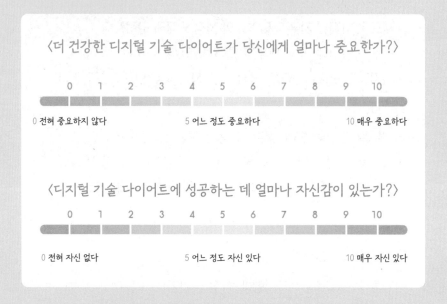

변화의 중요성에 대해 3점 미만으로 답했으면 변화해야 할 이유를 더 탐색할 필요가 있다. 기술이 심신에 미치는 영향을 다시 생각해보고, 실제 자신의 삶 속에서 경험담을 찾으라고 해보자. 그리고 현재의 습관을 안 바꾸고 계속한다면 앞으로 어떤 일이 생길지도 물어보자.

변화에 대한 자신감이 3점 미만으로 답했다면, 변화를 어떻게 이끌 것인지에 더 집중해야 한다. 앞으로 습관을 바꾸기 위해 어떤 노력을 할 것인지 물어보자. 자신의 성공한 모습을 시각화할 수 있는가?(p.254~256 '시각화' 참고) 이런 아이에게는 사소한 변화라도 눈에 띄는 즉시 칭찬하고 더 많이 응원해줘야 한다. 이미 습관을 바꾼 다른 아이들의 이야기나 자신이 바꾼 적 있는 행동에 대한 경험을 들려주자. 습관을 바꾸는 데 방해물이 있다면 무엇인지 물어보고, 앞으로 생길 수 있는 문제나 장애물에 대한 해결책을 구체적으로 알려주면서 할 수 있다는 자신감을 키워주자.

"변화에 대한 자신감은 왜 5가 아니라 7을 골랐니?", "8이나 9가 되려면 어떻게 해야 할까?" 등의 질문을 해보자. 이런 질문은 자신감과 관련한 신경회로를 단단히 해주기 때문에 아이에게 '할 수 있다'는 생각을 더 강하게 심어준다.

아이가 다른 가족들과 속도를 맞춰 실행 단계에 들어가는 데에는 1주일 이상이 소요될 수 있다. 일단 아이가 동기부여의 중요성과 자신감 항목을 모두 5점 이상으로 표시했다면, 다음 단계로 넘어갈 준비가 되었다고 보면 된다.

3주 : 실행하기

3주째는 준비만 하던 단계에서 목표를 정하고 실행을 옮기는 단계다. 이를 위해서 다음과 같이 하기를 권장한다.

지지하기

- 디지털 기술 다이어트는 가족 전체가 함께한다는 점과 모두가 성공하려면 각자 최선을 다해야 한다는 점을 상기시킨다.
- 스마트 목표를 설정하게 돕는다.
- 가족이나 공동체 내 다른 이들과 선의의 경쟁을 도모하는 목표를 정해서 재미를 불어넣는다.
- 우리 웹사이트(www.dolphinekids.ca/techsolution)를 방문해서 #techdietchallenge에 회원 가입을 하고 친구나 가족과 함께 참여한다. 다짐 카드와 수료증 등 보조적인 활용 도구가 사이트에 업로드되어 있으니 내려받아 프린트해서 계속 동기부여를 하는 데 사용하

면 좋다.

이번 주에는 가족 구성원이 각자 기술 사용에 대한 3~5가지 '스마트 목표'를 설정하는 것으로 시작한다. 아이가 간단한 목표를 설정하도록 도와주자.

스마트(SMART) 목표란 다음과 같다.[84]

- 구체적인(Specific) 목표 : 이루고 싶은 것이 무엇이며, 왜 이루고 싶은지 아이에게 구체적으로 물어보자. 게임 시간 줄이기, 또는 수학 게임이나 운동 앱 사용 시간 늘리기 등이 예가 될 수 있다.

- 측정 가능한(Measurable) 목표 : 주중에는 SNS를 최대 15분간 건강하게 사용하기 등 측정 가능한 목표를 설정하자. 아이가 스스로 조절할 수 있도록 아이의 스마트폰과 태블릿 등에 사용 시간 제한 앱을 깔고 사용법을 알려주도록 한다.

- 성취 가능한(Achievable) 목표 : 아이가 현실적인 목표를 설정하게끔 도와주자. 우리 아이들을 보면 한 달 동안 TV 안 보기, 매일 푸시업 100개 하기, 알아서 샤워 잘하기 같은 야심찬 계획을 내놓는데, 나는 그런 계획을 실행 가능할 정도로 소박하게 줄여주는 역할을 한다.

- 연관성 있는(Relevant) 목표 : 세운 목표가 가치 있는지 아이한테 물어보자. 그 목표를 달성하면 아이의 자유 시간이 많아지는지, 더 행복해지는지, 또는 정신건강에 도움이 되는지 등을 물어볼 수 있다.

- 마감기한이 있는(Time-sensitive) 목표 : 아이에게 각각의 목표마다 시작하는 날짜와 끝나는 날짜를 정하게 하자.

다음의 템플릿을 사용해서 가족들이 디지털 기술 다이어트를 위한 스마트 목표를 세워보자.

S	**구체적인(Specific)** 어떤 건강한 기술을 더 사용하고 싶은가? 어떤 정크 기술의 사용을 제한하고 모니터링 하고 싶은가? 어떤 해로운 기술을 피하고 싶은가?	
M	**측정 가능한(Measurable)** 진척 상황을 어떻게 측정할 것인가? 목표가 언제 완수되는지 어떻게 아는가?	
A	**성취 가능한(Achievable)** 어떤 단계를 밟아야 이룰 수 있는가? 이루기 위해서 무엇이 필요한가? 내 목표 성취에 도움이 되는 것은 무엇이며, 방 해하는 것은 무엇인가?	
R	**연관성 있는(Relevant)** 왜 이 목표가 가치가 있는가? 이 변화는 시의적절한가? 이 목표는 장기계획과 일치하는가?	
T	**마감 기한이 있는(Time-sensitive)** 이 목표를 완수하는 데 얼마나 걸리는가? 이 목표를 언제 시작해서 언제 완수하는가?	

4주 : 유지하기

어느 정도 시간이 지나면서 긍정적인 변화에 대한 설렘도, 처음에 가졌던 열정도 사그라지기 마련이다. 그래서 4주째에는 가족이 디지털 기술 다이어트에 대한 의욕을 계속 유지하는 게 목표다. 무엇보다 당신의 지지와 응원이 있어야 가족 모두가 멈추지 않고 전진할 수 있음을 명심하자.

아이가 해로운 기술이나 정크 기술로 안내하는 사람이나 상황을 피할 수 있도록 도와주자. 예를 들어, 친구들은 주말에 같이 모여 게임을 하는데, 아이에게 세운 목표는 게임을 주중에만 하게 되어 있어서 자기만 친구들과 멀어지는 것 같다고 느끼는 것 같다면 아이에게 이 목표에 얼마나 열심히 해왔는지를 상기시켜 주도록 한다. 또, 황금연휴에는 게임 토너먼트를 열어보라고 제안해도 좋다. 그러면 게임을 할 수 있는 주말도 있으니 그런 연휴를 손꼽아 기다리는 설렘도 생긴다.

- 변화의 단점이라고 말하는 부분에 귀를 기울이고 인정한다.
- 변화로 인한 내적 보상을 강화한다. 가령, 건강이나 사람과의 관계도 더 좋아지며, 창의성도 더 발휘하고, 성적도 올라가고, 가정도 더 화목한 분위기가 되는 것 등을 들 수 있다.
- 목표를 완수하도록 계속 동기부여를 한다.

돌고래 전략을 활용해 동기부여 하기

아이가 계획대로 계속해나가려면 부모의 행동과 의사소통 방법이 중요하다. 큰 결심을 하고 시작했지만, 당신 자신도 마음대로 잘 안 되었을 것이고, 아마도 그런 좌절감이나 실망감이 때로 아이에게도 고스란히 전달되었을 거라 충분히 예상한다.

이 때문에 나는 아이가 자기혁신을 하는 데 자발성을 높이기 위해 '4단계 소통 전략'을 개발했다. 내가 지난 20년간 집에서는 물론, 병원에서도 아이들을 위해 활용해온 이 방법은 동기 강화를 위한 의사소통법에서 그야말로 핵심인데, 《돌고래형 부모》에서 '돌고래 전략'이라는 이름으로 소개한 바 있다.

그럼 이제 돌고래 전략 4단계의 각 단계와 예시를 하나씩 살펴보자.

1. 상어와 해파리 죽이기 : 돌고래형 부모 되기

아이가 말을 안 들으면 상황을 통제하기 위해 아이와 논쟁(경직, 투쟁)이 일어날 수도 있고, 아니면 결국에는 못 이기고 포기(도피)하게 될 수도 있는데, 감정이 격해진 상태로 아이를 대해서는 안 된다. 그러기 위해서 일단 심호흡을 몇 번 하고 마음을 차분히 가라앉힌 후 시작하자.

화가 나서 아이에게 큰소리로 야단을 치는 방식은 결국 실패한다. 아이가 반항하는 태도를 보이면, 당신의 훈육법을 바꿀 때라는 신호로 받아들여야 한다. 아이든, 어른이든 심하게 밀어붙일수록 반항도 거세지기 마련이며, 상대의 행동 변화가 목표인 경우 논쟁은 역효과만 낳는다는 게 과학적으로도 증명되었다. 그렇게 되면 상대, 특히 십 대들의 생각이나 자기 고집만 더 강화된다.

그러니 아이가 "이거 그렇게 나쁜 게임 아니에요"라며 방어적 태세를 보이고 서로 소득 없는 논쟁만 벌이는 중이라면, 즉시 멈추고 나중에 다시 이야기할 필요가 있다. 우리의 목표는 말싸움에서 이기는 게 아니다. 아드레날린이 치솟은 흥분 상태일 때 진정하라는 게 무리 같겠지만, 이럴 때일수록 자제력을 발휘해서 평정심을 유지해야 한다.

내 경우는 스트레스 반응에서 멀어져 내적 균형을 유지하기 위해서 목욕이나 산책을 하면서 심호흡(p. 139~140)이나 시각화를 연습한다. 하지만 이 사태가 벌어지기 전에 무엇보다 근본에 충실한 부모가 되자. 즉 자신의 자기 돌봄에 충실한 부모가 되는 게 먼저다. 자신을 내팽개치고 잠도 못 자서 카페인에 찌들고, 혼자서 꼼짝없이 자리에만 앉아 있는 생활을 하는 부모가 되는 일이 없어야 한다.

2. 공감하기

아이를 이해하고 그들의 편에 있음을 직접 표현하는 부모가 되자.

부모 말을 잘 들을 때만 사랑해준다는 생각을 아이가 하게 해서는 안 된다. 오히려 아이가 말을 안 들을 때일수록 사랑과 포용으로 감싸는 게 더 중요하다. 물론, 문제 행동을 무조건적으로 받아들이라는 말이 아니다. 하지만 그런 태도를 보이면 부모가 나를 이해하려고 노력한다는 신호가 아이에게 전달된다. 부모라면 아이의 행동이나 어떤 결점에도 상관없이 공감하는 모습으로 사랑을 표현할 수 있어야 한다.

이렇게 할 때 부모와 자식 간의 애착이 깊어진다. 그러면 어려운 일이 생길 때 당신에게 와서 도움을 청할 확률도 높아진다. 힘들 때 포용하는 태도는 아이 행동의 변화를 촉진하는 역할도 할 뿐 아니라, 아이의 자기존중감도 향상된다. 힘들 때 세상에 혼자라는 느낌이 들고 무엇이든 자기 탓으로 돌리기 쉽기 때문이다. 누구도 어린아이가 아니었던 사람은 없기에 나는 종종 아이들에게 엄마도 어렸을 때 똑같이 그런 실수를 저지르고 그런 기분을 느껴봤다고 이야기한다.

공감하는 말하기 연습하기

- 엄마가 네 기분을 이해하도록 도와주렴.
- 지금은 숙제하고 싶지 않은 거구나.
- 화가 많이 나지?
- 그렇게 하기 정말 어려웠을 텐데 고맙구나.
- 엄마도 네가 놀 수 있었으면 좋겠어.
- 한창 재미있을 텐데 방해하기는 싫지만 벌써 식탁 차릴 시간이네.

3. 아이의 목표 확인하기

아이의 입장에 대한 이해도 넓어졌으니 자신의 목표가 아닌 아이의 목표를 인정하자.

자고로 우리의 행동은 내면의 욕구 때문에 나온다. 목표에 맞게 습관을 고치는 중인 지금의 당신 자녀 역시 마찬가지다. 아이가 디지털 기술 다이어트를 하고 싶어 하고, 스마트 목표까지 세웠으니 이를 활용하면 목표 달성의 자극제가 될 수 있다.

지금의 기술 사용 습관이 자신의 다른 목표와 가치에 어떤 부정적·긍정적 영향을 미치는지 알 수 있도록 가르치면 좋다. 아이가 중시하는 영역을 선택해서 그에 대해 생각하는 기회를 갖자. 친구, 밖에서 놀기, 운동, 잠자기, 학교생활, 과외활동 등 아이한테 중요한 영역을 골라보자.

물론 가끔은 더 강력하게 조치할 필요도 있다. 예를 들어, 우리 아들의 스마트폰 데이터 사용량이 계획했던 목표량을 계속 넘어가는 것을 보고 나는 아예 더 낮은 요금제로 줄이도록 했다. 그런 다음 아들에게 자신이 세웠던 목표를 상기시켜 주었더니 그게 목표 달성을 위한 조치이며, 성공하면 다시 요금제를 높여준다는 것을 바로 이해했다. 이런 방법은 단기간에 건강한 습관을 만드는 데 도움이 되지만, 아이가 스스로 조절을 할 수 있도록 하는 것이 가장 근본적인 조치란 것은 두말하면 잔소리다.

4. 성공 지지하기

아이가 목표를 완수할 능력이 있음을 표현하는 부모가 되자.

아이들이 변화하려면 두 가지가 필요하다. 첫째, 변화된 행동이 중요하다는 인식, 둘째, 그것을 수행할 능력이 있다는 믿음이다. 그러니 아이가 습관을 바꿀 충분한 능력이 있음을 적극적으로 표현해보자.

능력에 대한 믿음 표현하기

- 엄마는 네가 이걸 이해할 수 있다는 걸 알아.
- 엄마는 네가 방법을 찾을 수 있다고 확신해.
- 엄마가 옆에서 조금만 도와주면 이 문제를 네가 직접 분명히 풀 수 있단다.

아이의 자발성 향상은 매우 중요하기 때문에 부모가 적극적으로 키워줘야 한다. 아이가 '나도 할 수 있다'라는 생각, 즉 자신의 능력에 대한 믿음 없이는 사실상 불가능하기 때문이다.

돌고래 전략 적용 예시

당신이 1단계, 상어와 해파리 죽이기에 성공했다는 가정하에서 이제부터는 구체적으로 다양한 상황에서 어떻게 이 돌고래 전략을 적용할 수 있는지를 살펴보겠다. 아이를 통제하려거나 비판하기 위해서나 자신의 두려움이나 분노 때문이 아니라, 오직 진정으로 사랑하는 마음에서 우러나와야 한다는 점을 명심하자.

아이가 '스크린 타임' 목표 시간을 넘었을 때 : "아이패드가 있으면 너무 재미있어서 시간 가는 줄 모르겠지? 엄마도 잘 알아.(공감) 하지만 사용 시간을 잘 지켜서 숙제랑 게임 사이의 균형을 잡는 게 네 목표였 잖니?(목표 확인) 그러니 다시 한번 디지털 기술 다이어트 목표에 도전해보는 게 어때?(성공 지지)"

아이가 숙제는 안 하고 계속 게임만 하려고 할 때 : "엄마도 너만 할 때 숙제하는 걸 너보다 더 싫어했지 뭐야.(공감) 그런데 숙제는 집에서 다 끝내서 학교 쉬는 시간에는 아이들과 같이 노는 게 네 목표였잖니?(목표 확인) 우리 아들은 마음만 먹으면 후딱 해치우는 사람인데 그냥 지금 해버려!(성공 지지)"

아이가 넷플릭스 보느라 수학 앱을 안 켤 때 : "우리 딸 눈까지 충혈된 거 보니 엄청 피곤한가 봐.(공감) 하지만 수학 앱을 이용하면 시험 준비도 재미있잖아.(목표 확인) 그 앱이 재미있다고 엄마한테 자주 말했던 거 기억나지?(성공 지지)"

가족 모두가 함께 디지털 기술 다이어트를 하고 있음을 상기시키고, 아이와 함께 자주 확인하자. 당신 자신의 진전 상태와 단점도 아이와 공유하고, 아이가 계속 의지를 다질 수 있도록 새로운 동기부여 아이디어도 생각해보자.

5주 : 재발 관리 및 다시 제자리 찾기

5주째는 재발이 나타나는지 지켜보고, 혹시 그럴 경우 다시 제자리를 찾게 하는 게 목표다. 동기란 한자리에 가만히 있는 정적인 대상이 아니다. 즉 시간이 지나면서 변화하고 사라진다. 따라서 동기가 유지되려면 이를 위해 행한 노력과 방법을 자주 재평가할 필요가 있다. 새로운 다이어트법이나 새로운 운동 습관을 시도했을 때를 생각해보면 쉽게 이해된다. 그때 그 변화가 얼마나 유지되었던가? 중간에 어떤 방해물이 나타났던가?

디지털 기술 다이어트 중에도 아이들의 의욕은 사라지고 다시 옛 습관으로 돌아가는 게 보일 때도 있다. 그래서 아이가 이런 말을 할지도 모른다.

"이걸 안 하면 긴 방학을 어떻게 보내요? 할 게 없잖아요."

지지하기

- 무엇 때문에 옛 습관으로 돌아간 것인지 원인을 파악한다.
- 원인을 피하기 위한 대책을 마련한다.
- 변화의 장점을 다시 되짚어본다.

다시 제자리를 찾아 잘하고 있다면 듬뿍 칭찬해주자.

"우리 아들 요새 너무 잘하고 있네. 학교 성적도 좋아지고, 아주 엄마 아빠가 말할 게 없어. 네가 전부터 자립심도 키우고 용돈도 벌고 싶어 했는데 이참에 엄마가 파트 타임 자리 찾는 것 도와줄까?"

결정 저울[85]

가족의 변화에 대한 장단점을 살펴보는 것은 가족 전체의 동기를 유지하는 데 효과적이다. '결정 저울'이라고 부르는 이 동기부여 방법을 활용해보자.

먼저, 아이에게 목표 중 하나를 엄마에게 설명하라는 요청을 한다.

예를 들어,

- 목표 1 : 정크 기술(게임, SNS) 줄이고, 건강한 기술(페이스타임, 명상 앱) 늘리기

종이를 한 장 꺼내서 다음과 같은 표를 그리자. 아이에게 자신의 행동을 변화시키는 경우와 다시 옛 습관으로 돌아가는 경우로 나누어 각각 장단점을 쓰라고 하자.

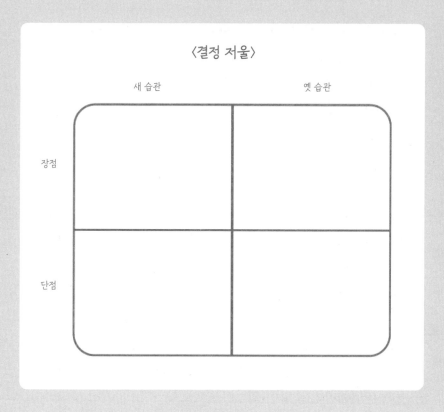

〈결정 저울〉

	새 습관	옛 습관
장점		
단점		

우선 새 습관의 장점을 쓰라고 하자.
- 가족과 친구와 보낼 수 있는 시간이 늘어난다.
- 분노나 짜증 등 감정의 변화가 줄어든다.
- 집중력이 향상된다.

단점도 적으라고 하자.
- 지루하다.
- 그냥 게임하던 때가 그립다.
- 불편한 감정이 들 때 도피처가 없다.

이제 옛 습관의 장점을 쓰라고 하자.

- 한동안 재미있다.
- 진짜 문제에서 도피할 수 있다.
- 익숙한 게 좋다.

단점도 적으라고 하자.

- 나 자신과 가족이 실망하게 했다.
- 후회된다.
- 친구와 보낼 시간이 없다.
- 더 쉽게 짜증이 난다.

아이에게 차트의 장단점을 비교하라고 한 다음, 중요도로 볼 때 각각의 항목이 10점 만점에 어떻게 되는지 물어보자. 가령, 친구와 가족과 함께하는 시간이 아이에게 매우 중요하다면, 10점 만점 중 10점으로 매기는 식이다. 항목별로 점수를 다 매기고 난 후에 표를 보고 습관을 바꾸는 게 아이에게 정말 득이 되는지 물어보자.

6주 : 새로운 나

드디어 당신은 목표 완수에 성공했다. 이 마지막 주는 당신 가족이 지난 5주간 배운 것을 점검하고, (결과에 상관없이) 노력을 칭찬하며, 기술 사용에 대해 바람직한 의사소통법을 계속 유지하는 게 목표다. 이를 통해 아이들은 건강한 디지털 기술 다이어트의 궤도에 계속 머무를 수 있다.

연구에 따르면, 우리가 습관과 행동에 긍정적 변화 하나만 만들어내면 그 변화의 물결이 삶의 다른 영역으로 번져나간다고 한다. 기술 사용 시간이 줄어들면 실생활에서 더 많은 시간이 생기기 때문에 밖에 나가 자연 속에서 뛰어놀거나, 책을 읽거나, 악기를 연습하게 될 수도 있다. 아이의 변화에 대해 인정하고 칭찬하도록 하자. 새 책을 선물해도 좋고, 영화를 보러 가거나 가족들과의 악기 연주 대결을 펼쳐도 좋다.

또, 동기가 사라지거나 옛 습관으로 다시 돌아가도 지극히 정상이라는 것을 염두에 두어야 한다. 흡연자가 진짜로 담배를 끊기까지는 7번의 피나는 노력이 필요하다는 연구를 가족들에게 알려주고, 목표를 달성하지 못했다 해도 노력을 칭찬하고 잠시 휴식 시간을 가진 후 다시 시도하자.

앞에서 배웠듯이 약 90일간 매일 꾸준히 걸어야 새 습관을 위한 신경회로가 형성된다. 따라서 그사이에는 언제든 나쁜 습관과 연합된 신경회로를 다시 찾게 될 수도 있다. 새 습관을 형성하는 과정은 절대 녹록지 않다. 미끄러지는 일도 많고, 좌절감도 많이 느끼겠지만, 중도에 포기하지 않는 게 관건이다. 실망하거나 좌절하지 말고 툭 털고 일어나 시도하고 또 시도하자! 아이가 목표에 도전해 나가는 과정에서 돌고래형 부모가 되어 단호하면서도 유연성 있게 대처하고, 사랑과 긍정적인 태도로 무장해서 함께 앞으로 나아가자. 그렇게 하다 보면 어느덧 건강한 습관이 자리 잡게 된다. 인내와 끈기 및 회복탄력성만 있으면 결국에는 성공하기 마련이다.

여섯 번째 주는 앞에서 한 동기부여 워크시트, 동기부여 눈금자, 스마트 목표, 결정 저울을 재평가하고 재검토하기에 딱 좋은 시기다. 제일 처음에 가졌던 생각과 그간의 변화에 대해 살펴보자. 가족 전부가 각자 목표를 달성하도록 이 도구들을 계속 활용하고, 돌고래 전략도 잊지 말고 꼭 적용하자.

아이의 좋은 습관 형성을 위한 몇 가지 팁을 더 소개한다.

1. 아이의 자율성을 향상하는 이야기 활용하기

아무리 좋은 가정교육을 받았다 하더라도 다른 사람의 지시를 받고 싶은 사람은 아무도 없다. 우리 모두의 내면에는 자율성을 향한 깊은 욕구가 존재하기에, 아이가 통제를 당하거나 위협이 된다고 느끼면 저항하기 시작한다.

그러니 "얘야, 엄마가 건강한 삶을 너한테 억지로 이해시킬 수는 없단다. 엄만 그저 보여주는 게 전부일 뿐이고, 나머지는 다 너 하기 나름이란다"라든가 "이 집에서의 규칙과 적정선은 엄마가 정할 수 있어. 네가 독립해서 이 집을 나가게 되면 그때는 네가 원하는 대로 규칙과 적정선을 만들면 돼"라는 식으로 말을 하자.

2. 조언하기 전에 먼저 허락 구하기

아이들, 특히 십 대들은 본인이 묻지도 않는 충고나 조언을 어른들이 하는 데 심한 거부감을 느낀다. '다 너를 위해서'란 명목이 있어도 마찬가지다. 그러니 아이에게 조언하기 전에 먼저 물어보자. 그렇게 하면 놀랄 만큼 일이 수월해진다.

내 환자 중에 친구들과 사이가 나쁜 13살짜리 소년 앤서니(Anthony)가 있었다. 친구들은 그를 괜히 집적거리고 놀려댔는데, 어느 날은 그의 여드름 사진을 인스타그램에 올렸다. 이 상황에서도 앤서니 엄마는 아무 말도 없이 가만히 있었다. 그러다 아들이 화가 나서 어쩔 줄 모르자 이렇게 말했다.

"아들, 엄마가 어떻게 해줬으면 좋을지 말해주겠니?"

이 한마디에 앤서니는 마음을 열고 엄마에게 조언을 구했다.

3. 비판적이지 않은 열린 질문하기

열린 질문은 논쟁은 피하면서 공감하는 태도를 보여주는 좋은 방법이다. 아이에게 무슨 일이 있었는지 알아내는 데도 좋다. 예를 들어, 예전에 파티에 다녀온 아들에게 친구들이 전부 스마트폰을 가지고 있었는지 물었더니 짜증 난다는 투로 "아뇨" 하며 자기 방에 쏙 들어가버렸다. 아무런 정보도 없는 의미 없는 대화였다. 그래서 다음번에는 그냥 "오늘 파티는 어땠어?"라고 물었다. 그러자 이런 대답이 돌아왔다.

"괜찮았어요. 그런데 제니한테 안 좋은 일이 좀 있었어요. 누가 제니가 잘 안 나온 사진을 스냅챗에 올렸는데 악플이 달렸거든요. 정말 왜 그러는지 모르겠어요."

그래서 원래 얼굴이 안 보이는 온라인에서는 사람들이 원래 더 직설적으로 대하는 경향이 많다고 설명했다. 그러면서 이날의 대화는 온라인 예절과 사이버 폭력에 관한 이야기까지로 이어졌다. 그간 내가 원했던 진정한 모자 사이의 대화였다.

그러니 아이들한테 "이거 해야 해"라는 말은 그만하고, "아, 그것참 흥미롭네. 궁금해지는데 엄마한테 좀 더 알려줄래?"라고 물어보자. 그렇게 하면 아이는 엄마가 지적하거나 야단치는 게 아니라 자신에게 진정으로 귀를 기울인다는 것을 깨닫게 된다.

4. 말하기─듣기 비율 역전시키기

부모들은 아이들에게 "~에 대해 이야기해보자"라고 말만 꺼내고선 혼자 떠들어대기 일쑤다. 솔직히 대화가 아니라 강의에 가깝다. 이를 거꾸로 뒤집어서 아이가 그만큼 말을 하게 해보자. 예를 들어, 건강한 디지털 기술 다이어트에 관해 이야기한다고 해보자. 그러면 괜히 혼자 연설을 늘어놓지 말고, 아이에게 그게 자기 자신한테 왜 중요할지 먼저 물어보자. SNS에서 싫은 점이나 온라인상에서 친구와 교류하는 방식에 대해서도 물어보자. 대답하는 데 뜸을 들이면 아이가 변화에 필요한 새로운 회로를 탐색 중이라고 보면 된다.

5. 이야기 말하기

인간은 타고난 이야기꾼이어서 우리의 두뇌와 심장은 강의보다 이야기에 훨씬 더 민감하게 반응한다. 예를 들어, 샤오(Xiao)라는 환자는 친구가 소셜 미디어에 올린 가짜 뉴스에 깜빡 속은 일을 아들에게 들려주었다. 그러자 둘 사이의 대화는 온라인에서 가짜 뉴스와 정확성을 판별하는 법에 관한 이야기로 이어졌다. 나중에 그녀는 외할머니가 이상한 링크를 누르는 바람에 컴퓨터가 바이러스에 감염되었다며 또다시 이야기를 늘어놓았다. 그러고는 아들에게 이 상황에서 어떻게 하겠는지 물어보면서 온라인 보안에 대해서 아는 점과 모르는 점에 관해 이야기할 기회를 주었다.

나는 앞의 도구가 건강한 디지털 기술 다이어트뿐 아니라 건강한 삶을 위해 잘 쓰일 수 있기를 진심으로 바란다. 우리가 늘 몸에 좋은 음식만 먹을 수 없듯, 건강한 기술만 사용하기도 참으로 어려운 일이다. 하지만 새로운 습관을 만들고 긍정적인 변화를 이끄는 '신경가소성'이라는 무한한 힘에 알아보았고, 그 적용법까지도 살펴보았다. 이를 최대한 활용하려면 먼저 마음을 고요히 가라앉히고, 직관의 속삭임에 귀를 기울이며, 있는 그대로의 생명의 힘을 믿으면 된다. 또, 자기 돌봄을 실천하고, 타인과 연결되며, 창조력을 발휘할 때 잠재력이 최대한 발휘될 수 있음을 잊지 말아야 한다. 이번 장에서 배운 훈련법을 적용하고, 건강한 기술 습관을 위한 변화를 통해 결국 더 성숙한 사람으로 성장하게 될 것이다.

9장

완전히 새로운 세상 :
인류 진화의 다음 단계

THE TECH SOLUTION

CREATING HEALTHY HABITS
FOR KIDS GROWING UP
IN A DIGITAL WORLD

9

"변화의 바람이 불어오면, 어떤 이는 바람을 막을 담을 쌓지만,
어떤 이는 바람을 이용할 풍차를 만든다."

– 중국 속담

나는 한 사람을 '성공'으로 이끈 힘이 무엇인지 늘 궁금했다. 내가 말하는 성공이란 돈이나 지위가 아니라 '온전한 삶', 즉 건강, 안전, 열정, 의미, 기쁨을 누리는 삶이다. 그러한 온전한 삶을 사는 사람은 우리와 어떤 면이 다를까? 불굴의 의지일까? 그런데 그간 의지가 넘치는 사람을 숱하게 만나 봤지만, 이들이 꼭 삶의 기쁨을 느끼지는 않았다. 그렇다면 어린 시절의 행복이 좌우하는 것일까? 그러나 나는 행복한 어린 시절을 보냈지만 성장하고 나서는 불안과 우울에 시달리는 환자들도 수없이 상담했다. 그러면 대체 뭘까? 끈기일까? 아니면 노력? 운? 도대체 뭘까? 난 이들의 성공의 원동력이 무엇인지 정말 알고 싶었다.

그러다 최근 의미와 목적으로 가득한 생을 사시는 우리 엄마를 떠올렸다. 이어 위대한 천체물리학자인 스티븐 호킹과 우울증에 시달리다 미국을 사로잡은 스타가 된 릴리 싱도 떠올랐다. 그랬다. 모두 급격한 환경 변화를 온몸으로 껴안은 사람들이었다. 공통점을 찾기 힘들 정도로 다른 이들을 온전한 삶으로 이끈 요소는 바로 '적응력'이었다.

누구나 한 번쯤은 영국의 생물학자 찰스 다윈(Charles Darwin)의 '다윈주의' 이론에 대해 들어보았을 것이다. 그는 갈라파고스의 핀치 참새 연구를 통해서 모든 종이 자연적으로 선택된 작은 변이를 통해 진화했다는 사실을 발견했다. 특정한 섬의 환경에 맞게 부리의 크기와 모양이 다양하게 변해 살아가는 핀치 참새는 진화의 상징이나 마찬가지다. 새도, 사람도, 세포도 모두 유전적 변이 덕분에 경쟁력을 더 갖추게 되고 번식을 하며 살아남았던 것이었다. 이를 '적자생존'이라 한다. 하지만 이 단어를 두고 한동안 사람들 사이에 상당한 혼돈이 있었다.

어떤 이들은 다윈이 신체적으로 가장 강한 사람이나 가장 공격적인 사람이 살아남는다는 뜻으로 말했다고 잘못 받아들였다. 하지만 다윈은 근육질의 람보나 이기심의 끝판왕인 사람이 살아남는다고 말한 것이 아니었다. 또한, 생존을 위한 치열한 투쟁에서 생존한 사람을 의미한 것도 아니었다. 오히려, '적자생존'은 가장 변신하는 사람, 가장 협조적인 사람, 또는 가장 영리한 사람 등의 의미에 가까우며, 아마도 다윈은 주어진 환경에 가장 잘 적응한 사람이라는 의미로 썼을 것이다.

적응력이 인간의 성공을 가능하게 하는 요인이라는 것을 드디어 깨닫게 되는 순간이었다. 온전한 삶을 누린 그들은 급변하는 환경 속에서도 앞으로 나아가고 적응하며 자신을 재창조한 사람이었다.

지능을 '변화에 적응하는 능력'으로 정의한 스티븐 호킹 역시 변화에 잘 적응한 삶을 살았다. 팔을 제대로 움직일 수 없게 되자 그는 머릿속으로 시각화하는 방법을 개발했다. 어떤 이들은 이 혁신적인 방법(시각화는 상상 놀이임을 잊지 말자) 덕분에 호킹이 위대한 과학자가 될 수 있었다고 평가했다. 자신의 열정을 추구하는 과정에서 그는 삶의 목적과 의미를 찾았다. 호킹은 목적과 의미가 없었다면 자신의 삶이 무의미했을 거라고 덧붙였다.

박테리아부터 시작해서 식물, 동물, 사람, 나아가 회사, 국가, 제국 등 어떤 대상이든 그 대상의 생존을 결정하는 요소는 '적응력'이다. 혁신의 시대인 현대는 적응이 비교할 수 없을 정도로 빠르게 일어나고 있다. 한때 수많은 대여점을 거느리며, 미국의 비디오 대여 사업을 독점하다시피 했던 블록버스터(Blockbuster)를 기억하는가? 그 뒤를 이어 우편 비디오 대여 회사인 넷플릭스가 이를 대체하기 시작했다. 그리고 10년 후, 블록버스터는 몰락했고, 스스로 혁신을 꾀해 우편이 아닌 스트리밍 방식으로 콘텐츠를 공급하기 시작한 넷플릭스는 명실상부 21세기 최대의 콘텐츠 창조자이자 파괴자가 되었다.

부모 및 조부모 세대와 다른 디지털 시대의 삶에 자신은 어떻게 적응하고 있는지 살펴보자. 2007년에 아이폰이 출시된 지 채 5년도 안 되어 미국인의 50%가 스마트폰을 소유하게 되었다. 새로운 문물이 대중화되기까지 걸린 기간을 보면, 차는 45년, 라디오는 40년, TV는 30년이었다. 이렇게 빠른 속도로 세상을 변화시킨 혁신은 처음이었다. 우리가 지금 혼란스러운 이유도 이 속도에 있다. 이는 단지 스마트폰의 문제는 아니다. 지금은 디지털이 식품 유통, 교통, 자금 흐름까지 삶의 모든 영역에 영향을 미치고 있는 바야흐로 디지털 시대다. 구시대의 방식으로는 불가능했던 신기술이 지난 20년간 등장한 결과, 이제는 SNS, 게임, 로봇, 증강현실, 머신러닝 등 수많은 기술이 현실이 되었다.

문제는 이러한 혁신들이 혜성처럼 등장해 전방위적으로 사용되고 있는 탓에 그 영향력에 대해 미처 생각해볼 겨를이 없다는 데 있다. 달콤한 유혹에 빠질 수밖에 없는 아이들을 부모는 어떻게 교육해야 할지 막막하기만 하다. 한창 발달 중인 아이들의 정신건강에는 물론이고, 그들의 기분, 행동 또는 창의력에 기술이 어떤 작용을 하는지 파악할 시간이 너무 없다.

그러나 아이들이 디지털 파괴와 경제적 불확실성의 시대에서 살아남도록 만든다는 말은 곧 그들에게 변화에 대한 유연성과 적응력을 가르친다는 의미다. 결코 아이들 마음대로 새로운 플랫폼이나 기기를 먼저 고르게 하고, 그 득실을 나중에 파악하라는 의미가 아니다. 그러니 내가 제안하는 해결책을 잘 따라서 자라나는 아이들이 건강한 방법으로 기술을 활용하게 하고, 삶의 어떤 변화에도 잘 적응하는 힘을 길러주는 게 중요하다.

그 말은 또한, 아이들이 창의적으로 사고하고, 효과적으로 소통하며, 다른 사람들과 협동해서 문제를 해결하는 법을 가르치라는 의미이기도 하다. 즉 아이들이 창의력과 공동체 의식을 배우게 하란 말이다. 이런 CQ 능력은 아이들이 나중에 직면할 수 있는 큰 변화, 특히, 인공지능 일자리, 기후변화, 식량 불안정, 주택 위기 등에 대처할 수 있는 사람으로 자라도록 할 것이다.

아이들이 어떻게 세상과 연결되는가에 따라 그들의 남은 인생의 방향이 결정될 것이다. 또한, 과학계의 영원한 의문 중 하나에 답을 줄지도 모를 일이다.

돌봄, 관계, 창조

그동안 인간의 두뇌에 대한 이해는 비약적으로 발전했지만, 여전히 풀지 못한 수수께끼가 너무 많다. 게다가 두뇌의 건강을 위해 이미 밝혀진 사실조차도 꾸준히 실천하지 못하고 있다.

1장에서 이야기했듯이 우리의 조상은 불의 힘을 이용하면서부터 위장으로만 가던 에너지가 두뇌로 가기 시작했고, 그 결과 두뇌가 커지기 시작했다. 불의 사용이 그 당시 인간의 행동에 어떤 영향을 미쳤는지 단정적으로 말할 수는 없지만, 인간이 더 담대해지고 창의적으로 변했다고 충분히 짐작할 수 있으며, 이로 인해 우리의 문화도 싹트기 시작했다. 인류는 활동 범위를 넓혀 사바나 전역에서 사냥과 채집을 하기 위해서 무리를 이루었고, 이 덕분에 우리는 친구가 생기고 아이디어와 이야기를 공유하고, 사회적 가치를 발전시키게 되었다. 또한, 서로를 발전시키고 더 나은 사람이 되도록 이끌며, 그림을 그리고 음악을 만들고 같이 춤을 추면서 창의력은 크게 확대되고 발전되었다. 그렇게 해서 인간의 삶에서 두려움과 혼란은 줄어들고, 더 평화롭고 의미 있고 즐거운 쪽으로 조금씩 변화하기 시작했다.

하지만 변화와 공존의 삶에는 서로 주고받는 교환, 즉 호혜주의가 필요했다. 그렇게 서로 연대를 하고, 충성하며, 조직에 헌신하는 태도는 그전의 삶에서는 없었던, 엄청나게 지적이며 정서적인 노력이 요구되는 작업이었다. 그 결과 인간의 두뇌와 신경 체계는 비약적으로 발전하게 되었다.

최근의 뇌과학 분야에서는 인간의 뇌가 커지고 발달해서 우리가 사회적 동물이 된 것이 아니라고 본다. 오히려 그 반대로, 우리의 사회성 덕분에 뇌가 계속해서 진화하고 커질 수 있었다는 견해다. 그리고 이 덕분에 인류는 훨씬 더 독창적이고 창의적으로 되었다.

생물학적인 관점에서 보면 인류는 사냥과 채집을 하던 시기 이후로 사실 큰 변화가 없다. 우리가 앱으로 배달 음식을 시켜 먹고 자율주행차를 탈지는 몰라도, 우리 두뇌 기능은 우리가 자연 상태일 때와 똑같이 작동한다. 그래서 몸을 움직이고 새로운 환경에 적응하려고 함께 협력하면서 새로운 것을 시도하던 그 예전과 별반 다른 것이 없다. 뇌의 관점으로 보면, 결국 우리는 '자기 돌봄이냐, 죽음이냐', '관계를 맺느냐, 고통을 받느냐', '창조하느냐, 도태되느냐', 이 세 가지로 크게 요약된다. 그리고 이것이 바로 우리 존재의 핵심이다.

따라서 아이는 자신이 속한 공동체와 깊은 관계를 맺고, 자신의 열정과 창의력을 탐색하며 새로운 현실에 적응할 때 비로소 자신만의 잠재력을 달성할 수 있다. 그렇게 되면 아이의 뇌는 도파민, 엔도르핀, 옥시토신과 세로토닌이 넘쳐흐르고, 그 결과 더욱 차분해지고 집중력이 향상되며, 삶의 즐거움과 가치를 느끼게 된다. 이런 '몰입'을 통해서 아이는 생존모드에서 성장모드로 들어가게 되며 발전하고 충만하게 된다.

이는 단순히 아이들한테만 적용되는 삶의 핵심 비법이 아니라, 건강하고 행복한 삶을 살기 위한 모두에게 적용된다. 이를 깨닫기까지 수백 년의 세월이 걸렸으며, 특히 뇌과학, 심리학, 진화론 등 학문의 발전이 큰 역할을 했다. 그러나 이렇게 진리를 깨닫고도 실천을 안 한다는 게 가장 큰 문제다. 그래서 디지털 기술의 교묘한 술수에 넘어가 너도나도 희생양이 되기를 자처하고 있다. 하나라도 놓칠세라 미친 듯이 멀티태스킹을 한다. 그렇게 우리 모두 나날이 앉아 있는 시간은 늘고, 더 외로워지며, 점점 병들고 있다.

새로운 세계, 새로운 지능

인류는 구석기 시대 이후로 방대한 지식을 쌓았음에도 세상은 역설적으로 거꾸로 가고 있는데, 나는 이를 '부정적 진화'라고 부른다. 상상하지 못할 만큼 서로 연결되어 있지만, 우리는 그 어느 때보다 더 외로움을 느낀다. 역사상 처음으로 가만히 앉아 손끝에서 지식을 얻을 수 있게 되었지만, 이렇게까지 스트레스가 심하고 스스로를 해친 적이 없었다. 부모가 자녀의 삶에 이토록 깊이 관여했던 적이 없었는데, 어찌 된 것인지 아이들은 날로 병들어간다. '수면 부족'은 꿈이 큰 사람의 상징인 듯 포장되고, '휴식'은 게으름의 상징인 양 치부된다. 아이들은 자유롭게 놀지도 못하고, 진정한 관계를 맺지도 못하고 있다. 서로 얼굴을 맞대는 '진짜 만남'은 회피하고, 자신에게 가장 중요한 자기 돌봄도 하지 않는다. 이렇듯 기술은 우리에게 '위험'과 '새로운 기회'를 주는 이 시대의 새로운 양날의 검이 되었다.

기술 덕분에 그 어느 때보다 지식은 접근 가능해지면서 평등의 지렛대 같은 역할을 하고 있지만, 불안, 우울, 중독, 신체상 장애, 주의산만, 완벽주의, 번아웃 증후군 등에 시달리는 아이들은 나날이 늘고 있다. 그래서 결국 아이가 기술의 진정한 주인이 되지 못하면, 기술에 지배를 당해 목적 없이 헤매며 건강하지도 행복하지도 않은 삶을 살게 된다는 딜레마에 봉착해 있다.

실로 중대하면서 시급한 문제가 아닐 수 없다. 가장 바람직한 것은 기술 혁신을 인간에게 이로운 방향으로 확대시켜 새로운 시대를 맞이하는 것이다. 인공 망막을 통한 시력 향상이나 두뇌에 전극을 삽입하는 우울증 치료법 등이 그 예다. 최근에는 인간 두뇌에 클라우드의 인터페이스를 이

식해 실시간으로 네트워크에 연결하는 방안까지 구상 중이라고 한다. 이런 식으로 인류가 기술 사회 안에서 공진화(共進化)하면, 호모 사피엔스는 기존의 한계를 뛰어넘어 호모 테크니수스가 될 수도 있다.

머나먼 미래가 아니라, 일부는 벌써 현재 진행형인 이야기다. 이미 우리는 수많은 결정을 내리는 데 스마트폰을 이용한다. 한편으로는 우리가 사용하는 디지털 기기의 알고리즘이 우리보다 더 우리 자신에 대해 많이 안다고 해도 과언이 아닐 정도다. 저장된 정보와 기록이 있으니 우리가 임신했는지, 아니면 간암이나 기관지염이 생겼는지도 대개 우리보다 먼저 파악한다.

이런 새로운 세계에 잘 적응하는 젊은이들도 있다. 그 예로 2018년 플로리다 주 파크랜드 시에서 발생한 고교 총기 난사 사건에서 살아남은 엠마 곤잘레스(Emma González) 등의 생존자들이 보여주는 활동을 손꼽을 수 있다. 학생 14명과 교사 3명이 사망한 이 참사가 발생하고 얼마 후 생존자들은 총기 규제에 변화를 요구하는 활동 조직을 만들었다. '파크랜드 키즈'라는 애칭이 붙은 이 조직은 순식간에 널리 알려지며, 학교의 안전을 위해 강력한 총기 규제를 요구하는 이들은 총기 허용을 지지하는 힘센 정치가들과 로비스트들에 반대를 표했다. 그리고 자신들의 끔찍한 경험을 공유하는 호소력 짙은 연설을 하고 소셜 미디어도 적극적으로 활용했다. 그러자 수백만 명의 사람들이 그들의 움직임에 동참하기 시작했다. 그렇게 해서 정부의 무대응을 비판하는 고교생들의 시위행진이 미국 전역에서 벌어졌으며, 미국 워싱턴 D.C.를 중심으로 진행된 '우리 생명을 위한 행진'에는 백만 명 이상의 참가자가 모여들었다.

엠마 곤잘레스를 통해 우리는 새로운 디지털 활동주의 시대를 목격했다. 트위터 등의 참여 미디어를 본능적으로 파악한 이 용감한 19세 소녀는 소셜 미디어를 미셸 오바마(Michelle Obama)와 같은 유명 인사와의 소통 매체로도 적극적으로 활용했고, 반대자들에게 신속히 대응하고 솔직한 답변을 하는 것을 주저하지 않았다. 그녀의 말은 대중들의 관심을 끌며 순식간에 확산되었고, 특히, 워싱턴 D.C.에서의 연설 도중, 사건의 사망자 17명의 생명을 앗아간 데 걸린 6분 20초 동안 눈물을 흘리며 침묵을 해서 깊은 울림을 전했다. 고작 몇 주 전 자신의 소중한 친구들의 죽음을 목격한 어린 십 대였기에 그 메시지는 더 크게 다가왔다.

자라나는 디지털 세대의 이런 움직임에는 분명히 주목해야 하는 점이 있다. 그녀가 독학으로 소셜 미디어 활용법을 배운 게 아니며, 그녀의 용감한 행보에는 예술, 시민운동, 심화학습을 강조하는 플로리다 교육시스템의 공이 매우 크다는 점이다. 플로리다 공립학교는 어릴 때부터 즉석연설을 가르치는 토론 수업으로 유명하다. 그녀 자신은 드라마 수업을 수강 중이었고, 친구이자 또 다른 생존자인 데이비드 호그(David Hogg)는 혁신적이고 실질적인 미디어 훈련법을 수강하고 있었다. 이런 교육 덕분에 호그는 이날의 기록을 남겨야겠다고 생각했고, 다른 친구들과 벽장에 숨어 있던 사건 당시 친구들을 인터뷰한 장면을 스마트폰으로 찍게 되었던 것이다.

데이비드와 엠마가 받았던 교육은 암기와 시험점수를 강조하는 기존의 교육이 아니었다. 창의력, 협업, 의사소통, 비판적 사고 및 조직헌신력, 다시 말해, CQ 능력을 강조하는 교육이었다. 이 다섯 가지 요소는 실로 삶의 적응에 필수 요소이자, 앞서 강조한 휴식, 유대관계, 놀이에 속하는 활동이다. 놀이를 통해서 창조력과 비판적 사고를, 다른 사람들과의 관계를 통해서 소통하고 협업하며 노력하는 법을, 휴식을 통해 우리는 심신의 건강을 유지하는 법을 배운다.

<스마트하고, 행복하고, 강한 아이들을 위한 테크 솔루션>

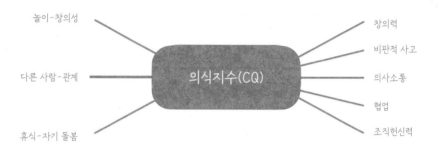

우리 아이들이 살 세상은 지금은 상상하기 힘들 정도로 다른 세상일지도 모른다. 인공지능이 대신하는 일자리가 생기고 있는 만큼 2030년 즈음에는 800만 개의 일자리가 자동화될 것으로 예측된다. 사라질 직업군에 대해서는 학자마다 논란이 있지만, 분명히 발생할 일이라는 데에는 이견이 없다. 따라서 이런 변화에서 살아남는 이들은 디지털 기기를 사용해 기존 직업을 재창조하거나 새로운 직업을 만들 능력이 있는 사람일 것이다. 그러니 이런 격변 속에서도 창조적이고, 적응력이 높으며, 회복탄력성을 유지하는 아이들로 자라게 할 책임이 부모인 우리에게 있다.

전통적으로 학교와 직장은 개개인의 능력에 기반을 두었다. 사람들은 각자 보고서를 쓰고 시험 대비를 했지만, 이제는 업무 환경이 많이 달라지고 있다. 오늘날 중요한 업무 대부분은 팀으로 이루어진다. 또 다른 변화는 'STEM(과학·기술·공학·수학)' 중심의 교육에서 탈피하고 있다는 점이다. 이들 과목이 성공을 보장하는 길로 여겨졌기에(물론 그러했지만) 최근까지만 해도 강조되었다. 그러나 이제는 졸업 후 일자리를 찾기가 점점 어려워지고 있다. 기술 능력도 물론 중요하지만, 기업에서 정말 필요한 인재는 자신의 아이디어를 효과적으로 전달하고, 다른 사람들에게 영감을 줄 수 있는 사람이기 때문이다.

고도의 무리생활을 하는 초경쟁사회이자 기술 기반의 현대사회에서 성공하려면, 아이들은 컴퓨터가 할 수 없는 무언가를 갖춰야 한다. 그게 바로 협동, 소통, 조직헌신력, 창의력, 비판적 사고인데, 즉 의식지수(CQ)다. 이를 통해서 예상치 못한 문제를 해결하고, 실생활의 스트레스를 풀 수 있기 때문이다. 다시 말해, 아이들이 해로운 기술에서 멀어지고, 자신의 창의력을 향상시키며, 선천적인 사회적 본능이 더 강화되도록 가르쳐서 자신의 열정을 발휘하며, 공동체를 중시하는 삶을 살도록 해야 한다.

적응하고 성공하게끔 태어난 인간

지금 인류는 불을 다루기 시작했던 백만 년 전과 똑같은 위치에 서 있다. 그때 당시 우리의 조상이 아이들에게 열, 연기, 불길을 안전하게 다루는 방법을 가르쳐야 했듯이, 호모 테크니션 세대의 부모는 아이들의 스트레스를 유발하는 기술, 도파민으로 유인하는 기술에서 멀어지도록 단단히 가르쳐야 한다. 우리의 조상들이 위험한 불을 아이들이 알아서 다루기를 기대하지 않았을 것처럼 우리 역시 마찬가지다. 그런 강력한 힘을 가진 기술을 아이 스스로 다룰 수 있는 능력을 터득할 거라고는 절대 기대해서는 안 된다.

내가 만난 부모들은 기술이 가진 힘을 알면서도 동시에 그 위험성을 걱정했다. 그리고 지난 수 세기 동안 이게 기술의 현주소였다. 인간은 기술이 발전하는 모습에 흥분되면서도 그 막강한 영향력에 두려움을 느꼈다. 하지만 인류가 불을 제어하게 되었을 때, 그 위험한 불은 인간 문화의 산실이 되었다. 그리고 지금, 인류는 정확히 이때와 똑같은 위치에 서 있다.

인터넷의 장점은 많이 있지만, 특히 지식의 벽을 허문 점이 대표적이다. 기술로 인해서 인간의 삶은 과거와 비교할 수 없을 만큼 향상되었으나, 우리가 변화의 소용돌이 속에 있다 보니 그 이면을 완전히 보지 못했다. 이는 무섭기도 하지만, 한편으로는 흥미로운 일이다.

무엇보다 기술은 신경화학의 작용과 두뇌의 작용을 더 잘 이해하도록 했고, 덕분에 그렇게 얻은 지식을 활용해 정보에 기반한 선택을 할 수 있게 되었다.

인간은 자연으로부터 뇌가소성이라는 선물을 받았기에, 변화하는 세상에서 살아남기 위해 새로운 습관을 만들 수 있는 선천적인 능력이 있다. 이에 아이들이 엔도르핀, 옥시토신, 세로토닌이 분비되도록 하는 건강한 기술과 신경회로를 연합시켜 바람직한 기술 습관을 갖도록, 또 코르티솔을 분비되도록 하고, 도파민 회로를 교란하는 기술은 제한하도록 가르칠수 있다. 기술을 매일 먹는 음식에 비유해서 가르치면, 아이들도 알아듣기쉽고 효과도 크다. 그 힘은 우리 모두의 내면에 잠재해 있어서, 이 세상 모든 부모와 아이는 언제든 마음만 먹으면 이 힘을 발휘할 수 있다. 나는 우리 아이들이 학습 장애 진단을 받았을 때와 내가 질병과 고통으로 힘들어했을 때 특히 이 점을 되뇌었다. 자신의 직관, 뇌가소성, 피드백 순환고리의 힘과 아름답고 지적이며, 창조적인 인간 존재의 힘을 그렇게 의심 없이믿고 따랐다.

이 책에 제시된 조언을 따르면 건강한 방법으로 기술을 사용할 수 있는 아이로 기를 수 있다. 그래서 어떤 새로운 기술이 나와도 적응할 것이며, 새로운 진화의 역사를 쓰기 위해 위엄 있고 당당한 발걸음을 내디딜수 있으리라 확신한다.

정치에서 문화와 교육은 물론, 인간의 두뇌까지 기술로 변화를 겪지 않을 분야는 실로 찾기 어려운 실정이다. 구석기 시대 우리 조상들도 아마 불에 대해 똑같은 말을 하지 않았을까. 그들은 결국 자기 돌봄, 관계, 창의력을 통해 살아남았듯, 지금 우리 아이들도 이 급변하는 세계에서 당당히 살아남아 번성하려면 이 방법밖에 없다. 문제는 늘 새로운 것 같지만, 해결책은 사실 늘 한결같다. 결국 모든 문제의 근원적 해답은 동서고금의 진리인 '너 자신을 알라! 너 자신을 사랑하라!'에 있다.

벽에 붙여 놓고 보는 메모

부모로서 우리의 역할은 아이들이 가족과 지역 사회 너머 세계로 나아갈 준비를 시키는 것이다. 디지털 기술이 아이들의 삶에 득이 될지, 또는 실이 될지는 부모가 큰 영향을 미친다.

우리는 아이들이 기술을 자신의 성장과 발전의 도구가 아닌, 재미로 쓰게 하는 경우가 너무 많다. 어릴 때 만들어진 습관은 미래 행동의 근간이 된다는 점을 잊어서는 안 된다. 수면 시간 지키기, 매일 휴식 시간 갖기, 현실과 기술 사이의 균형 이루기와 같은 간단한 규칙이 아이들의 생각과 감정에 지대한 영향을 미칠 수 있다.

사람은 선천적으로 사회적 동물이기 때문에 가족 및 친구들과 계속 관계를 맺고 싶어 하며, 주변 사람들에 대해 궁금해하고 관심을 가진다. 그러니 아이들이 열정을 탐색하고 창의성을 발휘하게 해서 자신만의 잠재력을 발견하도록 도와주자. 관계와 창조로 인해 아이들은 인생에 의미와 목적을 부여하게 되고, 성장 중인 그들의 뇌는 행복 신경전달물질인 도파민, 엔도르핀, 옥시토신, 세로토닌으로 넘치게 될 것이다. 그 결과 더욱 차분해지고 집중력이 향상되며, 삶의 즐거움과 가치를 느끼게 된다. 이는 단순히 아이들뿐 아니라 건강하고 행복한 삶을 살기 위한 모두에게 적용되는 마법의 인생 비법이다!

다음의 핵심 영역에서 건강한 습관 형성하기

- 규칙적인 수면
- 균형 잡힌 식단
- 충분한 수분 섭취
- 규칙적인 운동
- 규칙적인 놀이
- 다양한 인간관계와 사랑

아이를 위한 건강한 기술 습관 형성하기

- 가능한 한 미루자! 13세 전에는 디지털 기기는 금지하거나 중2가 될 때까지 기다리자!
- 기술 사용 전에 1) 시간 관리, 2) 감정조절, 3) 사회성이라는 기본 능력을 길러주자.
- 기술을 장난감이 아닌 도구로 가르치자.
- 아이가 스마트폰이나 태블릿 등을 책임감 있는 바람직한 방법으로 사용하지 않을 때는 언제든 가져오면 된다는 것을 잊지 말자.
- 기술을 혼자 있을 때 사용하지 않게 하자.
- 기술 사용 시간을 먼저 설정한 후에 다른 일상 활동을 넣지 말고, 일상 속 활동 시간을 먼저 설정하고 난 다음에 기술 사용 시간을 집어넣자.

우리 집 규칙

- 식탁, 차, 침실 등 집 안에 디지털 기기 사용 금지 구역을 정하자.
- 식사, 숙제, 독서 시간, 또는 잘 때 등 디지털 기기 사용 금지 시간

을 정하자.

- 부엌처럼 개방된 곳 한쪽에 온 가족 충전 공간을 만들자.
- 안 보면서 TV를 그냥 틀어두어 두는 일 등이 없게 사용하지 않을 때는 기기를 끄자.
- 자기 2시간 전에 모든 기기에서 손을 떼라고 한다. 오후 9시 이후에는 와이파이를 끄는 것도 좋다.
- 집에 있을 때는 모든 기기의 알람과 자동 재생 기능을 끄자.
- '디지털 금지의 날'을 갖자.
- 건강한 디지털 기술 다이어트를 하다가 잠깐 벗어나는 것은 자연스러운 현상이니 자신을 용서하고 회복해서 다시 의지를 갖고 시작하자!

해로운 기술 피하기

코르티솔을 분비하는 기술은 모두 피하자. 그런 기술은 스트레스, 고립 공포감(포모), 사회적 비교, 완벽주의, 멀티태스킹, 사이버 폭력, 사회적 갈등, 외로움, 나쁜 자세, 안 움직이고 계속 앉아 있는 생활, 수면 방해 등을 유발할 수 있다.

정크 기술 제한하고 모니터링하기

게임이나 소셜 미디어처럼 도파민을 분비하는 기술을 제한하고 모니터링하자. 또, 잠재적인 중독 위험도 늘 관찰하자.

건강한 기술 적당히 즐기기

휴식과 자기 돌봄을 통한 엔도르핀, 다른 사람과 의미 있는 관계를 통한 옥시토신, 놀이와 창의력을 통한 세로토닌을 분비하는 기술을 사용하도록 권장하자.

감사의 말

나는 우리가 더 큰 선을 향해 서로에게 영향을 주는 보편적 에너지로 연결되어 있다고 믿는다. 삶 속에서 수많은 사람의 안내와 조력을 받았기에 그들이 전해준 사랑과 지식에 진심으로 감사하고 싶다.

이 책은 진정한 관심과 재능을 내게 준 놀라운 사람들이 없었다면 결코 출간되지 못했을 것이다. 먼저, 용감한 에디터 로라 도스키(Laura Doski)와 재능 넘치는 공동작가 낸시 맥도널드(Nancy Mcdonald)에게 감사드린다. 그들의 자비와 지성이 고스란히 녹아 있는 이 책을 그들에게 바친다. 우리를 함께 엮어주고 나의 최근 비유를 믿어준 닉 개리슨(Nick Garrison)에게도 감사의 마음을 전한다. 그리고 내가 작가로 가는 길의 문을 열어준 장본인이자 내 에이전트인 짐 레바인(Jim Levien)에게는 언제나 최고의 존경과 고마움을 보낸다. 또, 펭귄 랜덤 하우스(Penguin Random House) 출판사 팀, 레바인 그린버그 로스탄(Levine Greenberg Rostan), 그리고 이 책을 기록적인 시간 안에 쓰게 만들어주었고, 장차 우리 사회의 리더가 될 돌고래 아이들에게도 내 마음을 전하고 싶다. 또한, 통찰력 있는 연구와 코멘트 및 지지를 보내준 엘리스 코크레인(Elyse Cochrane), 아만 말호트라(Aman Malhotra), 저스틴 베인스(Justin Bains), 아니크 클레르(Aanikh Kler), 아만 클레르(Amaan Kler), 조쉬 쿤쿤(Joesh S. Khunkhun), 조리바르 수치(Zoravaar S. Sooch)에게도 감사드린다. 그리고 수년간 병마와 싸운 끝에 내 몸과 마음의 건강을 돌려준 많은 의료진 동료들, 시어머니, 우리 부모님과 형제 및 친지들, 친구들에게 영원히 사랑하고 고맙다고 말해주고 싶다. 또, 뛰어난 치유 능력을 겸비한 조 디스펜저(Joe Dispenza) 박사, 스나탐 카우르(Snatam Kaur), 셀리나 테일러(Selina Taylor)도 빼놓을 수 없이 고마운 이들이다.

그리고 늘 내 친구이자 팬을 자처하며 내 삶이 가장 어두울 때 빛이 되어준 사랑하는 남편 지반 쿤쿤(Jeevan S. Khunkhun), 이 책의 영감이 된 내 사랑하는 세 아이들 조쉬(Joesh), 재버(Jaever)와 지아(Gia)에게는 영원한 사랑과 고마움을 보낸다. 아이들의 포옹, 키스, 순수한 마음, 그리고 별난 엄마를 위한 변함없는 응원이 나를 수없이 일으켰다. 이 책은 의문을 제기하며 답을 요구했던 용기 있는 전 세계 부모들과 교육가들 덕분에 탄생했다. 다른 사람들은 어떻게 하든지 간에 우리 아이들을 끝까지 포기하지 않고 지키려는 모든 이들에게 깊이 감사드린다.

참고문헌

들어가는 말

1. Jean Twenge, iGen: Why Today's Super-Connected Kids Are Growing Up Less Rebellious, More Tolerant, Less Happy-and Completely Unprepared for Adulthood-and What That Means for the Rest of Us, Atria Books, 2018.

1장. 디지털 기술이 내 아이의 뇌와 행동에 어떤 영향을 미칠까?

2. Sean Parker, "Sean Parker Unloads on Facebook," interview conducted by Mike Allen at an Axios event, Axios, November 9, 2017.

3. The American Psychological Association (APA), "Stress in America: The State of Our Nation," November 1, 2017.

4. Stephen Willard, "People Check Their Cell Phones Every Six Minutes, 150 Times a Day," Elite Daily, February 11, 2013.

5. "The Common Sense Census: Media Use by Tweens and Teens, 2019," Common Sense Media, 2019.

6. John S. Hutton, Jonathon Dudley, and Tzipi Horowitz-Kraus, "Associations Between Screen-Based Media Use and Brain White Matter Integrity in Preschool-Aged Children," JAMA Pediatrics, November 4, 2019.

7. Nellie Bowles, "Now Some Families Are Hiring Coaches to Help Them Raise Phone-Free Children," New York Times, July 6, 2019.

2장. 신경회로 : 내 아이의 잠재력을 키우기 위해서는 습관이 중요하다!

8. David T. Neal, Wendy Wood, and Jeffrey M. Quinn, "Habits-A Repeat Performance," Current Directions in Psychological Science, August 1, 2006.

9. Matthew Ladwig, Panteleimon Ekkekakis, and Spyridoula Vazou, "Childhood Experiences in Physical Education May Have Long-Term Implications," Medicine and Science in Sports and Exercise, May 31, 2018.

10. James Manyika, Susan Lund, Michael Chui, Jacques Bughin, Jonathan Woetzel, Parul Batra, Ryan Ko, and Saurabh Sanghvi, "Jobs Lost, Jobs Gained: What the Future of Work Will Mean for Jobs, Skills, and Wages," McKinsey Global Institute, November 2017.

11. "Physical Activity Guidelines for Americans, 2nd Edition," US Department of Health and Human Services, 2018.

12. Sean Parker, "Sean Parker Unloads on Facebook," interview conducted by Mike Allen at an Axios event, Axios, November 9, 2017.

13. Liangyu, "Kings' Honor, but Whose Disgrace?," Xinhua, July 6, 2017.

14. "Some Local Governments Successfully Reintegrate 'Hikkimori' Back into Society," Japan Today, August 23, 2019.

15. Bill Davidow, "Exploiting the Neuroscience of Internet Addiction," The Atlantic, July 18, 2012.

16. Anderson Cooper, "What Is 'Brain Hacking?' Tech Insiders on Why You Should Care," 60 Minutes, April 9, 2017.

17. Darren Davidson, "Facebook Targets 'Insecure' Young People," The Australian, May 1, 2017.

18. Peter Gray, "The Decline of Play and the Rise of Psychopathology," The American Journal of Play, January 1, 2011.

19. "Daily Media Use Among Children and Teens Up Dramatically from Five Years Ago," Kaiser Family Foundation, January 20, 2010.

20. "The Common Sense Census: Media Use by Tweens and Teens, 2019," Common Sense Media, 2019.

21. "Media Use Census," Common Sense Media, November 3, 2015.

22. Ibid.

23. Adam Alter, Irresistible: The Rise of Addictive Technology and the Business of Keeping Us Hooked, Penguin Books, 2018; Jory MacKay, "Screen Time Stats 2019," Rescue Time, March 21, 2019.

24. Sean Parker, "Sean Parker Unloads on Facebook," interview conducted by Mike Allen at an Axios event, Axios, November 9, 2017.

25. Amy B. Wang, "Former Facebook VP Says Social Media Is Destroying Society with 'Dopamine-Driven Feedback Loops,'" Washington Post, December 12, 2017.

26. Tristan Harris, "How Technology Hijacks People's Minds-From a Magician and Google's Design Ethicist," The Observer (Britain), June 1, 2016 .

27. Kevin P. Conway, Joel Swendson, Mathilde M. Husky, Jian-Ping He, and Kathleen R. Merikangas, "Association of Lifetime Mental Health Disorders and Subsequent Alcohol and Illicit Drug Use: Results from the National Comorbidity Survey-Adolescent Supplement," Journal of the American Academy of Child and Adolescent Psychiatry, April, 2016.

28. Debby Herbenick, Elizabeth Bartelt, Tsung-Chieh (Jane) Fu, and Bryant Paul, "Feeling Scared During Sex: Findings from a U.S. Probability Sample of Women and Men Ages 14 to 60," Journal of Sex and Marital Therapy, April 2019.

29. Elena Martellozzo, Andy Monaghan, Joanna R. Adler, Julia Davidson, Rodolfo Leyva,

and Miranda A.H. Horvath, "A Quantitative and Qualitative Examination of the Impact of Online Pornography on the Values, Attitudes, Beliefs and Behaviours of Children and Young People," Commissioned by the Children's Commissioner for England, June 2016.

30. Todd Love, Christian Laier, Matthias Brand, Linda Hatch, and Raju Hejela, "Neuroscience of Internet Pornography Addiction: A Review and Update," Behavioural Sciences, September 18, 2015.

4장. 스트레스 : 코르티솔 호르몬으로 인한 스트레스 없이 건강하게 성장하기

31. Jean Twenge, iGen: Why Today's Super-Connected Kids Are Growing Up Less Rebellious, More Tolerant, Less Happy-and Completely Unprepared for Adulthood-and What That Means for the Rest of Us, Atria Books, 2018.

32. Ibid

33. Ibid

34. Ibid

35. Ibid

36. Ibid

37. Ibid

38. Ibid

39. Richard Patterson, Eoin McNamara, Marko Tainio, Thiago Hérick de Sá, Andrea D. Smith, Stephen J. Sharp, Phil Edwards, James Woodcock, Søren Brage, and Katrien Wijndaele, "Sedentary Behaviour and Risk of All-Cause, Cardiovascular and Cancer Mortality, and Incident Type 2 Diabetes: A Systematic Review and Dose Response Meta-Analysis," European Journal of Epidemiology, March 28, 2018.

5장. 자기 돌봄의 중요성 : 엔도르핀을 늘려 건강을 되찾자

40. "Common Sense Report Finds Tech Use Is Cause of Conflict, Concern, Controversy," Common Sense Media, May 3, 2016.

41. Adrian Ward, Kristen Duke, Ayelet Gneez, and Maarten Bos, "The Mere Presence of One's Own Smartphone Reduces Available Cognitive Capacity," Journal of the Association for Consumer Research, April 2017.

42. Michelle Drouin, Daren H. Kaiser, and Daniel A. Miller, "Phantom Vibrations Among Undergraduates: Prevalence and Associated Psychological Characteristics," Computers in Human Behavior, July 2012.

43. "Microsoft Attention Spans Online Survey," Microsoft Canada, Spring 2015.

44. Ben Worthen, "The Perils of Texting: Are Too Many Parents Distracted by Mobile Devices When They Should Be Watching Their Kids?" The Wall Street Journal, September 29, 2012.

45. Jenny Radesky, Alison Miller, Katherine Rosenblum, Danielle Appugliese, Nico Kaciroti, and Julie Lumeng, "Maternal Mobile Device Use During a Structured Parent-Child Interaction Task," Academic Pediatrics, March 2015.

46. Thomas Curran and Andrew P. Hill, "Perfectionism Is Increasing Over Time: A Meta-Analysis of Birth Cohort Differences from 1989 to 2016," Psychological Bulletin, December 28, 2017.

47. D.B. Bellinger, M.S. DeCaro, and P.A. Ralston, "Mindfulness, Anxiety, and High-Stakes Mathematics Performance in the Laboratory and Classroom," Consciousness and Cognition, December 2015.

48. John T.Mitchell, Lidia Zylowska, and Scott H. Kollins, "Mindfulness Meditation Training for Attention-Deficit/Hyperactivity Disorder in Adulthood: Current Empirical Support, Treatment Overview, and Future Directions," Cognitive Behavior Practices, May 2015.

49. Linda Harrison, Ramesh Manocha, and Katja Rubia, "Yoga Meditation as a Family Treatment Programme for Children with Attention Deficit-Hyperactivity Disorder," Clinical Child Psychology and Psychiatry, October 1, 2004.

50. Chia-Liang Dai, Laura A. Nabors, Rebecca A. Vidourek, Keith A. King, and Ching-Chen Chen, "Evaluation of an Afterschool Yoga Program for Children," International Journal of Yoga, July 2015.

51. Yi-Yuan Tang, Yinghua Ma, Junhong Wang, Yaxin Fan, Shigang Feng, Qilin Lu, Qingbao Yu, Danni Sui, Mary Rothbart, Ming Fan, and Michael Posner, "Short-Term Meditation Training Improves Attention and Self-Regulation," Proceedings of the National Academy of Sciences of the United States of America (PNAS), October 23, 2007.

52. Robert Provine, "Far from Mere Reactions to Jokes, Hoots and Hollers Are Serious Business: They're Innate-and Important-Social Tools," Psychology Today, November 1, 2000.

53. Gretchen Reynolds, "Even a Little Exercise Might Make Us Happier," The New York Times, May 2, 2018.

54. Felipe B. Schuch, Davy Vancampfort, Joseph Firth, Simon Rosenbaum, Philip B. Ward, Edson S. Silva, and Mats Hallgren, "Physical Activity and Incident Depression: A Meta-Analysis of Prospective Cohort Studies," The American Journal of Psychiatry, April 25, 2018.

55. Summer Allen, "The Science of Gratitude: A White Paper," prepared for the John Templeton Foundation by the Greater Good Science Centre at UC Berkeley, May 2018.

56. Robert Emmons and Michael McCullough, "Counting Blessings Versus Burdens: An Experimental Investigation of Gratitude and Subjective Well-Being in Daily Life," Journal of Personality and Social Psychology, 2003.

6장. 유대관계 : 옥시토신과 디지털 기술을 통해 새로운 인간관계 형성하기

57. Ksenia Meyza and Ewelina Knapska, "Maternal Behavior: Why Mother Rats Protect

Their Children," eLife, June 13, 2017.

58. Kirsten Weir, "The Pain of Social Rejection," Monitor on Psychology, April 2012.

59. Stuart Grassian, "The Psychiatric Effects of Solitary Confinement," Washington University Journal of Law & Policy, January 2006.

60. John T. Cacioppo and Stephanie Cacioppo, "Social Relationships and Health: The Toxic Effects of Perceived Social Isolation," Social and Personality Psychology Compass, May 15, 2014.

61. Miller McPherson, Lynn Smith-Lovin, and Matthew E. Brashears, "Social Isolation in America: Changes in Core Discussion Networks Over Two Decades," American Sociological Review, June 2006.

62. Judith Shulevitz, "The Lethality of Loneliness: We Now Know How It Can Ravage Our Body and Brain," The New Republic, May 12, 2013.

63. "A Portrait of Social Isolation and Loneliness in Canada Today," Angus Reid Institute, June 17, 2019.

64. "New Cigna Study Reveals Loneliness at Epidemic Levels in America," Cigna Global Health Insurance, May 1, 2018.

65. Rob Knight, "New Study Reveals How Pets Are Therapeutic for Lonely, Overworked People and for Those with Little Interaction Outside of Social Media," The Independent, September 20, 2018.

66. "Why Won't 541,000 Young Japanese Leave the House?," CNN, September 12, 2016.

67. Sharon Kiekey, "Researchers Are Working on a Pill for Loneliness, as Studies Suggest the Condition Is Worse Than Obesity," National Post, August 12, 2019.

68. Javier Yanguas, Sacramento Pinazo-Henandis, and Francisco Jose TarazonaSantabalbina, "The Complexity of Loneliness," Acta Biomedica, 2018.

69. Julianne Holt-Lunstad, Timothy B. Smith, and J. Bradley Layton, "Social Relationships and Mortality Risk: A Meta-Analytic Review," PLOS One, July 27, 2010.

70. Ayshalom Caspi, Hona Lee Harrington, and Terrie E. Moffitt, "Socially Isolated Children 20 Years Later: Risk of Cardiovascular Disease," Journal of the American Medical Association, August 2006.

71. Raffaella Calati, Chiara Ferrari, Marie Brittner, Osmano Oasi, Emilie Olie, Andre F.Carvalho, and Philippe Courtet, "Suicidal Thoughts and Behaviors and Social Isolation: A Narrative Review of the Literature," Journal of Affective Disorders, February 15, 2019.

72. Lauren J. Myers, Rachel B. LeWitt, Renee E. Gallo, and Nicole M. Maselli, "Baby FaceTime: Can Toddlers Learn from Online Video Chat?," Developmental Science, 2016.

73. Alan Teo, Sheila Markwardt, and Ladson Hinton, "Using Skype to Beat the Blues: Longitudinal Data from a National Representative Sample," The American Journal of Geriatric Psychiatry, March 2019.

74. William M. Bukowski, Brett Laursen, and Betsy Hoza, "The Snowball Effect: Friendship

Moderates Escalations in Depressed Affect Among Avoidant and Excluded Children," Development and Psychopathy, October 1, 2010.

75. Robert Booth, "Majority of Britons Think Empathy Is on the Wane," The Guardian, October 4, 2018.

76. Jamil Zaki, "What, Me Care? Young Are Less Empathetic," Scientific American Mind, January 1, 2011.

77. Yalda Uhls, Minas Michikyan, Jordan Morris, Debra Garcia, Gary W. Small, Eleni Zgourou, and Patricia M. Greenfield, "Five Days at Outdoor Education Camp Without Screens Improves Preteen Social Skills with Nonverbal Emotion Cues," Computers in Human Behavior, October 2014.

78. William J. Brady, Julian A. Wills, John T. Jost, Joshua A. Tucker, and Jay J. Van Bavel, "Emotion Shapes the Diffusion of Moralized Content in Social Networks," PNAS, July 11, 2017.

79. Thomas J. Holt and Andy Henion, "Identifying Predictors of Unwanted Online Sexual Conversations Among Youth Using a Low Self-Control and Routine Activity Framework," Journal of Contemporary Criminal Justice, 2015.

80. Michelle Drouin, Jody Ross, and Elizabeth Jenkins, "Sexting: A New, Digital Vehicle for Intimate Partner Violence?", Computers in Human Behavior, September, 2015.

7장. 창의력 : 세로토닌으로 아이들의 미래에 날개를 달아주자!

81. Sarah Young, "Excessive Screen Time Is Killing Children's Imaginations Say Nursery Workers," The Independent, August 26, 2019.

82. John Kounios and Mark Beeman, The Eureka Factor: Aha Moments, Creative Insight and the Brain, Random House, April 14, 2015.

8장. 직관 : 가족에게 건강한 디지털 기술 다이어트 안내하기

83. Centre for Substance Abuse Treatment, "Enhancing Motivation for Change in Substance Abuse Treatment." Substance Abuse and Mental Health Services Administration/Centre for Substance Abuse Treatment Improvement Protocols (TIP), No. 35, 1999.

84. George T. Doran, "There's a S.M.A.R.T. Way to Write Management's Goals and Objectives." Management Review (AMA FORUM), November, 1981.

85. Centre for Substance Abuse Treatment, "Enhancing Motivation for Change in Substance Abuse Treatment." Substance Abuse and Mental Health Services Administration/Centre for Substance Abuse Treatment Improvement Protocols (TIP), No. 35, 1999.

찾아보기

디지털 시대, 건강한 습관 만들기
내 아이에게 언제 스마트폰을 사줘야 하나?

제1판 1쇄 2021년 8월 25일

지은이   쉬미 강(Shimi Kang)
옮긴이   이현정
펴낸이   장세린
편집   배성분, 박을진
디자인   얼앤똘비악

펴낸곳   (주)버니온더문
등록   2019년 10월 4일(제2019-000123호)
주소   서울특별시 용산구 청파로93길 47
홈페이지   http://bunnyonthemoon.kr
전화   050-5099-0594 팩스 050-5091-0594
이메일   bunny201910@gmail.com
ISBN   979-11-969927-3-6 (03590)